PREMIÈRE S

W0297941

Sciences de l'ingénieur

Claudine Bryselbout
ancienne élève de l'ENSET – agrégée de mécanique
lycée Frédéric-Mistral – Avignon

Michel Lauzier
ingénieur ENSAM – agrégé en Génie mécanique
lycée Vauvenargues – Aix-en-Provence

Jean Lhivert
professeur de chaire supérieure –
enseignant en classes préparatoires aux grandes écoles
lycée Frédéric-Mistral – Avignon

Jean-Pierre Rebouillat
ingénieur CNAM – enseignant en génie électrique
lycée Niépce – Chalon-sur-Saône

Nicolas Sciabbarrasi
ancien élève de l'ENSET – agrégé en génie électrique
lycée Philippe-de-Girard – Avignon

Jean-Michel Thourin
agrégé en Génie mécanique –
enseignant en classes préparatoires aux grandes écoles
lycée Philippe-de-Girard – Avignon

FOUCHER

Messieurs Roger Lemoine, Daniel Amat et Jean-Louis Didier, respectivement chef de travaux et professeurs dans l'enseignement technique au lycée Paul Langevin à Martigues, sont les auteurs des documents informatiques et photographiques relatifs à la maquette didactisée C-Zam. Les auteurs du présent ouvrage et les éditions Foucher les remercient vivement de les avoir mis à disposition. Les documents de modélisation volumique ont été réalisés avec une licence éducation du logiciel SolidWorks.

Crédits photographiques

Pages	
p. 9	Canon France
p. 11	Canon France
p. 16	Media
p. 17 haut	ERM
p. 17 bas	Deltalab
p. 19	ph. © Medialp
p. 23	Leroy Somer
p. 27	Leroy Somer
p. 29	Schneider Electric
p. 30	Joucomatic
p. 31	Joucomatic
p. 32 haut	Joucomatic
p. 32 bas	Festo Pneumatic
p. 35 bas	Joucomatic
p. 36	Peugeot Motocycles
p. 37	ETAI
p. 39	Créa Technologie
p. 40	Créa Technologie
p. 41	Créa Technologie
p. 47 milieu	Deltalab
p. 48 a	Habasit
p. 48 b	Fenner
p. 48 e	Hydrotechnic
p. 49	Créa Technologie
p. 50	Créa Technologie
p. 52	ERM
p. 53	Cimel
p. 54 gauche	Cimel
p. 54 centre	Aplus-SA
p. 54 droite	Hewlett Packard
p. 55	Cimel
p. 57 gauche	ph © Cosmos/P. Menzel
p. 57 droite	ph © Cosmos/James King-Holmes/Science Photo Library
p. 61	Cimel
p. 64	Texas Instruments
p. 71	Schneider Electric
p. 73	Editions First Interactive
p. 74	Editions First Interactive
p. 75	Editions First Interactive
p. 76	Editions First Interactive
p. 77 haut	Schneider Electric
p. 77 bas	Editions First Interactive
p. 78 haut	Editions First Interactive
p. 78 bas	Siemens
p. 80 haut	Schneider Electric
p. 80 bas	Controllord
p. 81 gauche	Hewlett Packard
p. 81 droite	Schneider Electric
p. 85	ph. © Medialp
p. 86	Média
p. 87	Média
p. 96	D-Link France
p. 101	© Lemoine/Amat/Didier
p. 102	© Lemoine/Amat/Didier
p. 104 bas gauche	© Lemoine/Amat/Didier
p. 104 bas droit	© Lemoine/Amat/Didier
p. 125	Schneider Electric
p. 130	Fluke
p. 130	Kobold
p. 145	© Lemoine/Amat/Didier
p. 146 droite	© Lemoine/Amat/Didier
p. 146 gauche	© C. Bryselbout/foucher
p. 147	© Lemoine/Amat/Didier
p. 148 haut	© Lemoine/Amat/Didier
p. 148 bas	© C. Bryselbout/Foucher
p. 149	© Lemoine/Amat/Didier
p. 150	© Lemoine/Amat/Didier
p. 151	© Lemoine/Amat/Didier
152	© Lemoine/Amat/Didier
153	© Lemoine/Amat/Didier
154	Trace Industry
167	Media
168	Kaba
170	© Lemoine/Amat/Didier
171	© Lemoine/Amat/Didier
172	© Lemoine/Amat/Didier

ISBN 2-216-08591-X

Avant-propos

L'enseignement des « sciences de l'ingénieur » s'intéresse à l'étude des produits et des systèmes conçus et réalisés en réponse à un besoin exprimé par l'homme ou suscité par la société. Il prend appui sur les objets actuels, de notre environnement quotidien, dont la complexité exige une démarche d'étude structurée et progressive fondée sur la théorie des systèmes.
« **L'approche systémique** » est à la base de l'enseignement des sciences de l'ingénieur. Le programme est construit selon cette démarche qui prend en compte successivement l'approche fonctionnelle (comment fonctionne le produit), l'approche structurelle (étude des solutions qui réalisent les fonctions) et l'approche comportementale (étude des principes qui régissent les fonctions et les solutions).

L'ouvrage respecte ce découpage. Il présente les trois parties caractéristiques de l'approche système.
Partie 1 – Analyse fonctionnelle. L'approche fonctionnelle développe les qualités d'analyse, indispensables à la compréhension globale des systèmes et à leur organisation générale.
Partie 2 – Fonctions du produit. L'étude structurelle permet l'acquisition d'une culture des solutions techniques relatives à la transmission de l'énergie et à la circulation de l'information au sein des systèmes.
Partie 3 – Principes et comportements des produits. L'approche comportementale introduit les connaissances de base des sciences de l'ingénieur mise en œuvre dans le fonctionnement des systèmes et dans la réalisation des solutions.

L'ouvrage propose en outre quatre parties complémentaires :
Partie 4 – Représentation des produits pluritechniques. Cette partie aborde les modèles de représentation utilisés pour définir les produits et les systèmes.
Partie 5 – Analyse et conception des produits. Cette partie propose une introduction à l'utilisation des méthodes de description des solutions afin de les comprendre et les démarches de conception destinées à les faire évoluer.
Exercices et synthèse. La présentation de dossiers techniques définissant des solutions industrielles achevées permet la mise en œuvre de démarches de résolution propres aux sciences de l'ingénieur.
Partie 7 – Fiches techniques. Ces fiches résument les principaux modèles de représentation utilisés dans l'ouvrage.

Ce premier ouvrage, strictement conforme au programme du BO HS n° 3 du 30/08/2001, rassemble les connaissances de base, les définitions et le vocabulaire technique nécessaires à l'étude des systèmes et des produits intégrant les technologies de la mécanique, de l'automatique, de l'électronique et de l'électrotechnique. Il a pour objet de structurer les connaissances abordées en TP et de compléter celles présentées dans les cours.

Conçu et rédigé par une équipe d'enseignants expérimentés, connus et appréciés pour la qualité des ouvrages déjà publiés, cet ouvrage de référence est indispensable pour préparer l'épreuve du baccalauréat dans les meilleures conditions.

Laurent JOURDAN
inspecteur général honoraire de l'Éducation nationale

Correspondance entre les centres d'intérêt et l'ouvrage en classe de 1re S

Centres d'intérêt	Thématiques		Savoirs et savoir-faire associés
Document d'accompagnement 2002	Annexe du document d'accompagnement 2002		Programme BO n° 3 du 30 août 2001
CI n° 1 **Analyse fonctionnelle du produit** Fonctionnalités d'un système	AF-1	Analyse fonctionnelle externe	**A.1 Le cahier des charges fonctionnel**
	AF-2	Analyse fonctionnelle interne	**A.2 L'analyse fonctionnelle interne**
	AF-3	Architecture fonctionnelle des chaînes d'information et d'énergie, frontières et flux	**A.2 L'analyse fonctionnelle interne** ▶ Chapitre 1 **B.11 Les actionneurs** **B.12 Les circuits de puissance** **B.22 Les composants mécaniques de transmission** **C.21 L'information** ▶ Chapitre 2
CI n° 3 **Fonction convertir et distribuer l'énergie** Motorisation conversion d'énergie	E-1	Structure et fonctionnement d'un moteur à courant continu à vitesse variable	**B.1 Convertir et distribuer l'énergie** **B.11 Les actionneurs** – B.122 La commande de puissance – C.122 Conversion électromécanique d'énergie – C.124 La sécurité des biens et des personnes
	E-2	Structure et fonctionnement d'un moteur asynchrone	**B.11 Les actionneurs** – B.122 La commande de puissance – C.122 Conversion électromécanique d'énergie – C.124 La sécurité des biens et des personnes
	E-3	Structure et fonctionnement d'un actionneur linéaire	**B.11 Les actionneurs** – B.122 La commande de puissance – C.124 La sécurité des biens et des personnes ▶ Chapitre 2
CI n° 4 **Fonction transmettre l'énergie** Guidages et assemblages	E-8	Fonction assemblage	**B.2 Transmettre l'énergie** **B.21 Les liaisons mécaniques**, Assemblages démontables
	E-9*	Fonction guidage en translation	**B.21 Les liaisons mécaniques**, Guidages en translation
	E-10*	Fonction guidage en rotation	**B.21 Les liaisons mécaniques**, Guidages en rotation ▶ Chapitre 3
	E-14	Modélisation des assemblages	**C.1 La chaîne d'énergie** **C.11 Comportement énergétique des systèmes** – C.111 Les liaisons mécaniques – C.114 Frottement entre solides ▶ Chapitre 7
CI n° 5 **Fonction transmettre l'énergie** Transmission de puissance Transformation de mouvement	E-11	Fonction transmission de puissance entre arbres parallèles	**B.22 Les composants mécaniques** – C.123 Espace de fonctionnement en régime permanent
	E-12*	Fonction transformation de mouvement	**B.22 Les composants mécaniques de transmission**
	E-15*	Mouvement plan sur plan	– C.113 Transmission des mouvements, cinématique des mécanismes ▶ Chapitre 7

Document d'accompagnement 2002	Annexe du document d'accompagnement 2002	Programme BO n° 3 du 30 août 2001
CI n° 5 **Fonction transmettre l'énergie**	E-17* Simulation cinématique	**B.22 Les composants mécaniques** – C.113 Transmission des mouvements, cinématique des mécanismes – C.115 Mouvement d'un solide indéformable ▶ **Chapitre 7**
CI n° 6 **Principes et comportement de la chaîne d'énergie** Comportement statique et élastique des solides	E-13* Équilibre statique d'un solide	– C.112 Transmission des efforts, statique des mécanismes – C.114 Frottement
	E-18 Sollicitations et déformations élastiques	– C.116 Comportement du solide déformable
	E-19 Simulation du comportement sous charge	– C.112 Transmission des efforts, statique des mécanismes – C.116 Comportement du solide déformable ▶ **Chapitre 7**
CI n° 7 **Principes et comportement de la chaîne d'énergie** Comportement dynamique et énergétique des systèmes	E-4* Chaîne d'énergie : architecture, puissance rendement	**A.2 L'analyse fonctionnelle interne** – B.121 L'alimentation en énergie **C.12 Comportement énergétique des système**
	E-7 Chaîne d'énergie directe et inverse Réversibilité	**B.11 Les actionneurs** – C.123 Espace de fonctionnement en régime permanent
	E-16 Comportement dynamique du solide Simulation	– C.115 Mouvement du solide indéformable ▶ **Chapitre 7**
CI n° 8 **Principes et comportement de la chaîne d'information** Pilotage contrôle et comportement d'un système	E-5 Liaison entre la chaîne d'énergie et la chaîne d'information	– B.122 La commande de puissance
	E-6* Modulation de l'énergie	– B.122 La commande de puissance
	I-5* Commande de la chaîne d'énergie	– B.122 La commande de puissance – C.22 Comportement des système logiques combinatories **D.1 Schématisation**
	I-13* Comportement réel d'un système pluritechnique	**Tous** ▶ **Chapitre 5**
CI n° 9 **Fonction acquérir l'information** Acquisition et conditionnement des informations	I-3 Détecteur TOR	**B.3 Acquérir l'information** **B.31 Les capteurs**
	I-4 Capteur à sortie analogique ou numérique	**B.31 Les capteurs** ▶ **Chapitre 4**
CI n° 10 **Fonction traiter l'information** Traitement de l'information	I-1 Automate Programme industriel	**B.4 Traiter l'information** **B.41 Le système de traitement intégré dans la chaîne d'information** **B.42 Les systèmes programmables** – B.421 Structure fonctionnelle et matérielle – B.422 Structure logicielle
	I-2 Système à base de carte à microprocesseur	**B.4 Traiter l'information** **B.41 Le système de traitement intégré dans la chaîne d'information** **B.42 Les systèmes programmables** – B.421 Structure fonctionnelle et matérielle – B.422 Structure logicielle
	I-11 Les systèmes numériques : le microcontrôleur	**B.41 Le système de traitement intégré dans la chaîne d'information** **B.42 Les systèmes programmables** – B.421 Structure fonctionnelle et matérielle – B.422 Structure logicielle **C.24 Comportement des systèmes numériques** ▶ **Chapitre 5**

Document d'accompagnement 2002	Annexe du document d'accompagnement 2002		Programme BO n° 3 du 30 août 2001
CI n° 11 **Principes et comportement la chaîne d'information** Systèmes logiques et numériques	I-6*	Systèmes logiques combinatoires	**C.21 L'information** **C.22 Comportement des systèmes logiques combinatoires** **B.42 Les systèmes programmables** – B.421 Structure fonctionnelle et matérielle – B.422 Structure logicielle
	I-7*	Systèmes logiques séquentiels La fonction mémoire	**C.21 L'information** **C.23 Comportement des systèmes séquentiels**
	I-8*	Systèmes logiques séquentiels Fonction comptage et retard	**C.21 L'information** **C.23 Comportement des systèmes séquentiels**
	I-9*	Systèmes logiques séquentiels : le Grafcet	**C.21 L'information** **C.23 Comportement des systèmes séquentiels** **B.42 Les systèmes programmables** – B.421 Structure fonctionnelle et matérielle – B.422 Structure logicielle
	I-10	Systèmes numériques Implantation d'un algorithme en langage littéral structuré	**B.41 Le système de traitement intégré dans la chaîne d'information** **B.42 Les systèmes programmables** – B.421 Structure fonctionnelle et matérielle – B.422 Structure logicielle **C.24 Comportement des systèmes numériques** ▶ **Chapitre 8**
CI n° 12 **Fonction communiquer l'information** Communication réseaux	I-12*	La communication de l'information	**B.5 Communiquer l'information** **B.51 Les périphériques** **B.52 Les réseaux** ▶ **Chapitre 6**
CI n° 2 **Représentation des produits** Représentation et schématisation Ce centre d'intérêt structure les méthodes d'analyse et d'élaboration des documents techniques abordés dans les autres centres d'intérêt. Ce centre d'intérêt, récurrent et progressif, s'inscrit à plusieurs reprises dans le déroulement de la formation.	R-1	Construction des schémas de principe	**D.1 Schématisation** Schémas de principe
	R-2*	Construction des schémas cinématique, structural, technologique	**D.1 Schématisation** Schémas mécaniques
	R-3	Construction des schémas électriques	**D.1 Schématisation** Schémas électriques
	R-4	Construction des schémas pneumatiques	**D.1 Schématisation** Schémas pneumatiques ▶ **Chapitre 10**
	R-5*	Représentation d'une pièce et arbre de construction	**D.2 Représentation géométrique du réel**
	R-6*	Représentation d'un mécanisme et arbre d'assemblage	**D.2 Représentation géométrique du réel**
	R-7*	Exploitation d'une maquette numérique	**D.2 Représentation géométrique du réel**
	R-8	Le croquis plan et perspectif à main levée	**D.2 Représentation géométrique du réel**
	R-9	Décodage de dessin 2D	**D.2 Représentation géométrique du réel** ▶ **Chapitre 9**
Activités de synthèse Analyse et conception des produits	Activités 1. Étude comparative 2. Modification d'une solution 3. Similitudes entre solutions 4. Adaptation d'un système, évolution 5. Agencement de constituants		**E. Projet pluritechnique encadré** – E.1 La démarche de projet – E.2 Les performances des solutions constructives – E.3 Les composantes de la compétitivité – E.3 Outils et méthodes de la compétitivité ▶ **Chapitre 11**

Sommaire

Analyse fonctionnelle

1 Définition du besoin - Analyse fonctionnelle

Figure 1.1 Appareil photographique numérique CANON Digital Ixus 300

Dans la vie quotidienne, la nécessité ou le désir de résoudre un problème matériel donne naissance à un « besoin » auquel correspondent généralement un ou plusieurs produits. Pour acheter et pour réaliser le choix le mieux adapté, par exemple pour un appareil photographique numérique, il est souhaitable que l'utilisateur réalise une comparaison des différents produits du marché afin de rechercher le meilleur compromis dans le rapport qualité, satisfaction du besoin/coût.
Pour faire un choix technique, l'utilisateur averti se posera aussi la question « comment ça marche ? » afin d'exploiter au mieux les fonctionnalités de son produit. Il lui faut, dans ce cas, partir de l'observation du produit puis analyser les solutions technologiques qui ont été mises en œuvre : c'est la *démarche d'analyse fonctionnelle*.

Compétences

Un produit étant fourni et/ou défini par un dossier, son domaine et son environnement d'utilisation étant précisés avec le CdCF :

- Identifier et définir le besoin auquel il répond et ses fonctions de service.
- Identifier et ordonner les fonctions techniques qui contribuent à la satisfaction des fonctions d'usage.
- Décrire l'architecture fonctionnelle sous forme de schéma-blocs.
- Identifier les éléments transformés et les flux (physique, énergie, information).

1 Définition du besoin fondamental - cahier des charges fonctionnel

Je suis photographe amateur et je veux « saisir » des scènes afin d'obtenir des images numériques que je pourrai stocker puis retoucher, voire supprimer si elles sont ratées. Je pourrai ensuite les archiver dans mon ordinateur afin de les retoucher à nouveau et/ou de les imprimer. Je viens donc de définir un *besoin* qui pourra être satisfait par un *produit* : l'appareil photographique numérique.

Le besoin est une nécessité ou un désir éprouvé par un utilisateur. Il permet de justifier l'existence d'un produit.

Si le produit n'existe pas, il faut définir ce besoin (encore appelé *besoin fondamental*) dans un *cahier des charges fonctionnel* (CdCF) qui est un contrat passé entre l'utilisateur (le demandeur) et le concepteur du produit.

Pour formaliser l'énoncé du besoin fondamental, l'utilisation de l'outil « bête à cornes » (fig. 1.2 et fiche 1) est le mieux adapté.

La figure 1.2 pose trois questions fondamentales relatives au produit : à qui rend-il service ? sur quoi agit-il ? et dans quel but ?

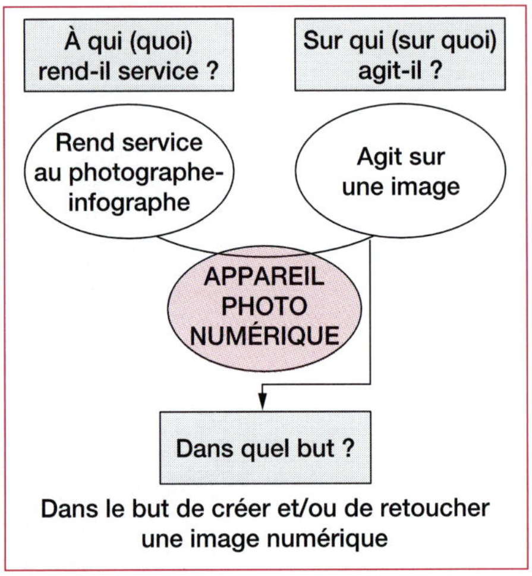

Figure 1.2 Diagramme « bête à cornes »

Les réponses données ici montrent que :
- l'appareil photographique numérique n'agit pas directement sur des photographies mais sur des *images* ;
- la nature particulière des images réalisées par l'appareil fait que ce produit ne s'adresse plus à de « simples » photographes mais aussi à des infographes (spécialistes d'infographie c'est-à-dire d'informatique au service de l'image).

2 Recherche des caractéristiques du produit - Point de vue de l'utilisateur

Pour choisir efficacement l'appareil photographique numérique qui me conviendra le mieux, il est nécessaire d'en comparer plusieurs en se plaçant dans une même gamme de caractéristiques, par exemple, même gamme de résolution ou même gamme de prix. Ce qui différencie les différents appareils, c'est bien sûr leur esthétique mais aussi leurs caractéristiques techniques, les fonctions disponibles, les possibilités d'extension, le prix.

Les critères importants, pour ce type de produit, sont :
- la résolution du capteur car c'est elle qui va définir la qualité potentielle de l'image ;
- le format de l'enregistrement des images, la capacité de stockage et les possibilités d'extension de ces capacités ;
- l'intervalle de temps minimal entre deux prises de vue ;
- la nature des interfaces qui permettront de relier l'appareil à un ordinateur, à une imprimante ou à un écran.

Les dimensions, le poids, la qualité et les caractéristiques de l'optique, l'existence du flash et du zoom, les possibilités de mise au point, l'autonomie sont aussi des caractéristiques importantes mais elles ne sont pas spécifiques aux appareils photographiques numériques.

Il convient donc de dresser un tableau des caractéristiques prises en compte pour comparer les principaux appareils du marché. Le tableau 1.1 donne une comparaison de quatre appareils (année 2000) pour une même gamme de résolution de 2,1 millions de pixels et pour quelques caractéristiques significatives. Son analyse montre que les quatre appareils sont très comparables, mis à part la gamme de formats de photos plus étendue pour le dernier.

D'un point de vue utilisateur, ce qui m'intéresse en priorité, c'est la présence de l'interface USB (interface série haut débit) devenue incontournable pour relier tout périphérique à un ordinateur, c'est le temps réduit entre deux prises de vue et c'est la compacité : je vais donc choisir le Canon Digital Ixus 300 (fig. 1.3).

	Canon Digital Ixus 300	Nikon Coolpix 950	Olympus C-2000ZOOM	Epson CP-800
Capteur CCD (taille ; résolution)	1/2,7" ; 2,11 M pixels	1/2" ; 2,11 M pixels	1/2" ; 2,11 M pixels	1/2" ; 2,14 M pixels
Formats d'enregistrement (pixels)	1600 × 1200 1024 × 768 640 × 480	1600 × 1200 1024 × 768 640 × 480	1600 × 1200 1024 × 768 640 × 480	1984 × 1488 1600 × 1200 640 × 480
Distance focale	35-105 mm	38-115 mm	35-105 mm	35 mm
Sensibilité	ISO 100	ISO 80	ISO 100/200/400	ISO 100
Zoom numérique	2,5X (max 7,5X)	1,25X, 1,6X, 2X, 2,5X	1,6X, 2X, 2,5X	2X
Intervalle mini entre 2 prises	0,4 s en mode rafale	Environ 1 s	Environ 1 à 2 s	Environ 3,2 s
Interfaces	USB-8AL/NTSC Video Output Carte Compact FlashTM Type 1	Série Compact Flash + Adapter/Video Out	Série SmartMedia + Adapter/Video Out	Série (RS232C / USB) Compact Flash Adapter/Video Out
Dimensions (L × H × P en mm) Volume (cm³)	94,8 × 62,5 × 29,9 177	143 × 76,5 × 36,5 399	107,5 × 73,8 × 66,4 527	113 × 67,5 × 35,5 271
Masse (sans batterie) (g)	240	350	305	235

Tableau 1.1 Tableau comparatif de quelques caractéristiques significatives de quatre appareils

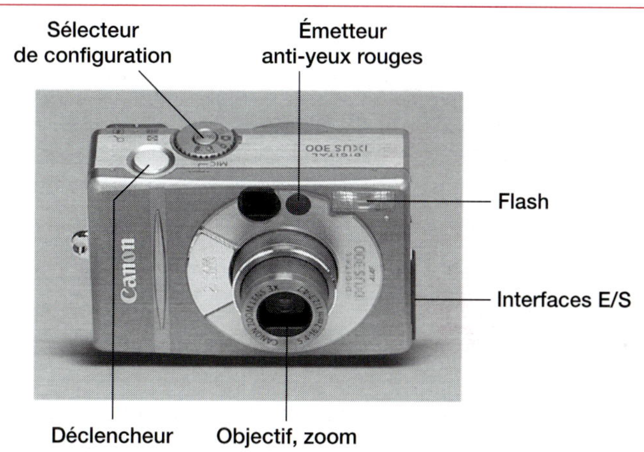

Figure 1.3 Détails de l'appareil photographique retenu

3 Fonctions de service – Point de vue du concepteur

L'appareil photographique étant choisi, je me demande maintenant quelles sont ses interactions (appelées *fonctions de service*) avec les différents éléments de son environnement (appelés *interacteurs*).

Une fonction de service est une fonction attendue d'un produit (ou réalisée par lui) pour répondre au besoin d'un utilisateur (NF X 50-150). On peut distinguer :
– les fonctions principales, FP1, qui correspondent à la raison d'être du produit, en établissant les relations entre les éléments de l'environnement par l'intermédiaire du produit ;
– les fonctions contraintes, FC1, nécessaires pour adapter le produit à des exigences imposées par certains éléments de l'environnement, en envisageant les relations entre chacun d'eux et le produit.

Les interacteurs mis en cause ici sont le photographe-infographe, la scène photographiée, l'image, l'ordinateur et l'imprimante. Le but est maintenant de rechercher des fonctions qui relient un ou plusieurs de ces interacteurs avec l'appareil photo. Par exemple, l'utilisateur doit pouvoir « tenir l'appareil » : cette fonction implique l'appareil photo et le photographe. C'est donc une fonction contrainte et on la notera FC1 dans le tableau 1.2. L'utilisation de ce tableau facilite cette recherche. Le « diagramme des interactions », ou « diagramme pieuvre » (fig. 1.4), concrétise graphiquement ces fonctions.

Cette description permet de mettre en évidence, selon le point de vue du concepteur, les *aspects fonctionnels* de l'appareil.

Expression de la fonction	Justification de la fonction	Interacteur(s) impliqué(s)	Désignation
Tenir l'appareil	Les formes de l'appareil photo doivent permettre à l'utilisateur de le tenir.	Photographe-infographe	FC1
Observer et cadrer la scène	L'utilisateur, par l'intermédiaire du viseur optique ou de l'écran LCD observe et « cadre » la scène à photographier.	Scène photographiée Photographe-infographe	FP2
Saisir la scène	L'appareil, par l'intermédiaire de son bloc optique, de son zoom et éventuellement de son flash, « saisit » la scène.	Scène photographiée	FC3
Prendre la photo	L'utilisateur, par l'intermédiaire du déclencheur, « prend » la photographie de la scène.	Scène photographiée Photographe-infographe	FP4
Stocker une photo	Les scènes photographiées (images) doivent être stockées dans l'appareil photo.	Image	FC5
Visualiser une photo	L'utilisateur, par l'intermédiaire de l'écran LCD, peut visualiser une photographie déjà prise et mémorisée dans l'appareil.	Photographe-infographe Image	FP6
Modifier une photo	L'utilisateur, par l'intermédiaire d'un programme interne et des boutons de sélection peut recadrer une photographie ou en fusionner plusieurs déjà mémorisées dans l'appareil.	Photographe-infographe Image	FP7
Relier à l'imprimante	L'appareil, par l'intermédiaire de l'interface de communication, peut être relié à une imprimante.	Imprimante	FC8
Imprimer une photo	L'utilisateur, par l'intermédiaire de l'interface de communication, peut imprimer directement une photographie mémorisée dans l'appareil.	Photographe-infographe Imprimante	FP9
Relier à l'ordinateur	L'appareil, par l'intermédiaire de l'interface de communication, peut être relié directement à un ordinateur.	Ordinateur	FC10
Exporter une photo	L'utilisateur, par l'intermédiaire de l'interface de communication, peut exporter une photographie mémorisée dans l'appareil.	Photographe-infographe Ordinateur	FP11

Tableau 1.2 Recensement des fonctions de service

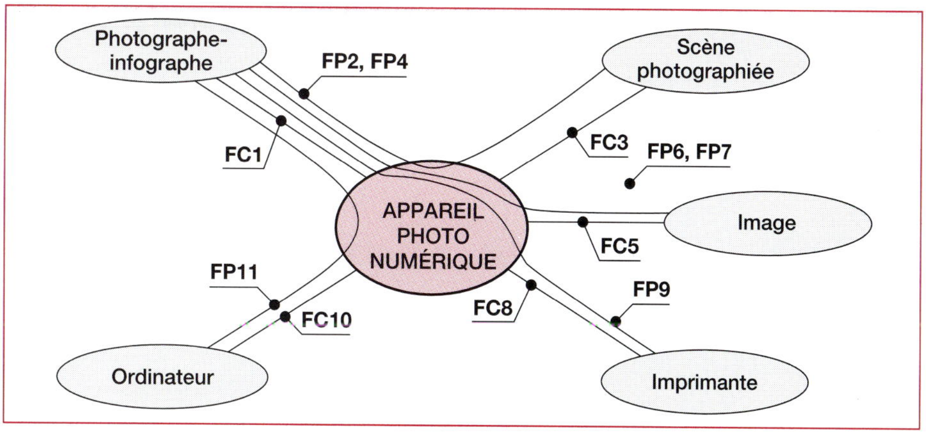

Figure 1.4 Diagramme des interactions

4 Analyse fonctionnelle descendante – Point de vue de l'utilisateur

Je suis un utilisateur averti et je voudrais maintenant savoir « comment ça marche ? ». La connaissance des fonctionnalités de l'appareil photo me permet de l'utiliser de façon optimale mais l'analyse de sa structure matérielle et de son organisation fonctionnelle vont me permettre maintenant d'en comprendre les rouages.

4.1 Fonction globale

La fonction globale est la relation, établie par un système ou un produit, qui transforme une matière d'œuvre en la faisant passer d'un état initial donné à un état final souhaité, pour satisfaire un besoin.

La fonction globale de l'appareil photographique est définie dans le diagramme SADT de niveau A-0 de la figure 1.5.

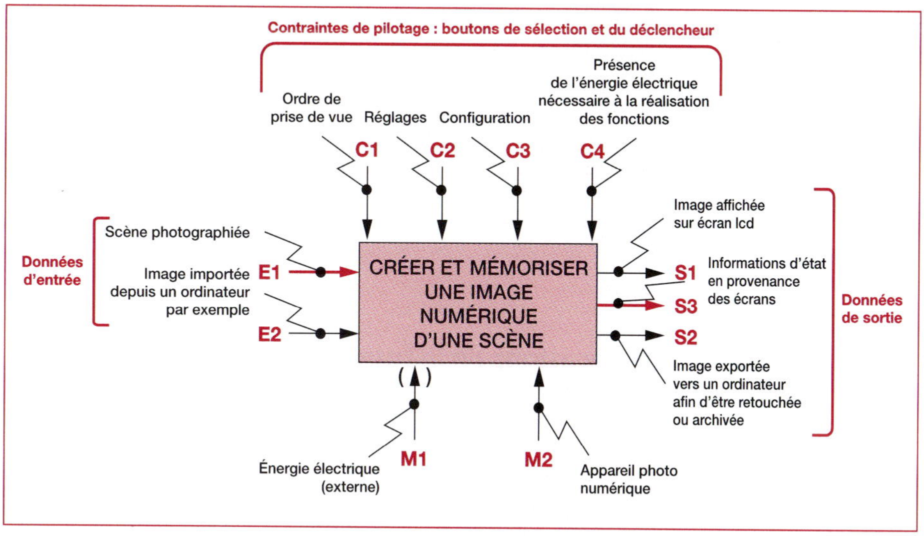

Figure 1.5 Diagramme SADT de niveau A-0 de l'appareil photographique (fig. 1.3)

4.2 Organisation structurelle de l'appareil photo selon le constructeur

En observant un document constructeur qui définit les technologies mises en œuvre dans l'appareil photo (fig. 1.6), on peut voir les mécanismes (processeurs) essentiels qui jouent un rôle déterminant dans la réalisation de la fonction globale.

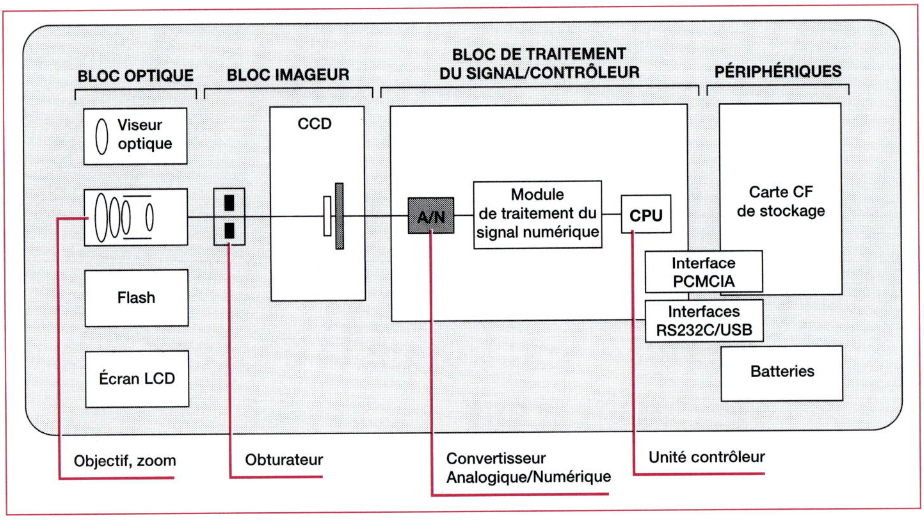

Figure 1.6 Organisation structurelle selon le constructeur

4.3 Organisation fonctionnelle de l'appareil photo

L'organisation structurelle (fig. 1.6), bien que donnée par le constructeur, n'est pas satisfaisante d'un point de vue fonctionnel, si l'on veut suivre l'évolution des transformations successives de la matière d'œuvre. En effet, ce que le constructeur appelle BLOC OPTIQUE (fig. 1.6) regroupe des processeurs qui servent à la « saisie » de la scène et d'autres qui servent à la « visualisation » de l'image. Selon le point de vue qui a été choisi pour notre étude, ce sont des fonctions différentes qui agissent sur des matières d'œuvre très différentes.

La recherche des *fonctions* réalisées par chacun des processeurs de la figure 1.6 et le regroupement de certaines d'entre elles permettent d'aboutir à l'organisation fonctionnelle donnée par le diagramme SADT de niveau A-0 (fig. 1.7).

Attention – Les fonctions décrites par la figure 1.8 ne sont plus des fonctions de service réalisées entre l'appareil et son environnement mais des fonctions composantes ou fonctions techniques réalisées à l'intérieur de l'appareil.

Une fonction technique est une fonction interne à un produit (entre ses constituants) définie par le concepteur-réalisateur, dans le cadre d'une solution, pour assurer les fonctions de service (NF X 50-150).

4.4 Justifications de la fonction globale

On constate bien que la matière d'œuvre principale qui apparaît au départ sous la forme d'une scène photographiée, se transforme ensuite successivement en une image optique, une image analogique, image numérique puis une image numérique affichée (donc visible par l'utilisateur) ou une image exportée (donc sous la forme d'un fichier).

On rappelle que le point de vue choisi est celui de « l'utilisateur », ce qui justifie que dans toutes les étapes de la transformation de la matière d'œuvre, on retrouve une « image ». Si le point de vue choisi avait été celui de « l'informaticien », le terme « image » aurait été remplacé, entre autres, par le terme « information » ou le terme « fichier ».

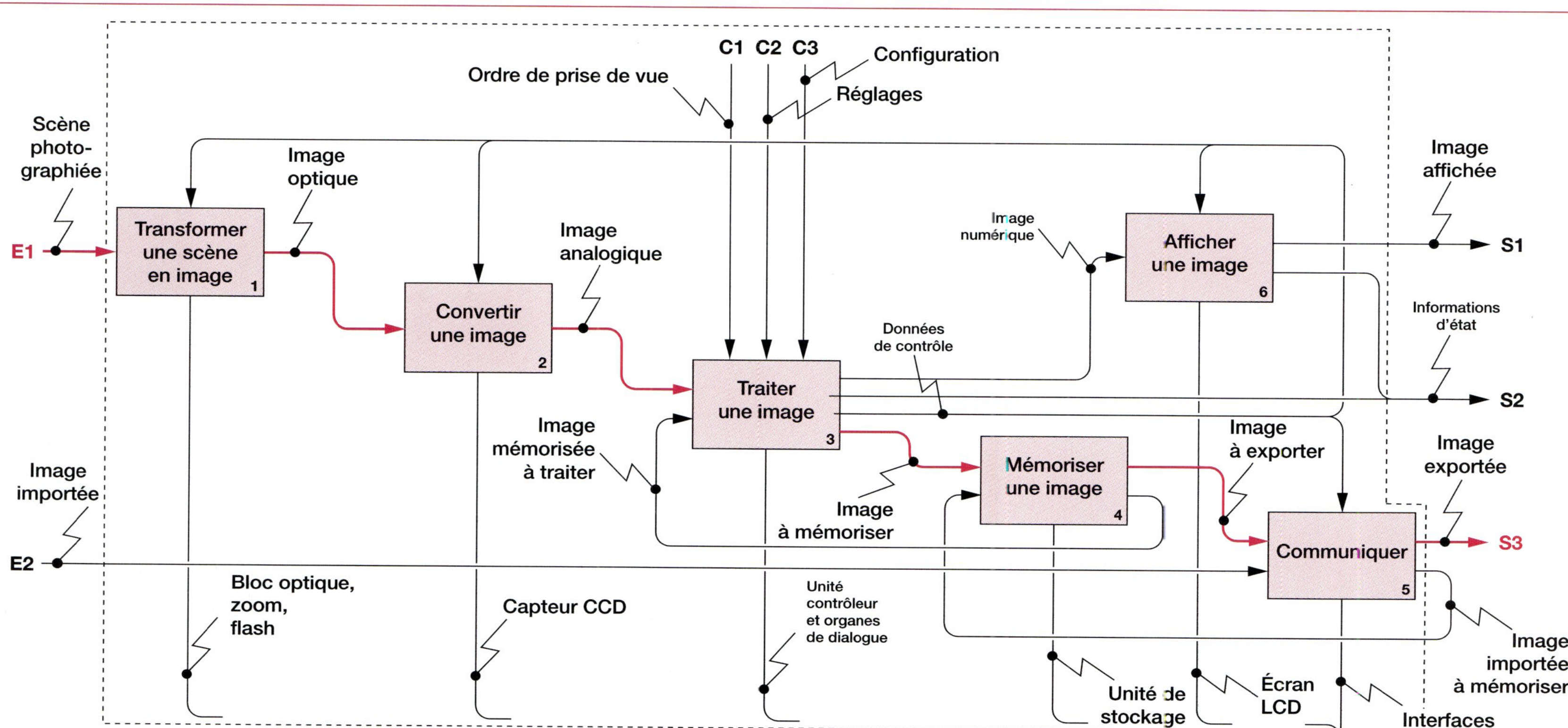

La fonction 3 « traiter une image », supportée par l'unité contrôleur et les organes de dialogue, joue un rôle primordial. En effet, c'est elle qui déclenche l'activité de toutes les autres fonctions grâce aux données de contrôle qu'elle génère. Elle produit les images numériques destinées à être affichées sur l'écran LCD ou à être mémorisées. elle génère aussi les informations d'état (bip sonore, affichage du nombre de photos restant à prendre, état du flash, etc.).

Figure 1.7 Diagramme SADT de niveau A-0

L'ESSENTIEL

Le besoin est une nécessité ou un désir éprouvé par un utilisateur. Il permet de justifier l'existence d'un produit.

Une fonction de service est une fonction attendue d'un produit (ou réalisée par lui) pour répondre au besoin d'un utilisateur. (NF X 50-150)

L'analyse fonctionnelle d'un produit est une démarche qui consiste à analyser les fonctions internes du produit et leur organisation. Elle permet d'apporter une réponse à la question « comment ça marche ? ».

La fonction globale est la relation, établie par un système ou un produit, qui transforme une matière d'œuvre en la faisant passer d'un état initial donné à un état final souhaité, pour satisfaire un besoin.

Une fonction technique est une fonction interne à un produit (entre ses constituants) définie par le concepteur-réalisateur, dans le cadre d'une solution, pour assurer les fonctions de service (NF X 50-150).

La démarche de l'analyse fonctionnelle est généralement la suivante :
- définition du besoin fondamental, réalisée avec l'outil « bête à cornes » ;
- recensement des fonctions de service (fonctions principales et fonctions contraintes) qui sont réalisées entre le produit et son environnement. Ce recensement est réalisé avec l'outil « diagramme des interactions », ou « diagramme pieuvre » ;
- expression de la fonction globale du produit que l'on illustre par un diagramme SADT de niveau A–0 ;
- analyse de sa structure technologique ;
- expression des fonctions composantes, ou fonctions techniques que l'on illustre par un diagramme SADT de niveau A0.

Mots clés : *analyse fonctionnelle, besoin fondamental, diagramme « bête à cornes », diagramme des interactions ou diagramme pieuvre, diagramme SADT, fonction composante, fonction contrainte, fonction globale, fonction principale, fonction technique, interacteur, produit.*

exercices

EXERCICE 1

Soit une souris d'ordinateur (fig. 1.8) à un ou plusieurs boutons reliée par fil ou par transmission infrarouge à l'ordinateur.

1. Énoncer, à l'aide de l'outil adapté, le besoin fondamental associé.

2. Définir quels sont les éléments de l'environnement (interacteurs) dans lequel elle évolue.

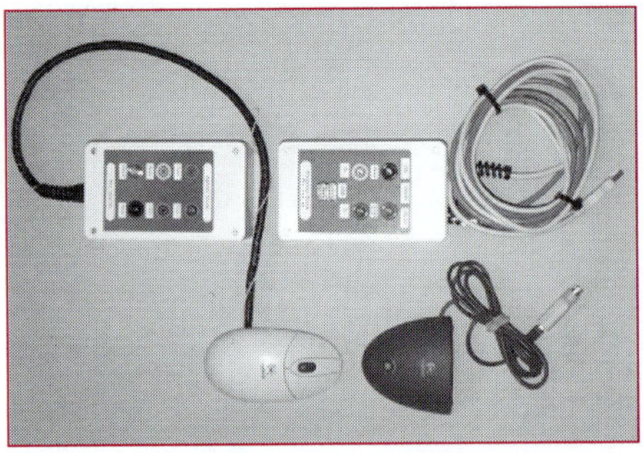

Figure 1.8 Souris d'ordinateur par transmission infrarouge

EXERCICE 2

Soit une serrure électronique (fig. 1.9) montée sur une porte et équipée d'une poignée classique et d'un clavier à 12 touches. Le code confidentiel mémorisé dans la serrure permet de jouer le rôle d'une clé.

1. Énoncer, à l'aide de l'outil adapté, le besoin fondamental associé.

2. Définir, sur le diagramme de la figure 1.10, quelles sont les fonctions de service assurées par la serrure électronique relativement aux interacteurs proposés. Pour chacune des fonctions, proposer une expression et une justification sous la forme d'un tableau identique au tableau 1.2.

Figure 1.9 Serrure électronique

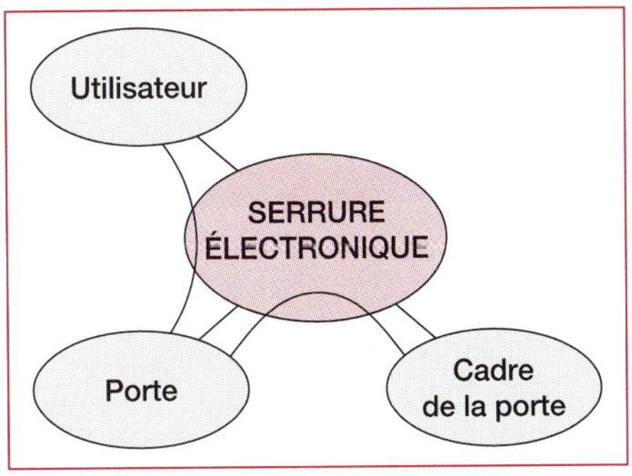

Figure 1.10 Diagramme des interactions partiel de la serrure électronique

EXERCICE 3

Soit un moulinet de pêche électronique (fig. 1.11) utilisé par les pêcheurs à la ligne, monté sur une canne et permettant de lâcher du fil, de le rembobiner manuellement et de détecter une « touche » (présence d'un poisson au bout du fil).

1. Énoncer, à l'aide de l'outil adapté, le besoin fondamental associé.

2. Définir, à l'aide de l'outil adapté, les interacteurs ainsi que les fonctions de service qui interviennent dans le moulinet de pêche électronique.

3. Définir, à l'aide de l'outil adapté, sa fonction globale.

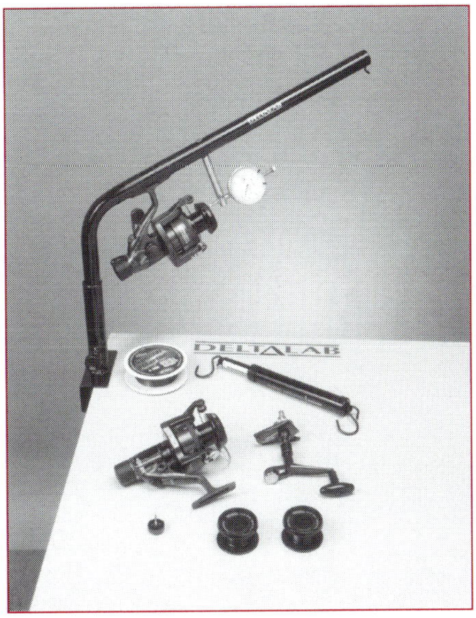

Figure 1.11 Moulinet de pêche électronique

EXERCICE 4

Soit l'appareil photo numérique décrit dans le chapitre. L'appareil est sous tension, les réglages effectués et la configuration choisie en fonction de l'effet recherché. Au moins une image est mémorisée dans l'appareil. On se place dans les situations distinctes suivantes :
– recherche du cadrage d'une scène à photographier mais pas d'ordre de prise de vue ;
– cadrage effectué et ordre de prise de vue ;
– exportation d'une image.

• On considère le diagramme SADT de niveau A0 donné figure 1.7. Après avoir reproduit le diagramme, pour chacune des situations proposées, surligner avec un feutre de couleur différente, les seules données (flèches) et fonctions (boîtes) qui sont concernées.

Fonctions du produit

2 Convertir et distribuer de l'énergie

Figure 2.1 Cabine d'un téléphérique

La cabine du téléphérique est mue par un moteur électrique. Ce moteur assure la conversion de l'énergie électrique en énergie mécanique. Moteurs électriques et vérins (actionneurs) animent les parties opératives des systèmes.

Compétences

Tout ou partie d'un système étant à disposition et/ou défini par son dossier, le cahier des charges et les documents techniques afférents étant fournis :

- Identifier les constituants et justifier les solutions constructives mise en œuvre.

Un système automatisé étant à disposition avec son cahier des charges, les actionneurs électriques ou pneumatiques et le schéma de puissance étant défini, les caractéristiques de fonctionnement étant précisées pour une application donnée :

- Identifier et régler les paramètres de commande liés à la variation de vitesse.
- Identifier les constituants du réseau d'alimentation électrique et donner leurs caractéristiques.

En présence de tout ou partie d'un système et/ou de son dossier technique :

- Associer à sa représentation schématique chaque constituant des chaînes de puissance et de commande.
- Vérifier la conformité ou modifier tout ou partie d'un schéma de puissance en utilisant un logiciel de simulation.
- Justifier les protections mises en place dans les circuits de puissance.

1 Le besoin de distribuer et de convertir de l'énergie

1.1 Fonctions assurées et solutions retenues sur le téléphérique

L'évolution du traitement de l'énergie pour assurer la fonction « déplacer la cabine » est représentée par les quatre fonctions secondaires de la figure 2.2 (adapter électriquement, convertir, adapter mécaniquement, transformer).

L'énergie électrique est prélevée sur le réseau de distribution puis convertie en énergie mécanique par un moteur à courant continu.

Le flux énergétique évolue, dans la chaîne de conversion, selon cinq étapes.

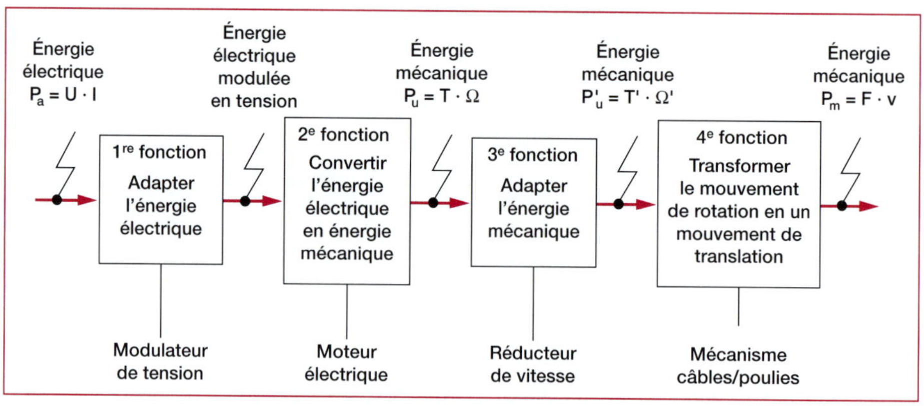

Figure 2.2 Production d'un mouvement de translation à partir d'une énergie électrique

1.2 Exemple de conversion d'énergie

exemple

Station de distribution d'eau sous pression (fig. 2.3)

Extrait du cahier des charges : satisfaire un débit de 80 m^3/h sous une pression de 8 bars en aval du réseau hydraulique, l'alimentation électrique est assurée par le réseau triphasé 400 V. La pression sera maintenue à une valeur constante quel que soit le débit. Les pertes de charges dans l'équipement hydraulique se traduisent par une chute de pression, entre les points extrêmes, de 0,5 bar.

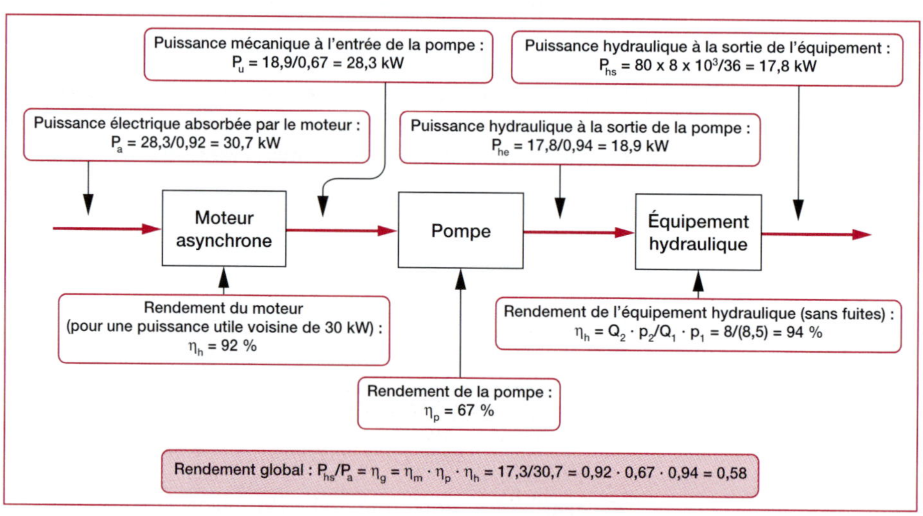

Figure 2.3 Schéma synoptique de la puissance de la station de surpression

Description d'une solution technique. La solution donnée figure 2.4, utilise un préactionneur de type proportionnel particulièrement adapté à cette application (se reporter à la fiche 6 pour la lecture de ce schéma). La régulation de la pression, perturbée par un débit irrégulier, s'effectue par variation de la vitesse de la pompe. La carte de régulation fournit la consigne de vitesse.

Le moteur asynchrone M1 qui entraîne la pompe est alimenté par un convertisseur de fréquence (ATV). La pompe adapte son débit pour réguler la pression.

Le démarrage et l'arrêt de la pompe s'effectuent de façon progressive pour éviter les coups de bélier. Les boutons poussoirs S1 et S2 permettent la mise en marche ou l'arrêt de l'équipement par l'intermédiaire du contacteur KM1.

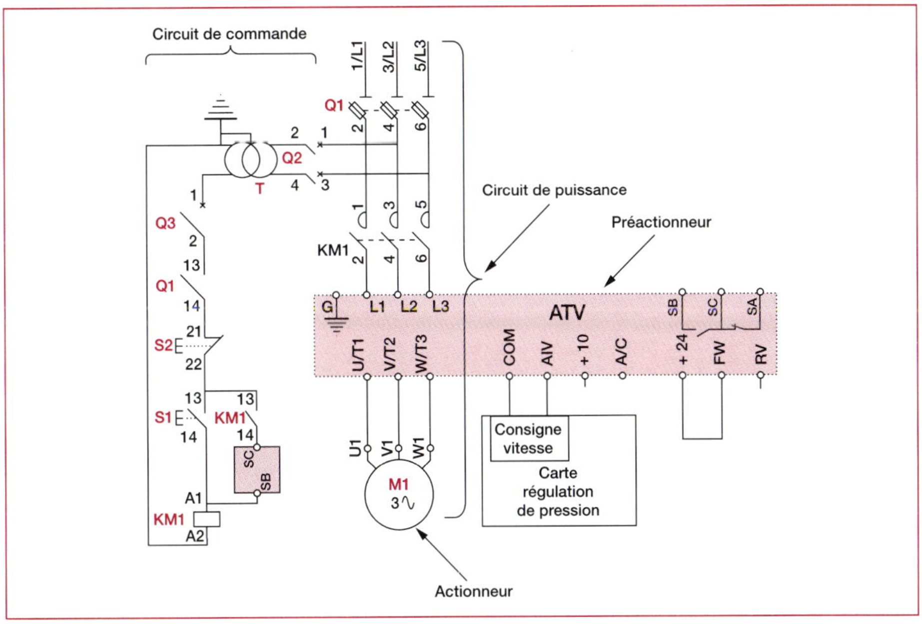

Figure 2.4 Association convertisseur de fréquence et moteur triphasé

1.3 Définitions

Un actionneur est un élément chargé de convertir l'énergie afin de l'adapter au besoin de la partie opérative ; cette énergie est ensuite consommée par les effecteurs.

Les moteurs, les vérins, les lampes d'éclairage, les convecteurs électriques sont des actionneurs.

Un préactionneur est un élément chargé de distribuer, et ou de moduler l'énergie délivrée à l'actionneur. Certains actionneurs et préactionneurs sont réversibles, alors la conversion d'énergie peut s'inverser.

Les contacteurs, les modulateurs d'énergie, les variateurs de vitesse, les démarreurs progressifs, les distributeurs pneumatiques et hydrauliques sont des préactionneurs.

L'effecteur est l'élément intervenant sur la matière d'œuvre principale pour lui donner sa valeur ajoutée.

1.4 Expression des puissances

Les tableaux 2.1 et 2.2 donnent l'expression des puissances pour différents actionneurs. L'unité de puissance est le watt (symbole W). Le watt est équivalent à un transfert d'énergie.

Expression de la puissance électrique moyenne	Formules	Commentaires
– en courant continu	$U \cdot I$	U : valeur moyenne de la tension (V) I : valeur moyenne du courant (A)
– en courant monophasé	$V \cdot J \cdot \cos \varphi$	V : valeur efficace de la tension entre phase et neutre (V) J : valeur efficace du courant (A) cos φ : facteur de puissance
– en courant triphasé	$U \cdot I \cdot \sqrt{3} \cdot \cos \varphi$	U : valeur efficace de la tension entre deux phases (V) I : valeur efficace du courant en ligne (A)

Tableau 2.1 Expression des puissances électriques

Expression de la puissance mécanique	Formules	Commentaires
– rotation	$T \cdot \Omega$	T : couple (N · m) Ω : vitesse angulaire (rd/s)
– translation	$F \cdot v$	F : force (N) v : vitesse (m/s)
– hydraulique	$Q \cdot p$	Q : débit (m^3/s) p : pression (Pa)

Tableau 2.2 Expression des puissances mécaniques

2 Les actionneurs et les préactionneurs électriques

Les énergies les plus couramment utilisées par les systèmes de production sont les énergies électrique, pneumatique ou hydraulique. L'énergie électrique existe soit sous forme d'un courant continu, soit sous forme d'un courant alternatif.

Les moteurs électriques sont des actionneurs qui convertissent l'énergie électrique en une énergie mécanique adaptée aux besoins de la partie opérative. L'énergie électrique absorbée est essentiellement caractérisée par son courant et sa tension, l'énergie mécanique fournie par l'arbre du moteur est caractérisée par son couple et sa vitesse de rotation.

Les deux principaux moteurs électriques sont le moteur asynchrone triphasé et le moteur à courant continu.

2.1 Situation des actionneurs et préactionneurs dans un système de production

La figure 2.5 met en évidence dans le cas de la station de distribution d'eau sous pression, la chaîne de conversion directe de l'énergie, constituée des trois structures *protections* (1), préactionneurs (2), *actionneurs* (3).

Ces trois structures agissent sur la matière d'œuvre : l'énergie.

Les protections sont assurées par le sectionneur porte-fusibles Q1, les disjoncteurs Q2 et Q3, le transformateur de sécurité T et les protections magnétique et thermique intégrées au variateur de vitesse (fig. 2.4). Le contacteur triphasé KM1 et le convertisseur de fréquence sont les préactionneurs, le moteur asynchrome triphasé M1 étant l'actionneur.

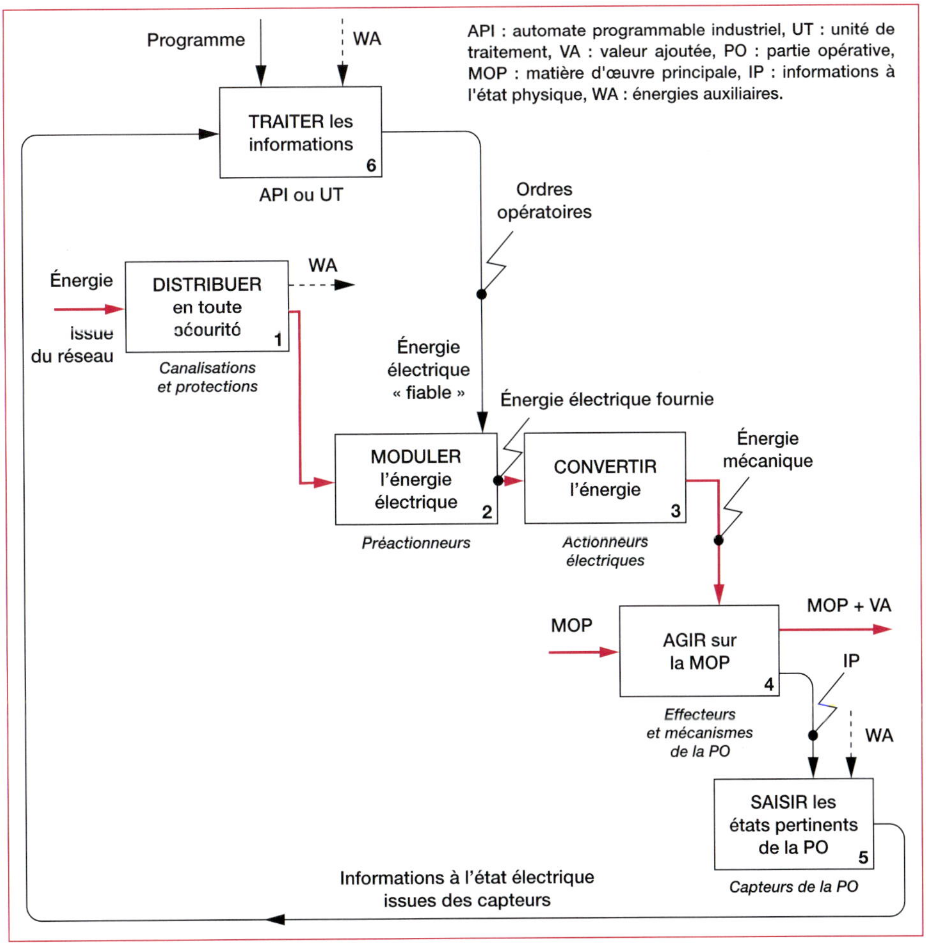

Figure 2.5 Situation des préactionneurs et actionneurs électriques

2.2 Moteur asynchrone triphasé

Robuste et sans entretien, le moteur à courant alternatif triphasé (appelé aussi *moteur asynchrone triphasé*) est très utilisé en milieu industriel (machines-outils, pompes, convoyeurs, ventilateurs, ponts roulants, etc.). Le moteur asynchrone est normalisé, ce qui facilite son interchangeabilité.

Un moteur asynchrone est caractérisé par sa puissance utile (Pu), son facteur de puissance (cos ϕ) et son rendement (η) (fig. 2.6).

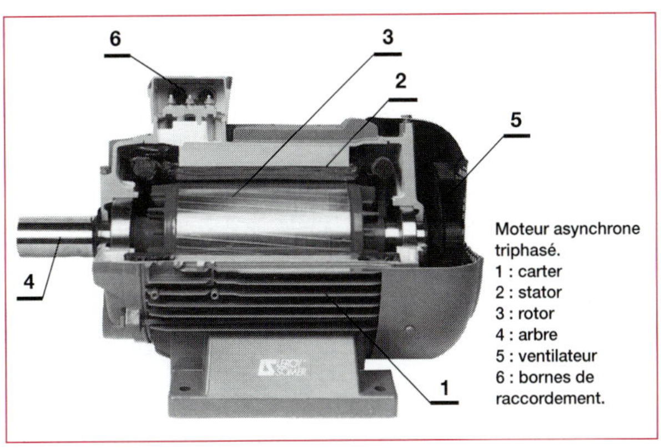

Figure 2.6 Moteur asynchrone triphasé

2.2.1 Puissances

Puissance électrique absorbée $Pa = U \cdot I \cdot \sqrt{3} \cdot \cos\varphi$.

Puissance utile fournie $Pu = Tu \cdot \Omega_r$.

2.2.2 Vitesse de rotation

Un moteur alimenté sous une *fréquence* de 50 Hz et constitué d'une paire de pôles par phase produit un champ statorique tournant à 3 000 tr/min. Alimenté en courant alternatif 60 Hz, ce champ tourne à 3 600 tr/min. La vitesse réelle du rotor est donc légèrement inférieure à ces valeurs. La variation de vitesse est obtenue en agissant sur la fréquence.

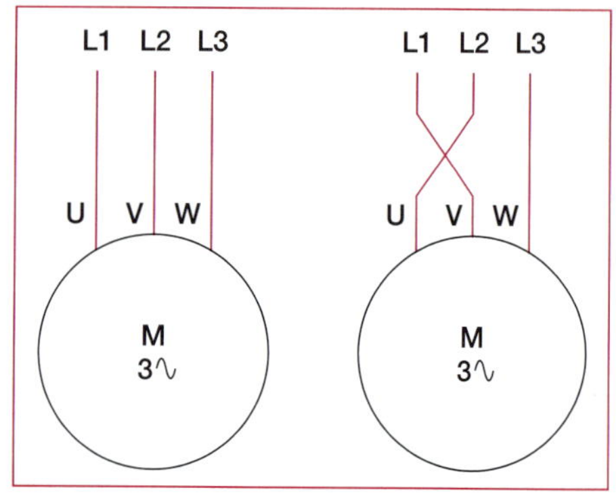

Figure 2.7 Principe de l'inversion du sens de rotation d'un moteur triphasé

2.2.3 Inversion du sens de rotation

Pour inverser le sens de rotation d'un moteur asynchrone triphasé, il suffit de permuter le branchement de deux des trois phases (fig. 2.7).

2.2.4 Schémas de puissance et de commande

La figure 2.8 donne une solution technique d'un moteur fonctionnant dans les deux sens de rotation. La fermeture de KM1 provoque un sens de rotation et la fermeture de KM2 entraîne le moteur dans l'autre sens.

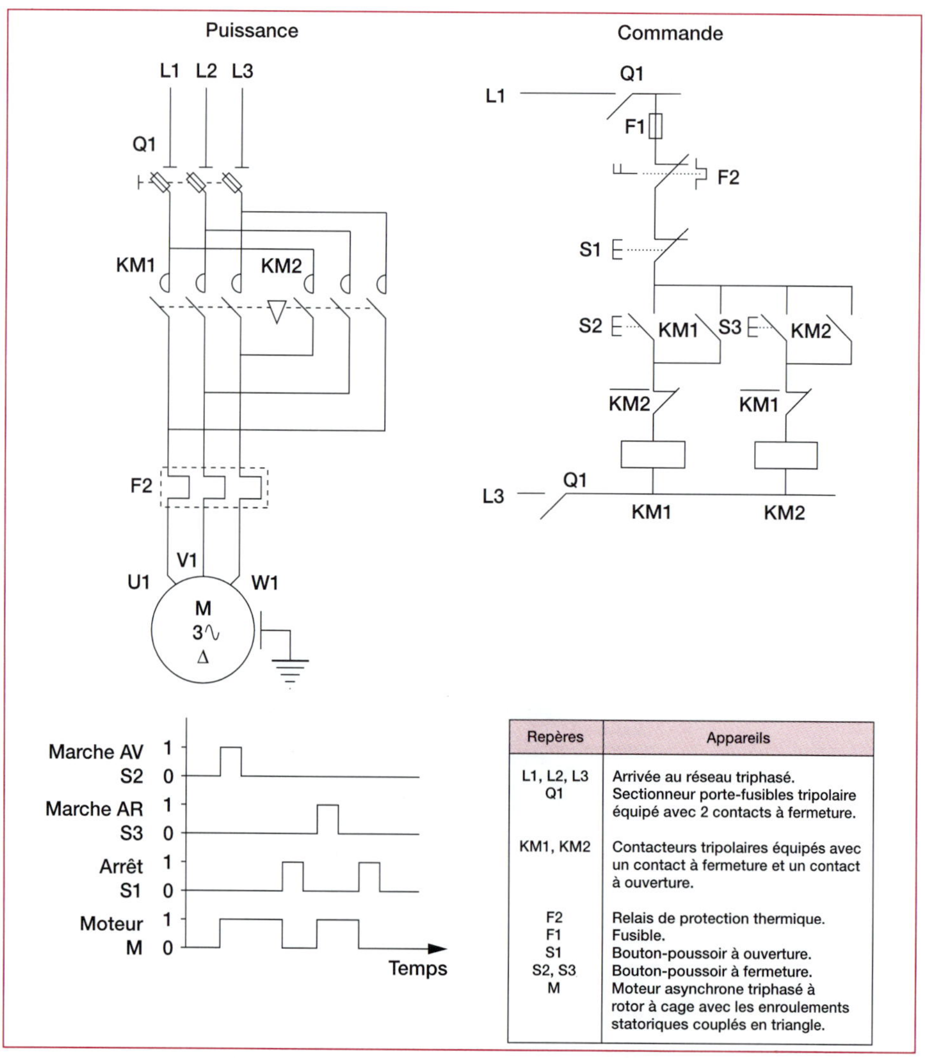

Repères	Appareils
L1, L2, L3 Q1	Arrivée au réseau triphasé. Sectionneur porte-fusibles tripolaire équipé avec 2 contacts à fermeture.
KM1, KM2	Contacteurs tripolaires équipés avec un contact à fermeture et un contact à ouverture.
F2 F1 S1 S2, S3 M	Relais de protection thermique. Fusible. Bouton-poussoir à ouverture. Bouton-poussoir à fermeture. Moteur asynchrone triphasé à rotor à cage avec les enroulements statoriques couplés en triangle.

Figure 2.8 Démarrage direct, deux sens de marche d'un moteur asynchrone

Dans cette solution, la commande du moteur s'effectue en tout ou rien à l'aide des contacteurs KM1 ou KM2 selon le sens de rotation désiré.

Le choix de ces préactionneurs s'effectue en prenant en compte, d'une part, la tension du réseau d'alimentation et le courant absorbé par le moteur, et d'autre part, le nombre de manœuvres et le cycle de fonctionnement du moteur (fréquence des démarrages, marche permanente, etc.).

2.2.5 Caractéristiques du moteur asynchrone

La figure 2.9 et le tableau 2.3 présentent toutes les caractéristiques des moteurs asynchromes et la figure 2.10 les couplages des caroulements des inducteurs.

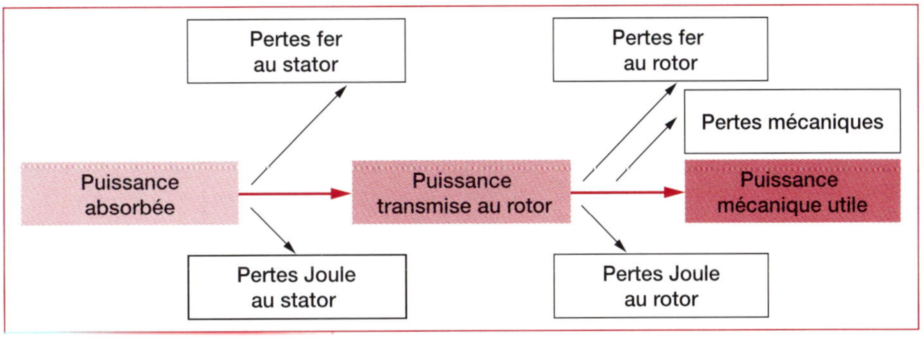

Figure 2.9 Bilan des puissances du moteur asynchrone

Grandeurs	Formules	Commentaires
Vitesse de synchronisme	$n_s = f / p$ $\Omega_s = 2\pi \cdot f / p$	n_s : fréquence de rotation du champ statique (tr/s) Ω_s : vitesse du champ statorique (rd/s) p : nombre de paires de pôles par phase f : fréquence du réseau (Hz)
Glissement	$g = (n_s - n_r) / n_s$	Valeur relative de la « perte de vitesse » n_r : fréquence de rotation du rotor
Puissance absorbée	$Pa = U \cdot I \cdot \sqrt{3} \cdot \cos \varphi$ $Pa = 3p = 3 \cdot V \cdot J \cdot \cos \varphi$	U : tension entre deux phases I : courant en ligne V : tension aux bornes d'un enroulement J : courant dans un enroulement φ : déphasage entre V et J $\cos \varphi$: facteur de puissance
Puissance utile	$Pu = Tu \cdot \Omega_r$	Tu : couple sur l'arbre (N · m) Ω_r : vitesse angulaire du rotor (rd/s)
Couple utile	$Tu = Pu / n_r \cdot (2\pi/60)$	n_r : vitesse réelle du moteur (tr/min)
Rendement	$\eta = Pu / Pa$	Le rendement est maximal pour un fonctionnement proche du point nominal

Tableau 2.3 Formulaire applicable à un moteur asynchrone triphasé

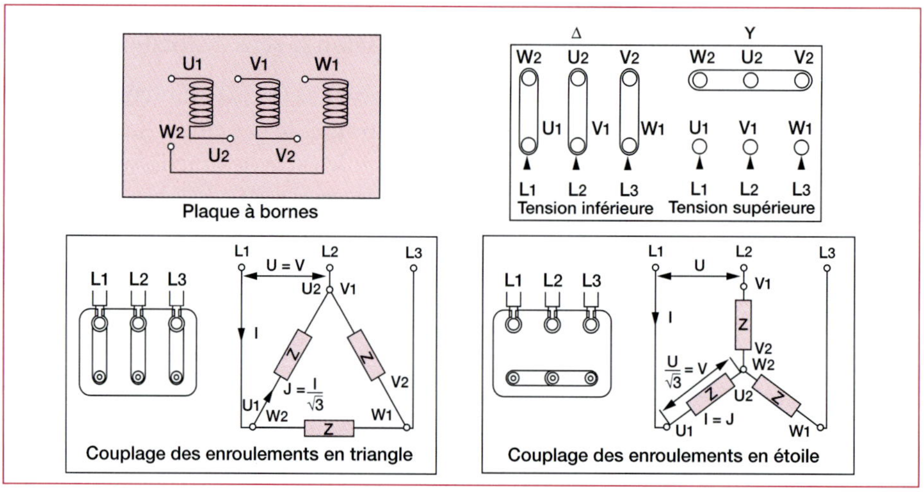

Figure 2.10 Plaque à bornes et couplage en étoile ou en triangle des enroulements

exemple

Une plaque signalétique d'un moteur asynchrone

Utilisation. Le point nominal de fonctionnement est décrit sur la plaque signalétique (fig. 2.11). Les valeurs fournies permettent le calcul du couple, de la puissance absorbée et du rendement.

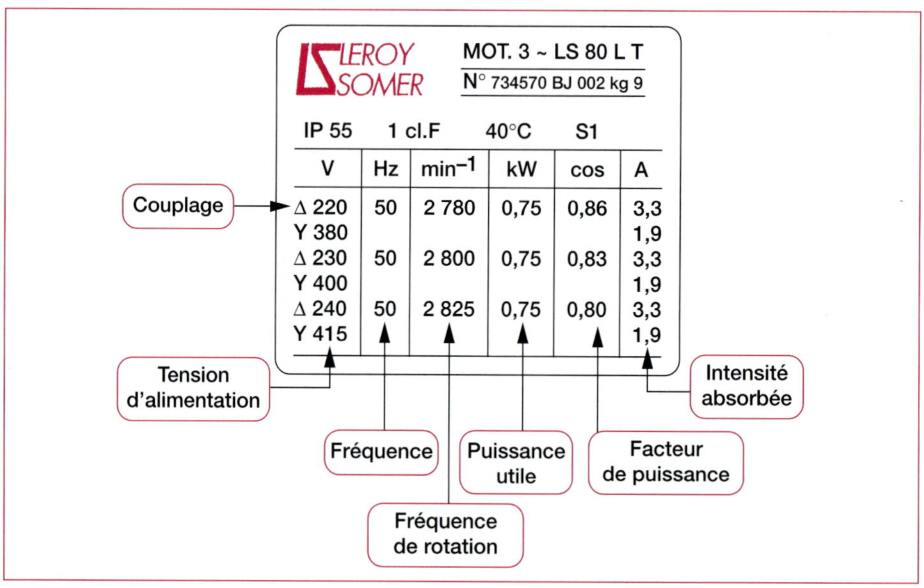

Figure 2.11 Plaque signalétique d'un moteur asynchrone (document Leroy Somer)

La connaissance de l'intensité absorbée permet de choisir les protections contre les courts-circuits (fusibles ou disjoncteur magnétique) et contre les surcharges (relais ou disjoncteur thermique).

Grâce à la manière de coupler leurs enroulements (fig. 2.10), tous les moteurs triphasés sont bitensions. La plus petite des deux tensions inscrites correspond à la *tension nominale* d'un enroulement.

2.3 Moteur à courant continu

Un moteur à courant continu est caractérisé par sa puissance utile (Pu) et par son rendement (η) (fig. 2.12).

2.3.1 Puissances

Puissance électrique absorbée (Pa) :

$$Pa = UI.$$

Puissance utile fournie (Pu) :

$$Pu = Tu \cdot \Omega.$$

2.3.2 Inversion du sens de rotation

Deux possibilités existent pour inverser le sens de rotation d'un moteur à courant continu :

- inverser le sens du courant dans l'*inducteur* (impossible pour les moteurs à aimants permanents) ;
- inverser le sens du courant dans l'*induit.*

Figure 2.12 Moteur à courant continu à ventilation forcée

L'usage de contacteurs est une solution possible pour choisir le sens de rotation.

2.3.3 Caractéristiques du moteur à courant continu

La figure 2.13 et les tableaux 2.4 et 2.5 présentent les caractéristiques du moteur à courant continu.

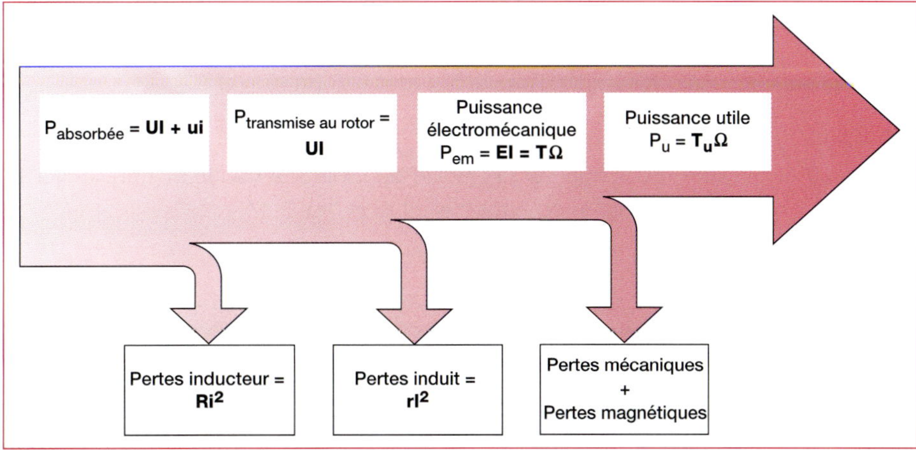

Figure 2.13 Bilan des puissances (inventaire des pertes) d'un moteur à courant continu

Induit		Inducteur	
I	Courant dans l'induit	u	Tension aux bornes de l'inducteur
E	Force électromotrice en volts	Φ	Flux d'excitation en Wb
U	Tension aux bornes de l'induit	R	Résistance de l'inducteur
Id	Courant d'induit au démarrage	i	Courant d'excitation
L	Inductance du bobinage de l'induit (quelques mH)		
r	Résistance interne de l'induit		
Ω	Vitesse angulaire en rd/s		
n	Fréquence de rotation en tr/min		
Td	Couple au démarrage		
Tu	Couple utile sur l'arbre en N · m		
T	Couple électromécanique		

Tableau 2.4 Grandeurs associées au moteur à courant continu

Grandeur	Formules	Commentaires
Force électromotrice	$E = k \cdot n \cdot \Phi$	La fem est fonction de la vitesse et du flux
Vitesse	$n = (U - r \cdot I) / k \cdot \Phi$	La tension appliquée à l'induit et le flux sont les éléments de réglage de la vitesse
Puissance électromécanique	$P_{em} = T \cdot \Omega = E \cdot I$	Cette puissance ($E \cdot I = U \cdot I - r \cdot I^2$) est la part de la puissance électrique transformée en puissance mécanique
Couple électromécanique	$T = E \cdot I / \Omega = k' \cdot \Phi \cdot I$	Si le flux est constant $T = K \cdot I$, le courant est proportionnel au couple
Puissance mécanique utile	$Pu = Tu \cdot \Omega$	C'est la puissance disponible sur l'arbre du moteur
Puissances absorbées	$Pa = U \cdot I + u \cdot i$	La puissance absorbée totale est la somme des puissances absorbées par l'induit et l'inducteur
Couple utile	$Tu = Pu / \Omega$	Le couple utile de la machine est inférieur au couple électromécanique
Rendement	$\eta = Pu / Pa$	Le rendement est voisin de 85 %, voire supérieur à 95 % pour les gros moteurs
Intensité au démarrage	$Id = U / r$	À l'instant de la mise sous tension, le moteur a une vitesse nulle, sa fem est nulle
Couple au démarrage	$Td = K \cdot U / r$	Le flux est constant et supposé maximal

Tableau 2.5 Formulaire applicable à un moteur à courant continu

exemple

Pour agir sur la vitesse du moteur à continu il convient d'agir sur la tension d'induit ou sur le courant d'excitation (fig. 2.14).

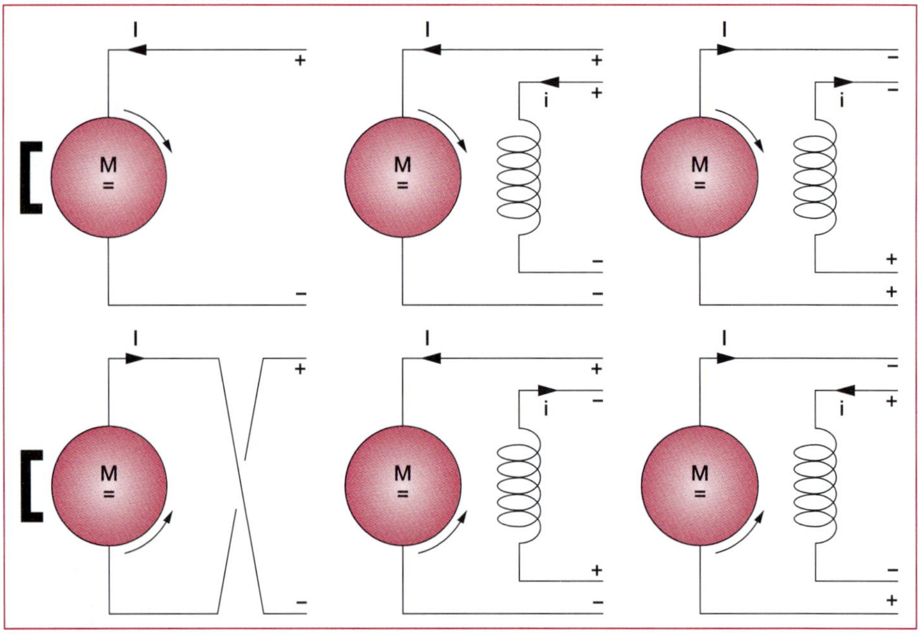

Figure 2.14 Exemples d'inversions du sens de rotation

La gamme de puissance de ces moteurs est très large, de quelques watts (moteur de jouets) jusqu'au mégawatt (TGV Sud-Est). Ils sont utilisés pour la motorisation des véhicules électriques, des équipements portatifs et automobiles, des téléphériques et des applications à grandes vitesses de rotation (10 000 tr/min et plus).

En régime de courant purement continu, les modèles électriques de l'induit d'un moteur à courant continu sont présentés figure 2.15.

En régime de courant purement continu, ce modèle comprend une force électomotrice et une résistance. En régime de courant continu haché, il convient d'ajouter à ce modèle une inductance pour tenir compte des variations du courant (fig.2.15).
Loi d'Ohm associée à ces modèles :
$U = E + r \cdot I$ ou $U = E + r \cdot I + L \cdot dI/dt$

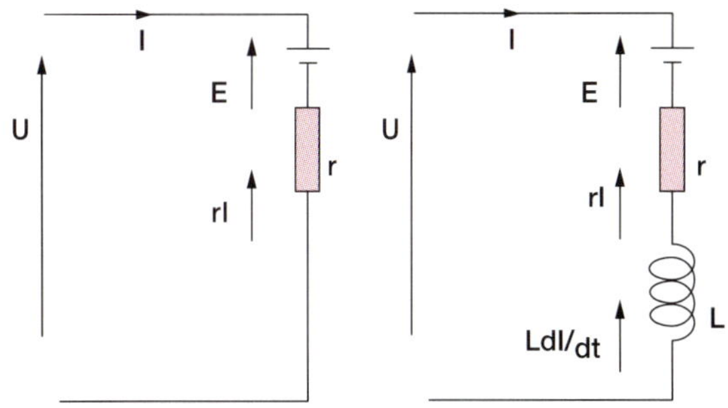

Figure 2.15 Modèles électriques de l'induit d'un moteur à courant continu

2.4 Préactionneurs pour moteurs électriques

Les adaptations des caractéristiques de l'énergie mécanique sont modulées de manière avantageuse en agissant en amont du moteur, c'est-à-dire en modulant l'énergie électrique.

Le préactionneur utilisé est du type proportionnel il met en œuvre des composants de l'électronique de puissance.

Si le préactionneur utilisé est du type tout ou rien, la modulation de l'énergie mécanique est effectuée en aval du moteur par des réducteurs de vitesse, des freins ou des embrayages.

2.4.1 Commande proportionnelle

Les *variateurs de vitesse*, les démarreurs progressifs, les gradateurs et les dispositifs de freinage électrique composent les principaux préactionneurs électriques proportionnels. Pour une application à vitesse variable, la figure 2.4 décrit l'association d'un moteur asynchrone triphasé alimenté par un convertisseur de fréquence (fig. 2.16).

Figure 2.16 Variateur de vitesse pour moteur asynchrone

2.4.2 Commande tout ou rien

Contacteurs ou équipements à semi-conducteurs commandés en commutation constituent les principaux préactionneurs tout ou rien. Pour une application à vitesse constante, les contacteurs KM1 et KM2 de la figure 2.8 assurent l'alimentation d'un moteur asynchrone à fréquence constante (fig. 2.17).

Figure 2.17 Contacteur tétrapolaire

3 Les actionneurs et préactionneurs hydrauliques et pneumatiques

Le vérin est constitué d'un sous-ensemble fixe appelé cylindre, et d'un sous-ensemble mobile en translation appelé piston, solidaire d'une tige.

Pour assurer le déplacement en translation du piston par rapport au cylindre, un orifice permet le montage d'un raccord pour l'alimentation en fluide (air, huile, eau) de la chambre du vérin. La chambre du vérin est le volume défini par le piston et le cylindre.

3.1 Le vérin simple effet

Le vérin simple effet se caractérise par le fait que le fluide sous pression (air, huile, eau) agit sur le sous-ensemble *tige-piston* pour un seul sens de déplacement de la charge. Le rappel en position initiale de la tige est effectué soit par un ressort interne au vérin, soit par l'action de la charge.

L'utilisation de ce vérin se justifie quand une position de la tige est privilégiée (rentrée ou sortie) qui correspond alors à la position de rappel, ou quand la vitesse de déplacement de la tige (dans le sens moteur) n'est pas à contrôler.

Le vérin pneumatique simple effet de la figure 2.18 (avec ressort de rappel) présente des caractéristiques d'encombrement important (course de la tige + longueur du ressort comprimé), ce qui peut être pénalisant.

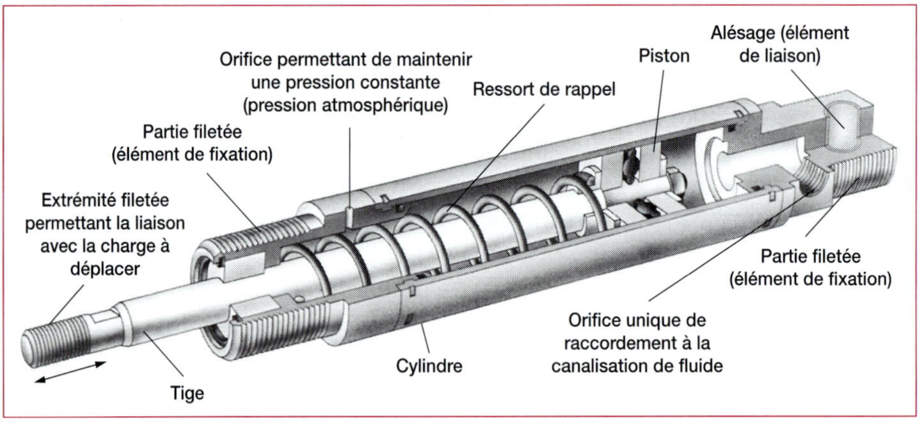

Figure 2.18 Vérin pneumatique simple effet avec ressort de rappel

3.2 Le vérin double effet

Le vérin double effet se caractérise par le fait que le fluide sous pression (air, huile, eau) agit sur le sous-ensemble *tige-piston* pour les deux sens de déplacement de la charge. Il possède deux orifices de raccordement (fig. 2.19).

Le vérin pneumatique double effet peut être équipé de dispositifs d'amortissement en fin de course qui évitent les effets de chocs à l'arrêt de la tige, ainsi que les démarrages brutaux.

Si on considère le mouvement de rentrée de la tige, le flux d'air à l'échappement traverse la section de la bague ③ (débit d'échappement maximal). En fin de mouvement, l'extrémité conique de la tige réduit la section de passage de l'air à travers cette bague, jusqu'à l'annuler. Le flux d'air est alors contraint à traverser l'orifice ④ de faible section (éventuellement réglable), provoquant ainsi le freinage de la tige en fin de course.

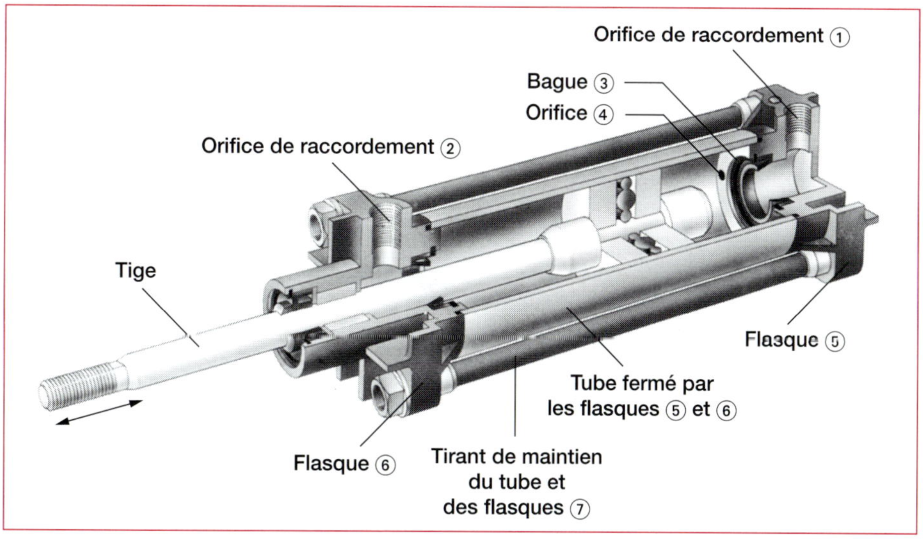

Figure 2.19 Vérin pneumatique double effet

La structure du cylindre de ce type de vérin permet un large choix de fixations (fig. 2.20).

Figure 2.20 Éléments de fixation

3.3 Autres types de vérins

3.3.1 Vérin sans tige

Les applications qui imposent des déplacements linéaires importants (dispositifs de manutention, élévateurs, manœuvres de portes…) conduisent à des installations très encombrantes si l'on utilise des vérins classiques à tige.

L'emploi de vérins sans tige est donc bien adapté pour ce genre de déplacements (fig. 2.21).

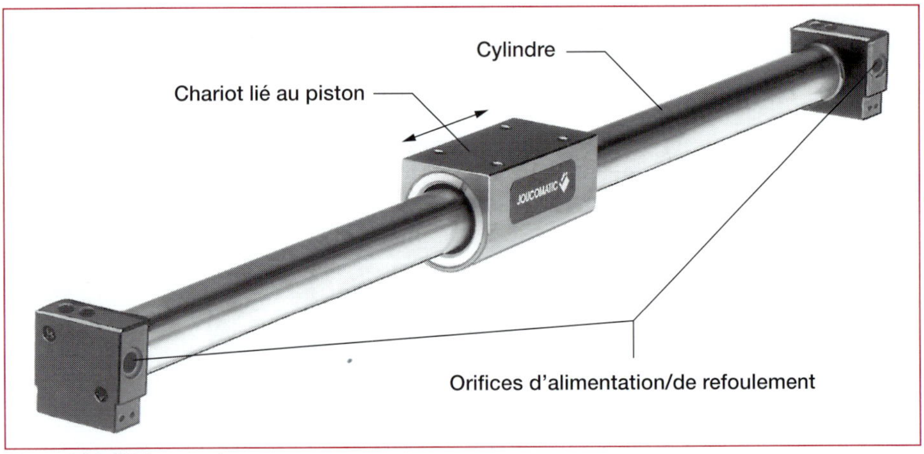

Figure 2.21 Vérin sans tige

3.3.2 Vérin rotatif

Ce type permet un mouvement de rotation de la charge à déplacer (fig. 2.22).

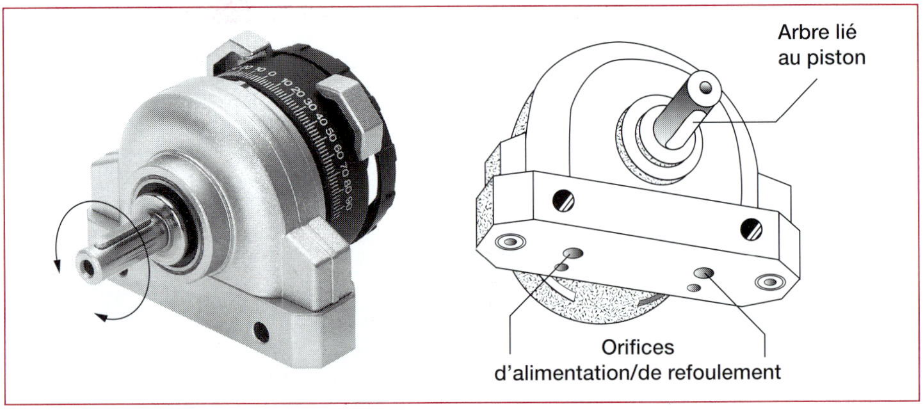

Figure 2.22 Vérin rotatif

3.4 Les distributeurs

L'énergie pneumatique ou hydraulique est communiquée au vérin par l'intermédiaire d'un *distributeur* (fig. 2.23).

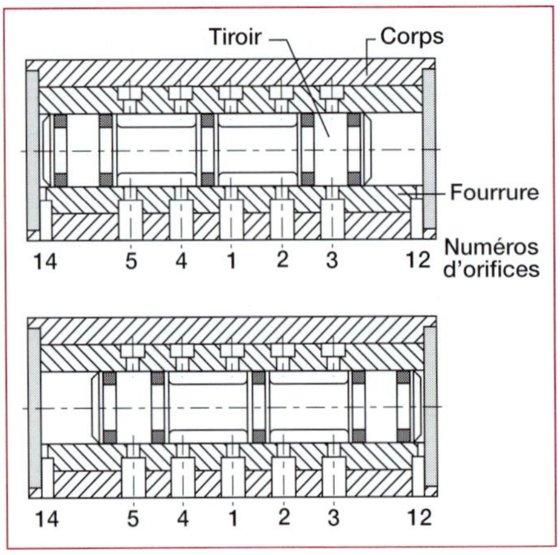

Figure 2.23 Distributeur 5/2

Le distributeur proposé est bistable (la disparition de l'ordre de la partie commande ne modifie pas la position du tiroir ; un ordre différent est nécessaire pour modifier l'état du distributeur). Ce distributeur est dit *distributeur 5/2*. Cette désignation indique le nombre d'orifices nécessaires pour assurer la distribution (orifices repérés de 1 à 5) et le nombre de positions stables du tiroir, ici deux : une position à gauche et une position à droite (fig. 2.23).

Le déplacement du tiroir est obtenu par signaux de commande (ou de pilotage) pneumatiques, hydrauliques, électriques ou mécaniques. Pour l'exemple proposé, les signaux de pilotage sont pneumatiques (0,05 à 0,15 MPa) et arrivent au niveau du distributeur par les orifices 12 et 14.

3.5 Détermination des caractéristiques d'un vérin

Les caractéristiques principales d'un vérin du point de vue fonctionnel sont présentées dans le tableau 2.6.

Principe de désignation	
Vérin n° 2	2C
Mouvement de sortie de tige	2C+
Mouvement de rentrée de tige	2C–
Distributeur associé	2D
Pilotage en monostable	2d
Pilotage en bistable	2d+ et 2d–
Capteur position initiale	2c0
Capteur position travail	2c1

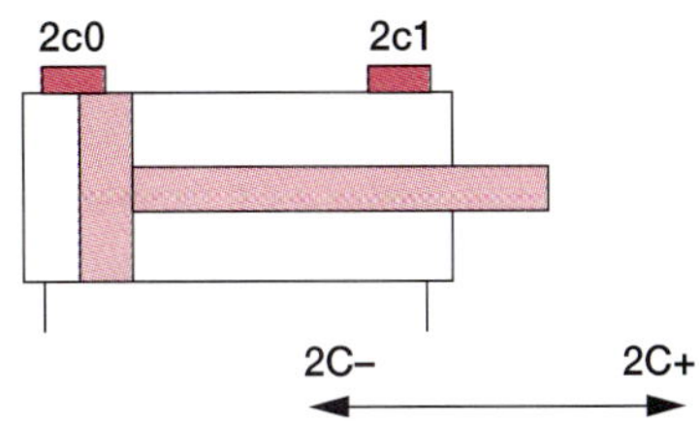

Exemple : vérin tige rentrée en position initiale

Tableau 2.6 Caractéristiques principales des vérins (point de vue fonctionnel)

La détermination du diamètre du vérin peut être effectuée également en utilisant des abaques fournis par le fabricant, après application du taux de charge.

3.5.1 Grandeurs caractéristiques d'un vérin

Les grandeurs caractérisant un vérin sont présentées dans le tableau 2.7.

Grandeurs caractéristiques d'un vérin	Paramètres de détermination des caractéristiques d'un vérin
Course de la tige ou du piston L (mm) Courses normalisées d'utilisation courante : de 1 mm à 3 000 mm Diamètre du piston D (mm)	Déplacement de la charge à effectuer Effort à fournir pour déplacer la charge Fr (N) Pression d'alimentation du vérin p (MPa ou bars) Vérins d'utilisation courante : pression de 6 bars Conditions d'utilisation $Pa = N \cdot m^{-2}$ bar = $1\ da\ N \cdot cm^{-2}$

Tableau 2.7 Grandeurs caractéristique d'un vérin

3.5.2 Détermination du piston

- *Par le calcul.* L'effort F_d développé par un vérin s'écrit : $F_d = \eta \cdot p \cdot S$ avec :

η : rendement du vérin (prise en compte des frottements et des fuites) ;
p : pression relative d'alimentation (pression manométrique) ;
S : surface du piston sur laquelle s'applique la pression.

L'effort F_d développé par le vérin se déduit de l'effort F_r nécessaire pour déplacer la charge par la prise en compte d'un taux de charge t_c, considéré comme coefficient de sécurité, car il permet de ne pas utiliser le vérin « sous plein charge », tel que : $t_c = F_c / F_d$ ($t_c \leq 0{,}75$).

- *Par l'utilisation d'abaques.* Les fabricants de vérins fournissent des abaques à utiliser après application du taux de charge (fig. 2.25).

Exemple de lecture :
– données :
- pression relative d'alimentation : 7 bars ;
- effort à développer par le vérin en sortie de tige : 175 daN.

– résultats :
- le diamètre de vérin à choisir est compris entre 50 et 63 mm ;
- on retiendra 63 mm ; le vérin choisi est capable de développer un effort de 200daN.

L'ESSENTIEL

Les deux composants essentiels d'une chaîne de conversion et de distribution de l'énergie sont :
- l'actionneur qui convertit l'énergie ;
- le préactionneur qui distribue cette énergie (avec ou sans modulation) à l'actionneur.

Les deux principales familles d'actionneurs électriques sont les moteurs asynchrones alimentés par une source à courant alternatif et les moteurs à courant continu alimentés par une source continue. Les moteurs électriques convertissent l'énergie électrique en énergie mécanique, cette énergie leur est délivrée par un préactionneur tout ou rien ou proportionnel.

Les procédés mis en œuvre pour inverser le sens de rotation des moteurs électriques sont :
- le croisement de deux des trois phases pour un moteur à courant alternatif ;
- l'inversion de la polarité de l'induit ou de l'inducteur pour un moteur à courant continu.

La fréquence de rotation d'un moteur à courant continu est influencée par la tension appliquée à l'induit ; celle d'un moteur asynchrone est influencée par la fréquence de la tension d'alimentation.

La plaque signalétique renseigne sur le fonctionnement du régime nominal du moteur.

Un vérin pneumatique (ou hydraulique) est un actionneur qui convertit une énergie pneumatique (ou hydraulique) en une énergie mécanique.

Un vérin se caractérise par la course et le diamètre de son piston.

Mots clés : *actionneur, commande proportionnelle, commande tout ou rien, distributeur, effecteur, moteur asynchrone triphasé, moteur à courant continu, préactionneur, puissance absorbée, puissance utile, rendement, vérin simple effet, variateur de vitesse, vérin double effet.*

exercices

EXERCICE 1

• *Performances d'un moteur asynchrone.* Pour le moteur décrit par sa plaque signalétique de la figure 2.11, calculer les valeurs de la puissance absorbée, du couple utile et du rendement.

EXERCICE 2

• *Réglage du dispositif de commande.* Le moteur de l'exercice 1 entraîne une pompe dont la vitesse varie de 800 à 2 800 tr/min. Donner la plage de réglage en fréquence du variateur de vitesse câblé en amont du moteur.

EXERCICE 3

• *Performances attendues d'un moteur à courant continu.* Pour le moteur décrit par la plaque signalétique (fig. 2.24), calculer les valeurs de la puissance absorbée, du couple utile et du rendement pour les trois lignes de valeurs.

EXERCICE 4

Solutions retenues pour faire varier la vitesse d'un moteur à courant continu.

• Décrire le procédé de variation de vitesse utilisé sur ce moteur à courant continu pour passer de la première ligne à la seconde ligne de valeurs de la plaque signalétique. De même, décrire le procédé de variation de vitesse utilisé pour passer de la première ligne à la troisième ligne de valeurs.

Moteur à courant continu *Direct current motor*						
Type : LSK 1604 S 02		N° 700000/10		9/1992	M	249 kg
Classe/*Ins class* H		IM 1001		IP 23S	IC 06	
M_{nom}/*Rated torque*		301 N·m	Altit.	100 m	Temp.	40 °C
	kW	min^{-1}	V	A	V	A
Nom./*Rat.*	36,3	1 150	440	95,5	360	3
	3,63	115	44	95,5	360	3
	36,3	1 720	440	95,5	240	2
			Induit/*Arm.*		Excit./*Field*	
Service/*Duty*	S1	DE		NDE		

Figure 2.24 Plaque signalétique (d'après document Leroy Somer)

EXERCICE 5

Étude du sujet d'examen « Système module de pose de ruban adhésif » dont le dossier technique est reproduit en fin d'ouvrage (entraînement 1 de la partie Exercices de synthèse).

1. Quel est le type de moteur utilisé pour entraîner les tapis roulants ?

2. Quel est le composant qui assure la fonction de préactionneur ?

3. Le préactionneur utilisé est-il du type tout ou rien ?

EXERCICE 6

Un vérin pneumatique double effet à simple tige, placé au sein d'un système mécanique doit transmettre un effort :
– de 150 daN en sortie de tige ;
– de 100 daN en rentrée de tige.

L'installation est alimentée en air comprimé sous une pression relative (manométrique) de 0,6 MPa (6 bars).
Le taux de charge maximal préconisé par le fabricant de vérin est de : 75 %.

1. À l'aide de la figure 2.25, déterminer le diamètre du vérin à prévoir dans ce système.

2. Indiquer le taux de charge réel.

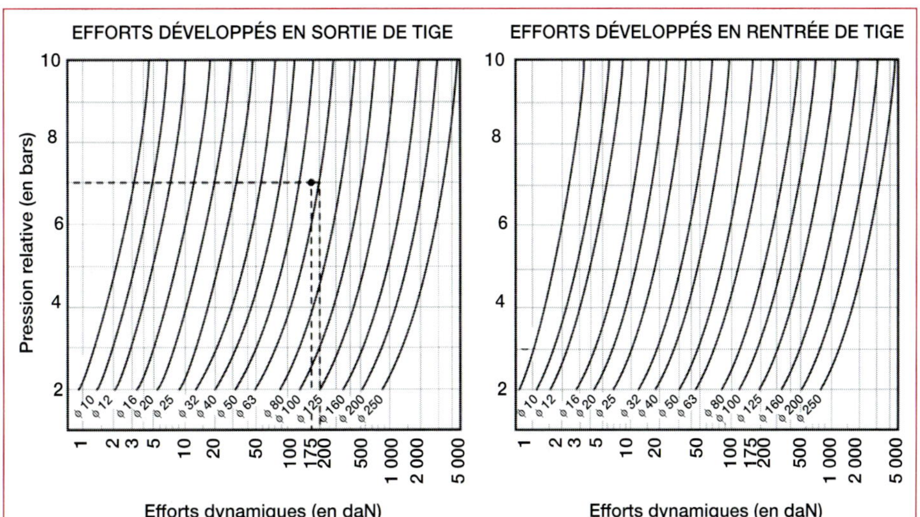

Figure 2.25 Abaques de détermination des diamètres de vérin

3 Transmettre l'énergie

Figure 3.1 Un exemple de support de transmission d'énergie : le scooter

L'illustration de ce chapitre s'appuie sur la chaîne de transmission d'énergie d'un motocycle de marque Peugeot : le scooter à motorisation électrique « Scoot'élec ». Pour être exploitable, l'énergie convertie par le moteur électrique doit être adaptée et transmise à la roue arrière pour assurer la motricité, dans des conditions données (vitesse, accélération...). Les mécanismes dits « de transformation de puissance » assurent cette adaptation de l'énergie.

Compétences

Tout ou partie d'une chaîne de transmission d'énergie étant disponible sous sa forme matérielle, ou maquettisée (réelle ou virtuelle), ou représentée par un dossier technique :

- Identifier une solution constructive réalisée et lui associer sa fonction technique.
- Vérifier les caractéristiques fonctionnelles d'une solution constructive : mouvement, action, montage, réalisation en regard des niveaux de performances demandées dans le CdCF.

1 Description du « Scoot'élec » Peugeot

Le produit « Scoot'élec » répond essentiellement au souci de limiter les nuisances liées à la circulation urbaine (pollution atmosphérique, pollution sonore), tout en proposant une autonomie respectant le cahier des charges relatif aux déplacements des citadins (15 à 20 km par jour).

L'évolution des formes de ce type de deux roues (design) a par ailleurs favorisé l'intégration de la technologie électrique de la motorisation.

La figure 3.2 présente une vue générale du véhicule, notamment, les éléments :
- d'alimentation en énergie (batterie d'accumulateurs) ;
- de distribution de l'énergie (unité de commande électronique « UCE ») ;
- de conversion de l'énergie (moteur électrique) ;
- de transmission de l'énergie (réducteurs, roue arrière).

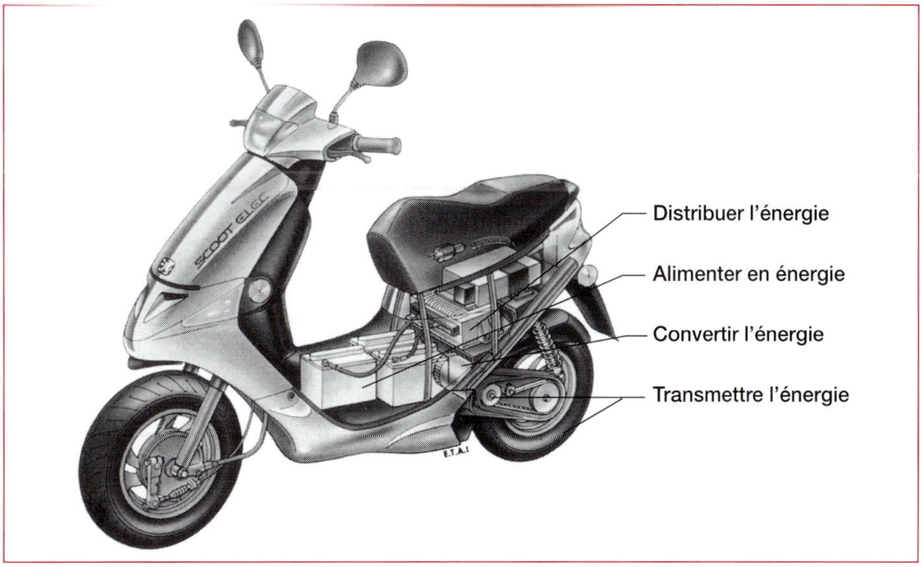

Figure 3.2 Vue générale du scooter électrique

La modélisation logicielle de la chaîne de *transmission d'énergie*, sous forme de maquette numérique, ou maquette virtuelle, permet alors différentes analyses (fonctionnelle, structurelle, comportementale…).

2 Analyse fonctionnelle

2.1 Fonction globale du « Scoot'élec » Peugeot

L'analyse fonctionnelle de premier niveau permettant de définir la fonction globale du « Scoot'élec » Peugeot est représentée par le diagramme SADT de niveau A-0 de la figure 3.3.

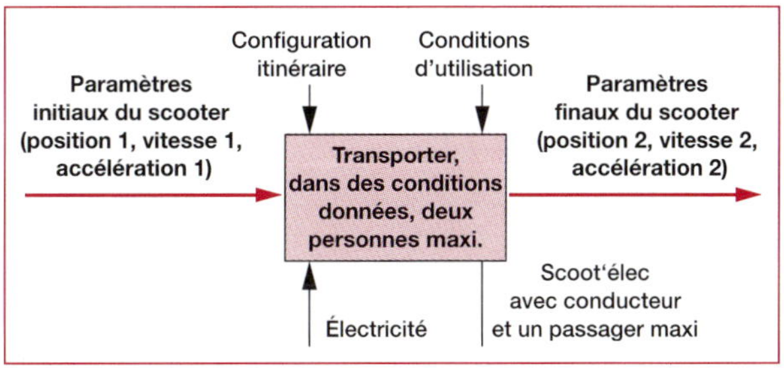

Figure 3.3 Fonction globale du scooter électrique

2.2 Principe général de la transmission d'énergie

Le cheminement de l'énergie, depuis sa distribution jusqu'à son action sur la matière d'œuvre à transformer, est décrit par le schéma fonctionnel de la figure 3.4.

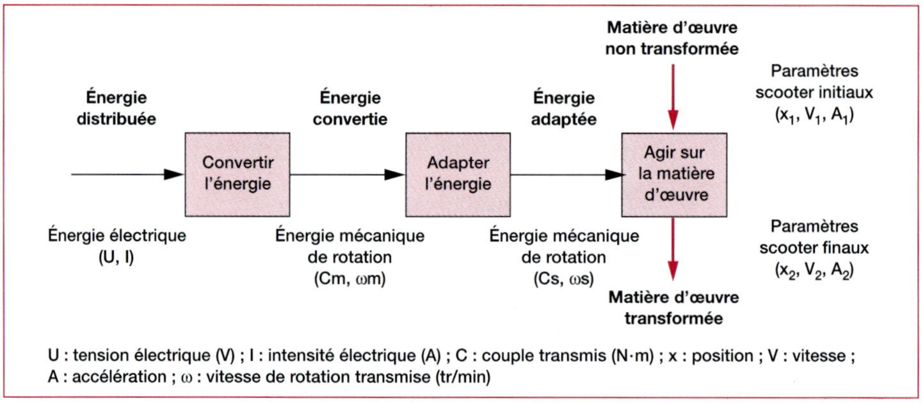

Figure 3.4 Schéma fonctionnel de la chaîne de transmission d'énergie

La *chaîne de transmission d'énergie* est constituée d'actionneurs, de transmetteurs qui adaptent l'énergie issue de l'actionneur, et d'effecteurs.

2.3 Fonction globale du transmetteur

Le transmetteur est le constituant de la chaîne de transmission de l'énergie qui adapte cette énergie issue de l'actionneur et la transmet à l'effecteur.

Le diagramme SADT A-0 de la figure 3.5 traduit la fonction globale de cet adaptateur d'énergie.

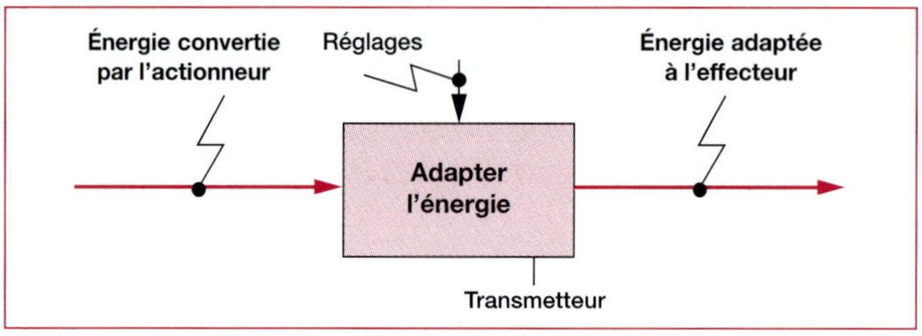

Figure 3.5 Fonction globale du transmetteur

Lorsque pour des raisons technologiques, l'adaptation de l'énergie doit être réalisée en plusieurs étapes, le transmetteur de la chaîne de transmission de puissance sera constitué de transmetteurs élémentaires.

C'est le cas pour la chaîne de transmission d'énergie du « Scoot'élec ».

2.4 Fonction globale de l'effecteur

L'effecteur est le constituant terminal de la chaîne de transmission de l'énergie qui reçoit, du transmetteur, l'énergie adaptée et qui l'utilise pour transformer la matière d'œuvre.

Le diagramme SADT A-0 de la figure 3.6 traduit la fonction globale de ce transformateur de matière d'œuvre.

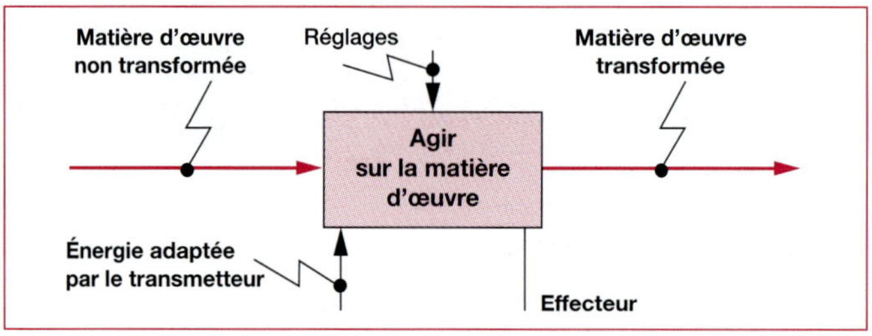

Figure 3.6 Fonction globale de l'effecteur

3 Analyse structurelle

3.1 Analyse structurelle externe

L'ensemble des éléments de transmission de l'énergie apparaît sur la figure 3.7 (le couvercle de sécurité fermant le bras de transmission/suspension ayant été retiré).

On reconnaît :
- l'étage de réduction par poulies et courroie, intégré dans le bras de suspension (désigné carter gauche) ;
- la roue arrière motrice.w

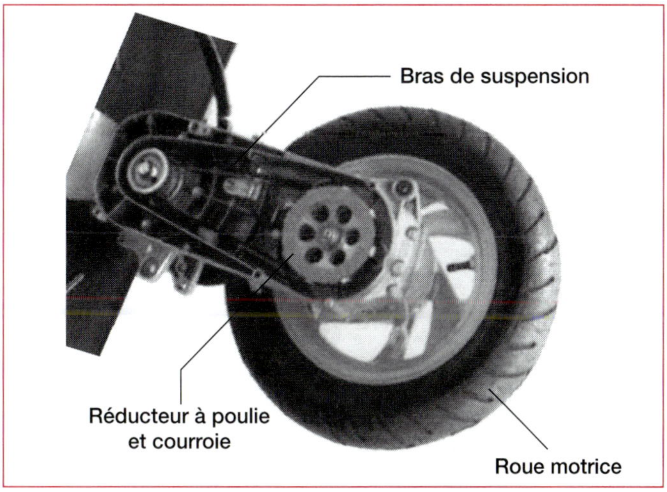

Figure 3.7 Éléments de transmission d'énergie

Un second étage de réduction est présent sous le carter (désigné carter droit dans la figure 3.8) situé entre la roue et le carter gauche.

La figure 3.8 montre, sous deux angles différents, l'ensemble de la chaîne de transmission d'énergie (énergie de propulsion), dont l'élément d'entrée est l'arbre solidaire du rotor du moteur électrique, et dont l'élément de sortie est l'arbre solidaire de la roue.

On remarque la présence :
- du dispositif de freinage (garnitures, levier de commande de frein) constituant une autre chaîne de transmission d'énergie (énergie de freinage) ;
- d'une couronne équipée de 8 languettes participant à la mesure de la vitesse du scooter.

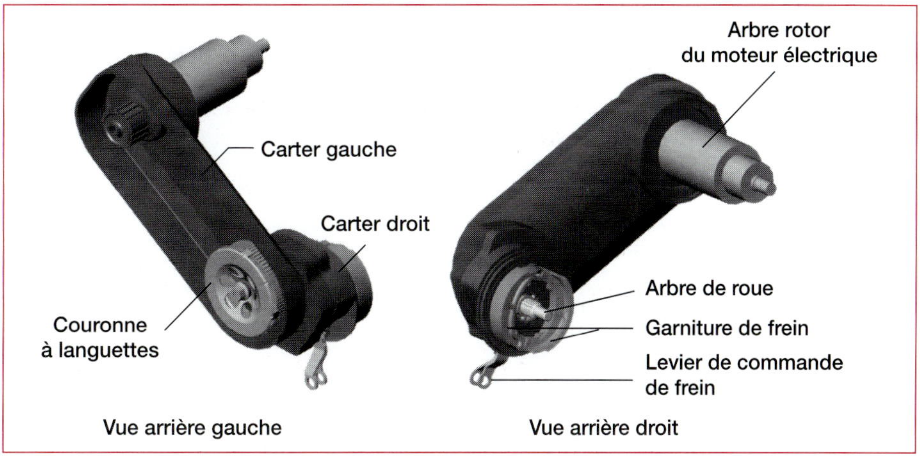

Figure 3.8 Structure externe de la chaîne de transmission d'énergie

3.2 Analyse structurelle interne

3.2.1 Approche globale

La décomposition structurelle de la chaîne de transmission met en évidence deux constituants (fig. 3.9).

- Le *réducteur à poulies et courroie crantée* qui adapte l'énergie mécanique de rotation issue du moteur électrique (réduction de la vitesse angulaire, accroissement du couple transmis) et qui transmet cette énergie suivant la même direction (poulies à axes parallèles).

- Le *réducteur à engrenage* qui adapte et transmet l'énergie mécanique de rotation issue du réducteur précédent, suivant des caractéristiques semblables d'adaptation (réduction de la vitesse angulaire, accroissement du couple transmis) et de transmission (engrenage à axes parallèles).

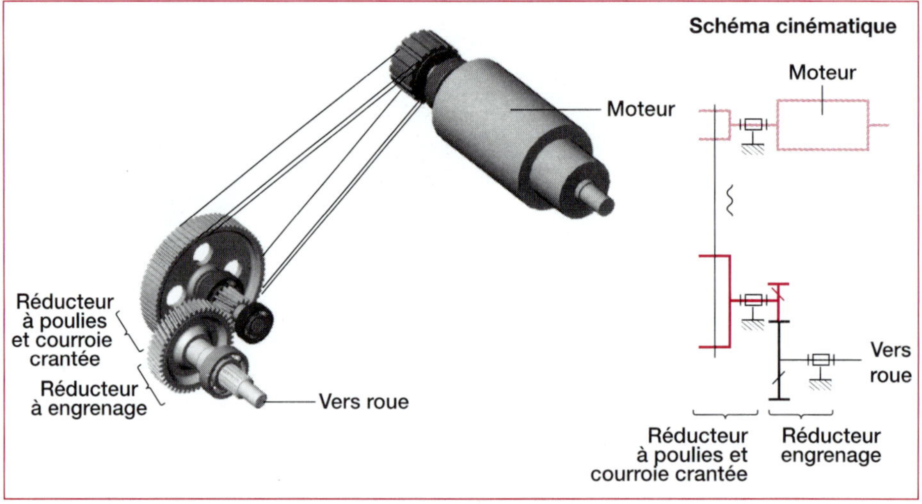

Figure 3.9 Structure interne de la chaîne de transmission d'énergie et schéma cinématique

3.2.2 Approche détaillée

L'analyse structurelle interne détaillée de chaque sous-ensemble, ou constituant de la chaîne de transmission d'énergie, peut être conduite grâce à d'autres fonctionnalités logicielles (vue écorchée, vue éclatée) comme l'illustrent les figures 3.10 et 3.11.

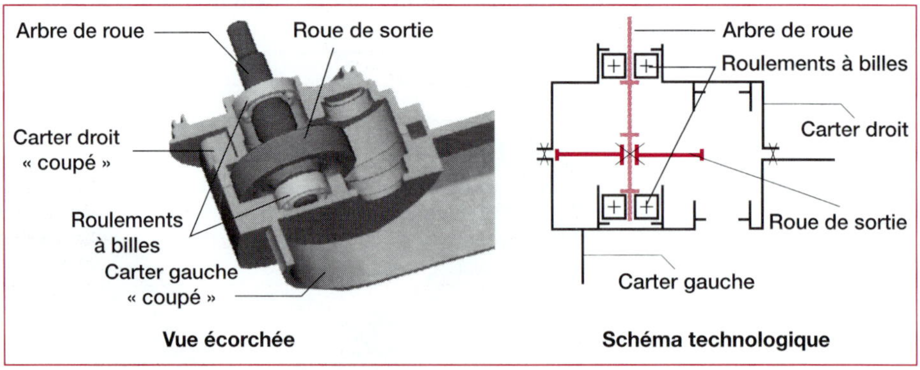

Figure 3.10 Guidage en rotation de l'arbre de roue en vue écorchée et schéma technologique associé

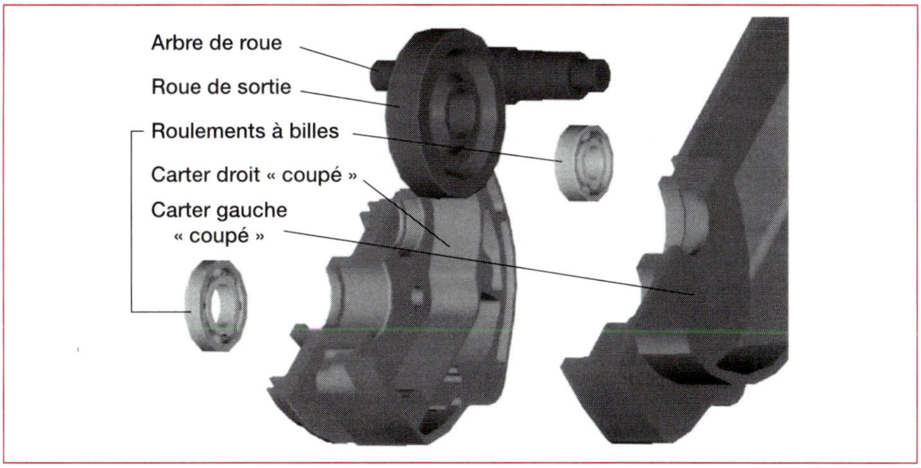

Figure 3.11 Guidage en rotation de l'arbre de roue en vue éclatée

La figure 3.12 montre le résultat du « déshabillage complet » qui permet de mettre en évidence l'architecture d'une pièce élémentaire (ici la roue de sortie). Apparaissent alors les caractéristiques géométriques fonctionnelles de la pièce, lesquelles tiennent compte des *contraintes de fabrication* (forgeage, usinage), garantissant l'adéquation « produit-procédé ».

Figure 3.12 Roue de sortie en modélisation volumique

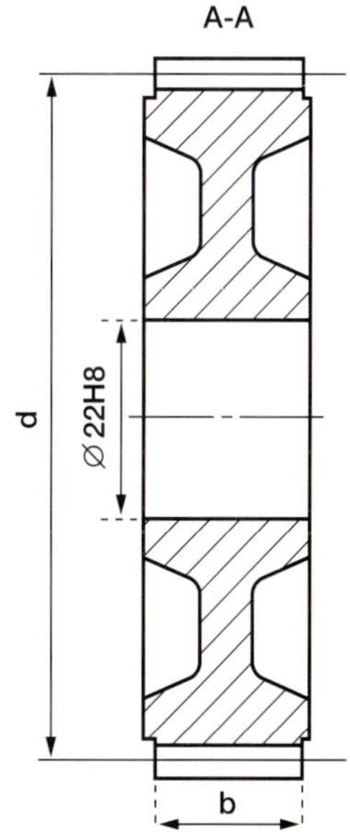

Matière 13 Ni Cr 14

- Roue à denture hélicoïdale
- Module réel : 1,5 mm
- Nombre de dents : 47
- Diamètre primitif (d) : 77 mm
- Largeur denture (b) : 17 mm
- Alésage : ∅22H8

Figure 3.13 Roue de sortie en représentation plane (coupe A-A)

La définition géométrique de la pièce peut être complétée par une représentation graphique plane normalisée (fig. 3.13) sur laquelle s'appuiera ultérieurement la cotation fonctionnelle.

3.3 Synthèse de l'analyse structurelle

Le résultat de l'analyse structurelle peut se représenter sous forme d'un schéma-blocs structurel (fig. 3.14) qui montre l'adaptation de l'énergie à travers les transmetteurs (un bloc par transmetteur) jusqu'à l'action sur la matière d'œuvre par l'effecteur (bloc final).

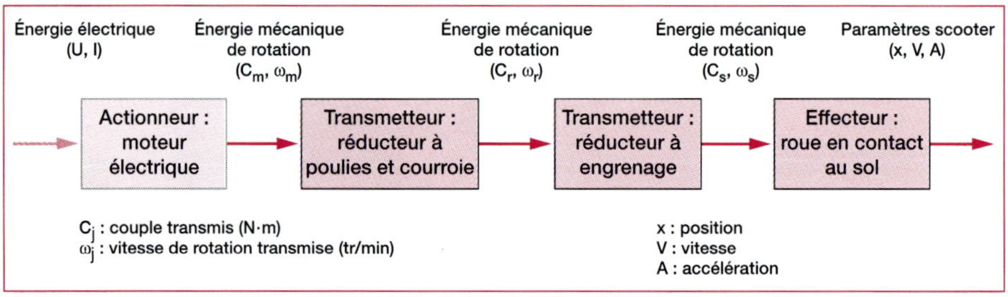

Figure 3.14 Schéma structurel de la chaîne de transmission d'énergie du « Scoot'élec »

4 Les principaux assemblages et guidages

La transmission de l'énergie, au sein d'un mécanisme constitué de transmetteurs et d'effecteurs, est obtenue grâce aux liaisons entre les pièces constitutives. Parmi celles-ci, les plus courantes sont :
- la *liaison complète* ou *liaison encastrement* (zéro degré de liberté) ;
- la *liaison pivot* (1 degré de liberté en rotation) ;
- la *liaison glissière* (1 degré de liberté en translation).

Elles conduisent aux solutions constructives suivantes :
- l'assemblage démontable ou non (pas de mobilité) ;
- le *guidage en rotation* (1 mobilité en rotation) ;
- le *guidage en translation* (1 mobilité en translation).

4.1 Assemblage : positionnement et maintien en position

C'est la réalisation technologique de la *liaison complète* ou *·liaison encastrement*. L'assemblage n'autorise aucun mouvement relatif.

4.1.1 Positionnement

Il permet la transmission de l'énergie d'une pièce à l'autre grâce à l'absence de mouvement relatif.

Cette absence de mobilité entre deux pièces est obtenue par contact d'éléments géométriquement simples associés.

Parmi les modèles les plus courants, on trouve l'association: « surface/ligne/point » qui donne les agencements de liaisons élémentaires suivants (les figures 3.15 et 3.16 illustrent les solutions constructives extraites des deux plans d'ensemble de la chaîne de transmision d'énergie du « Scoot'élec » reproduits en fin de chapitre) :
- appui plan/linéaire annulaire (dit aussi appui plan et centrage court) pour le positionnement du carter gauche (1) sur le bloc moteur (2) (fig. 3.15) ;
- pivot glissant/cylindre-plan (dit aussi: emmanchement cylindrique et arrêt axial) pour le positionnement de la roue de sortie (6) sur l'arbre (5) (fig. 3.16).

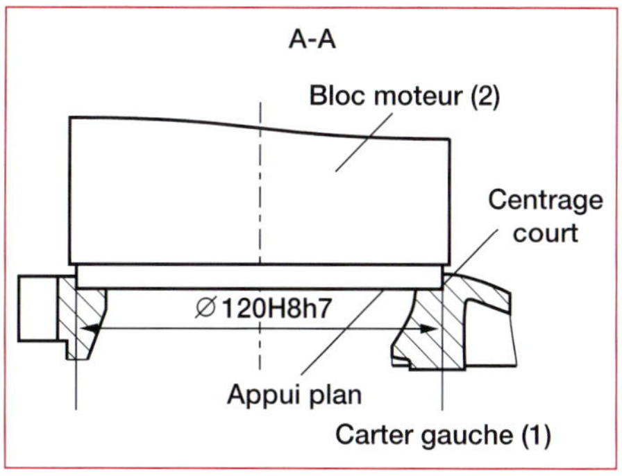

Figure 3.15 Positionnement par appui plan et centrage court (coupe A-A)

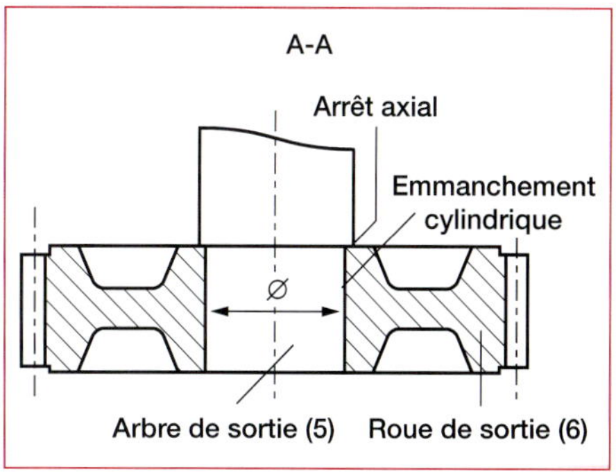

Figure 3.16 Positionnement par emmanchement cylindrique et arrêt axial (coupe A-A)

4.1.2 Maintien en position

Il assure le respect du positionnement dans les conditions normales de fonctionnement du mécanisme. Les solutions constructives correspondantes peuvent être démontables ou non. Parmi les plus courantes :

- maintien par *éléments filetés* (fig. 3.17) pour le maintien en position du carter gauche (1) sur le bloc moteur (2) du « Scoot'élec »;
- maintien par *ajustement avec serrage* (fig. 3.18) ;
- maintien par *soudage* ou *collage* (fig. 3.18) pour le maintien en position de la roue de sortie (6) sur l'arbre de sortie (5) du « Scoot'élec ».

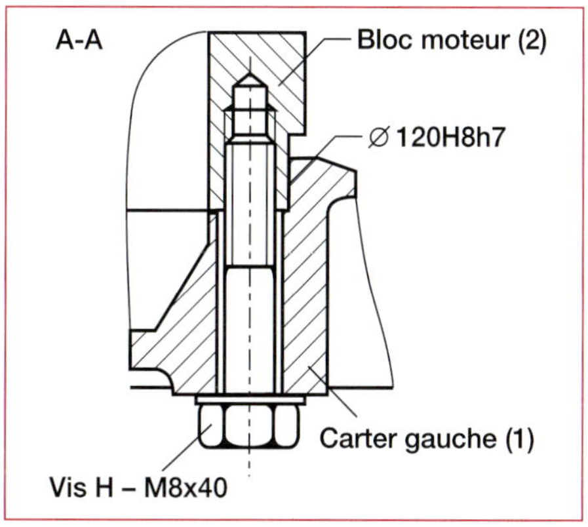

Figure 3.17 Maintien par éléments filetés (coupe A-A)

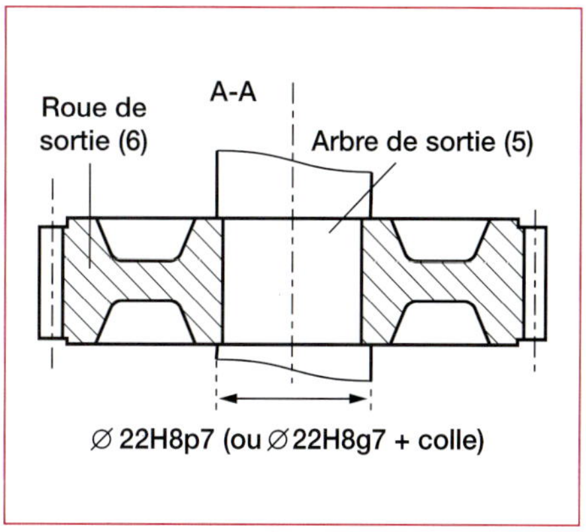

Figure 3.18 Maintien par ajustement serré, ou par ajustement libre et collage (coupe A-A)

4.2 Guidage en rotation

C'est la réalisation technologique de la liaison *pivot.*

La mobilité correspond au mouvement de rotation autorisé autour de l'axe de la liaison.

4.2.1 Guidage par glissement

- *Coussinets* ou *bagues autolubrifiantes*

Ils sont constitués de poudre de bronze (cuivre + étain) ou encore d'alliages ferreux (fer + cuivre + plomb) compactés. Ces poudres sont dans un premier temps comprimées dans un moule puis chauffées dans un four pour obtenir des pièces poreuses. Ce procédé de fabrication s'appelle le *frittage.*

L'utilisation, pour les guidages en rotation, des bagues autolubrifiantes, procure les avantages suivants :
- suppression de l'entretien périodique (graissage), la porosité des pièces permettant une imprégnation de lubrifiant dans une quantité de l'ordre de 25 % du volume du métal fritté ;
- solution économique (on obtient des prix de revient relativement bas pour de grandes séries de pièces réalisées par frittage) ;
- fonctionnement silencieux.

• *Montage*

Les bagues sont solidaires de la partie fixe appelée palier (ajustement serré). Le montage avec l'arbre tournant est réalisé avec un jeu minimal permettant la création et le maintien du film d'huile (ajustement glissant) (fig. 3.19). Afin de supporter la composante axiale de l'action de l'arbre sur le palier, certaines bagues sont munies de collerettes.

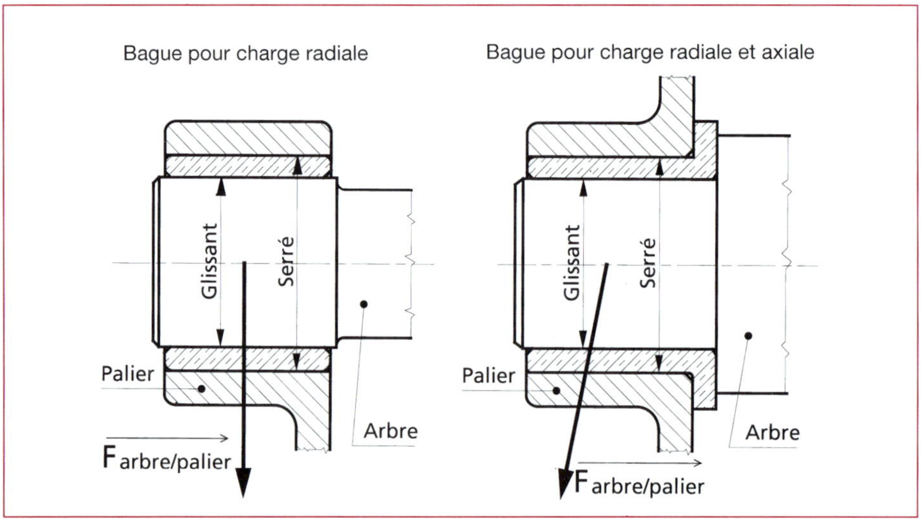

Figure 3.19 Montage des bagues

4.2.2 Guidage par roulement

• *Avantages du roulement sur le glissement*

Le remplacement du glissement par le roulement permet d'améliorer le rendement d'un mécanisme par une forte réduction de la résistance au mouvement. La figure 3.20 montre la diminution de puissance absorbée lorsque la réalisation du guidage en rotation se fait par roulement.

Ce type de solution est utilisé pour le guidage en rotation de la roue de sortie de la chaîne de transmission d'énergie du « Scoot'élec ».

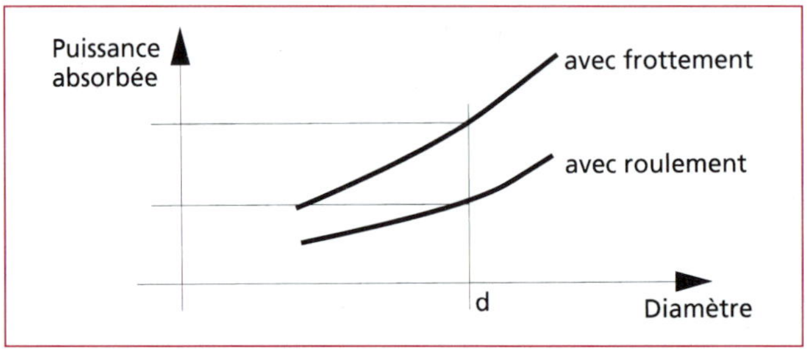

Figure 3.20 Puissance absorbée

• *Constitution des roulements*

Les roulements apparaissent sous des formes multiples : diversité des types, des séries normalisées, des variantes (étanchéité, rainures, cages diverses, etc.). Toutefois, ils présentent une unité par les éléments de base qui les composent (fig. 3.21) :
- la bague extérieure, liée au bâti fixe ou au moyeu tournant ;
- la bague intérieure, liée à l'arbre tournant ou fixe ;
- la cage dont le rôle est d'éviter le contact entre les éléments roulants ;
- les éléments roulants.

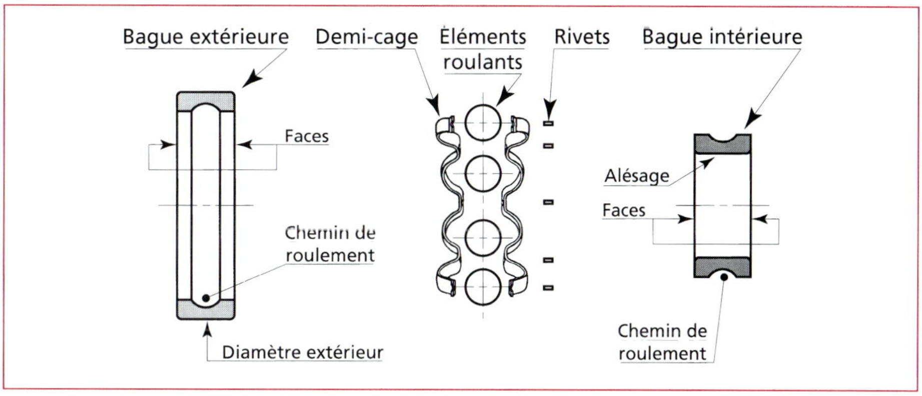

Figure 3.21 Éléments d'un roulement

• *Principaux types de roulements à billes à contacts radiaux et obliques* (fig. 3.22)

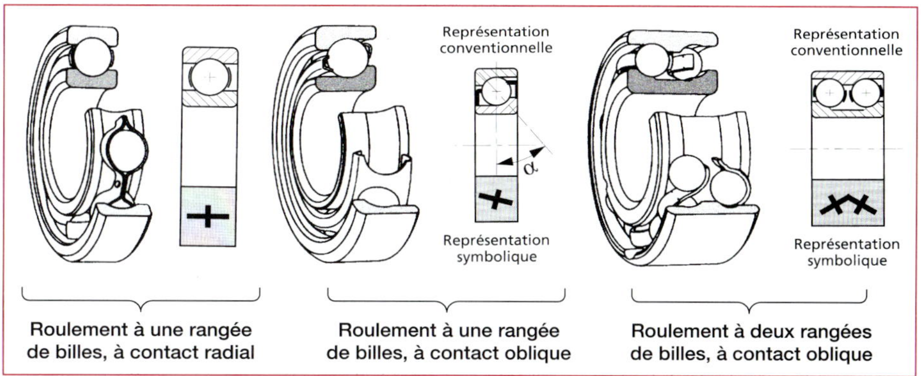

Figure 3.22 Roulements à billes

4.3 Guidage en translation

C'est la réalisation technologique de la *liaison glissière*.

La mobilité correspond au mouvement de translation autorisé suivant la direction de la liaison.

4.3.1 Guidage par glissement

Bien que les surfaces de contact planes soient *a priori* les mieux adaptées (fig. 3.23), on utilise fréquemment, de par leur facilité d'obtention, une surface cylindrique à laquelle on associe un arrêt en rotation (fig. 3.23), ou deux surfaces cylindriques d'axes parallèles.

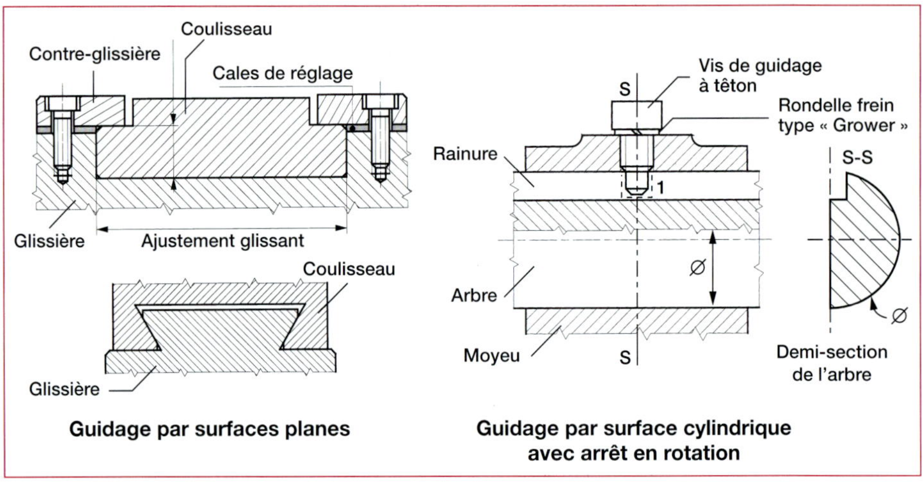

Figure 3.23 Exemples de guidages par glissement

4.3.2 Guidage par roulement

De la même façon que précédemment, on associe aux surfaces de contact planes des plaquettes à aiguilles ou à rouleaux, qui constituent des rails (fig. 3.24), et aux surfaces de contact cylindriques, des douilles à billes (fig. 3.24).

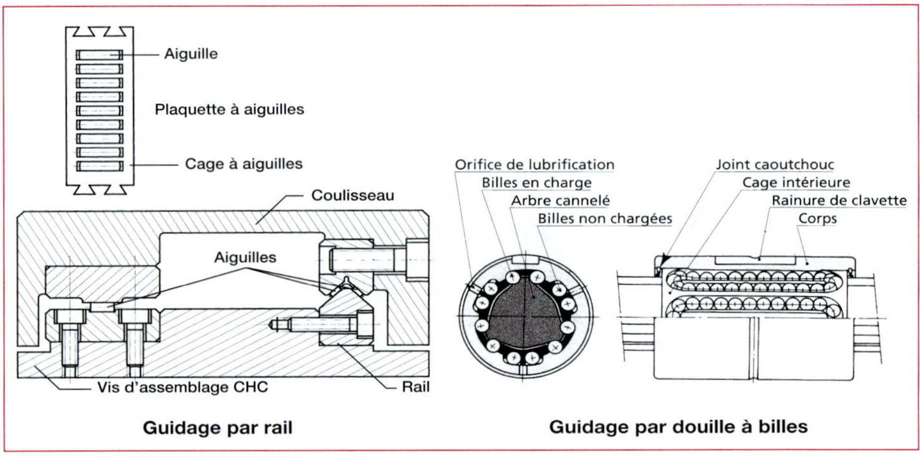

Figure 3.24 Exemples de guidage par roulement

5 Constituants des chaînes de transmission d'énergie

Dans cet ouvrage, seuls ont été retenus les constituants de transmission d'énergie mécanique de rotation sans transformation de mouvement.

Ces constituants peuvent être rangés en deux catégories :
- énergie transmise sans modification de la *vitesse angulaire*;
- énergie transmise avec modification de la vitesse angulaire.

5.1 Sans modification de la vitesse angulaire

Le choix de ce type de constituant dépend essentiellement de la position relative des arbres à « accoupler » comme le montre le tableau 3.1.

Type – Schémas	Position relative des arbres	Commentaires
Accouplement rigide 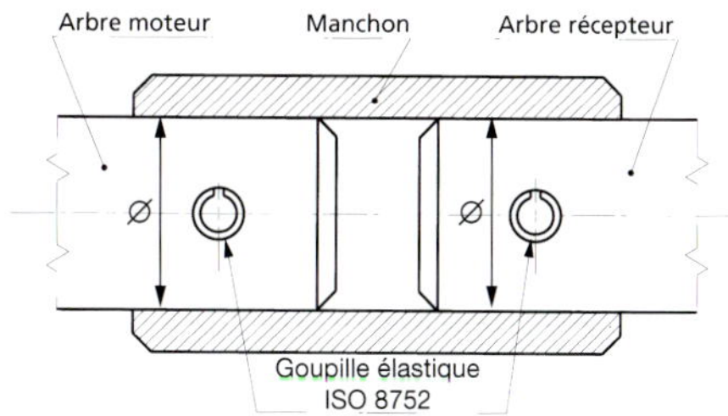 	Arbres à axes parfaitement colinéaires	Pour l'illustration proposée, les goupilles élastiques « Mécanindus » peuvent être remplacées par des goupilles de sécurité (goupille de cisaillement) protégeant ainsi le mécanisme d'un accroissement accidentel du couple à transmettre.
Accouplement élastique 	Arbres colinéaires pouvant présenter un léger défaut : – défaut de position axiale 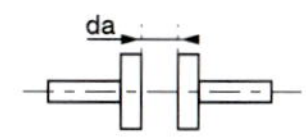 – défaut d'alignement radiale 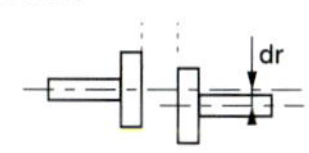 – défaut d'alignement angulaire 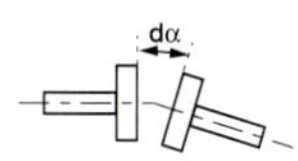 	Ce type d'accouplement absorbe, dans certaines limites, les à-coups du couple à transmettre (au démarrage notamment), protégeant ainsi le mécanisme.
Joint de cardan simple 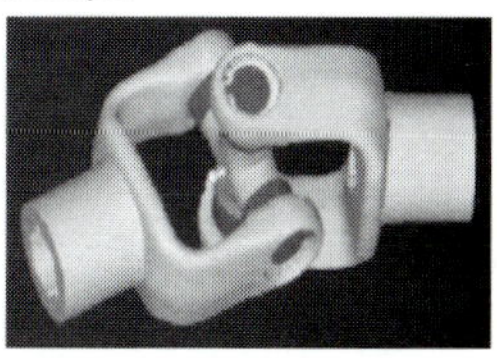	Arbres à axes concourants	Ce type d'accouplement ne permet pas, à tout instant, d'obtenir les caractéristiques de vitesses angulaires de l'arbre de sortie identiques à celles de l'arbre d'entrée. On dit qu'une telle transmission n'est pas homocinétique.
Double joint de cardan 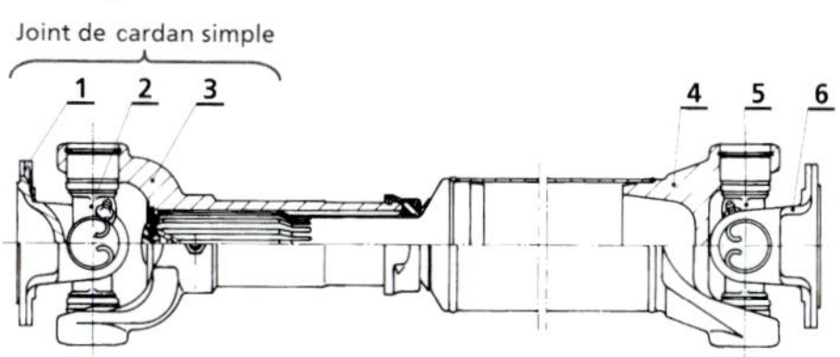 	Arbres coplanaires	Pour un angle de calage des fourches 3 et 4 de l'arbre intermédiaire nul (axes des fourches de l'arbre intermédiaire coplanaires), cette transmission est considérée comme homocinétique. 1. Fourche de l'arbre d'entrée 2. Croisillon d'entrée 3. et 4. Fourche de l'arbre intermédiaire 5. Croisillon de sortie 6. Fourche de l'arbre de sortie
Double joint tripode 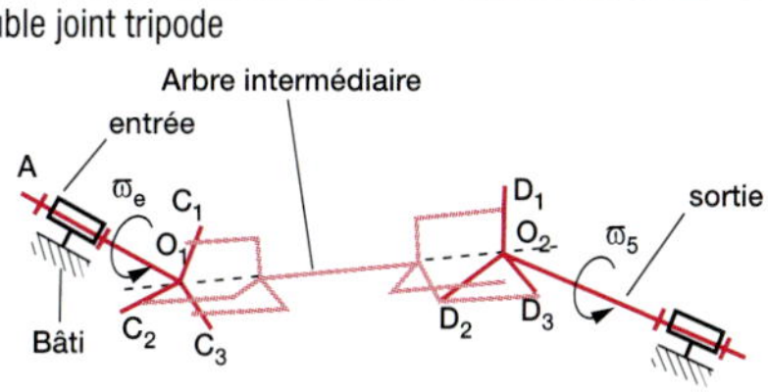 	Position quelconque des arbres	Ce type de transmission est considéré comme homocinétique. L'utilisation d'un seul joint tripode n'est en général pas envisagée, car elle entraîne un rotulage important de l'arbre de sortie. Le modèle de liaison associé aux transmissions du type joint de cardan, joint tripode, est la liaison rotule à doigt.

Tableau 3.1 Type de constituants utilisés dans une chaîne de transmission d'énergie sans modification de la vitesse angulaire

5.2 Avec modification de la vitesse angulaire

Le tableau 3.2 présente les principaux types de constituants utilisés dans une chaîne de transmission d'énergie avec modification de la vitesse angulaire.

Type – Schémas	Nature de l'entraînement	Relation : « Rapport transm./ Entraxe »	Inversion du sens de rotation	Position relative des axes
Poulies et courroie 	Par adhérence pour : – courroie plate ; – courroie trapézoïdale ; – courroie « Poly-V » ; (risque de glissement.) Par obstacle pour courroie crantée	Indépendance	Non Inversion possible dans le cas d'utilisation d'une courroie croisée	Parallèles
Roues et chaîne 	Par obstacle	Indépendance	Non	Parallèles
Engrenage à axes parallèles : – à denture droite 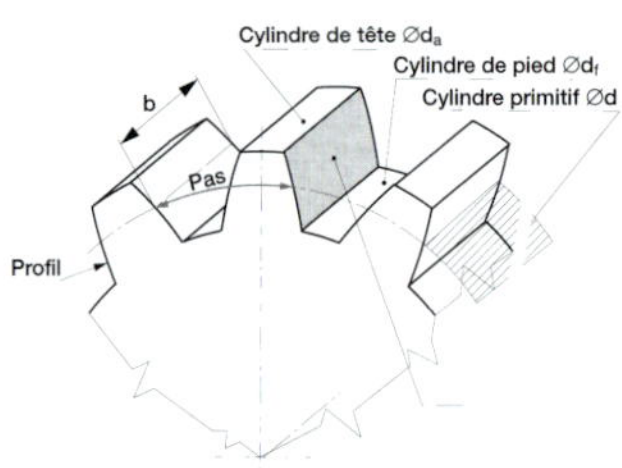 – à denture hélicoïdale.  L'engrenage à denture hélicoïdale présente un fonctionnement plus silencieux que l'engrenage à denture droite.	Par obstacle	Dépendance qui peut conduire à des problèmes d'encombrement	Oui si engrenage extérieur Non si engrenage intérieur	Parallèles
Engrenage à axes concourants (engrenage conique) 	Par obstacle	Sans objet	Sans objet	Concourants (souvent perpendiculaires)
Engrenage à axes non concourants (roue et vis sans fin) 	Par obstacle	Dépendance qui peut conduire à des problèmes d'encombrement	Sans objet	Non concourants, non parallèles (souvent orthogonaux)

Tableau 3.2 Type de constituants utilisés dans une chaîne de transmission d'énergie avec modification de la vitesse angulaire

6 Éléments de la chaîne de transmission de l'énergie du scooter « Scoot'élec »

Les figures 3.25 et 3.26 présentent les coupes de la chaîne de transmission de l'énergie du scooter « Scoot'élec » et de ses éléments.

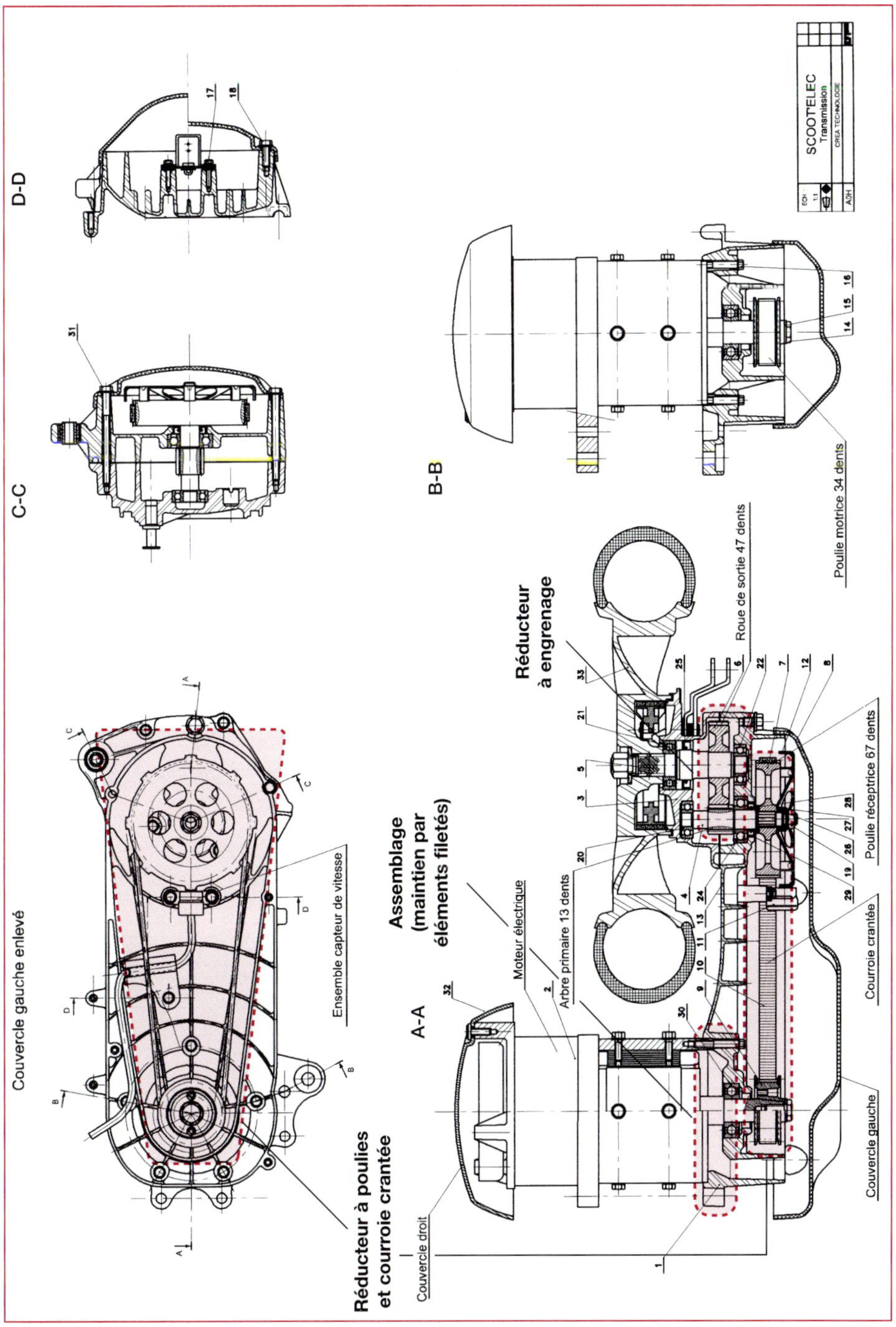

Figure 3.25 Chaîne de transmission d'énergie du scooter « Scoot'élec » (vue A-A, B-B, C-C et D-D)

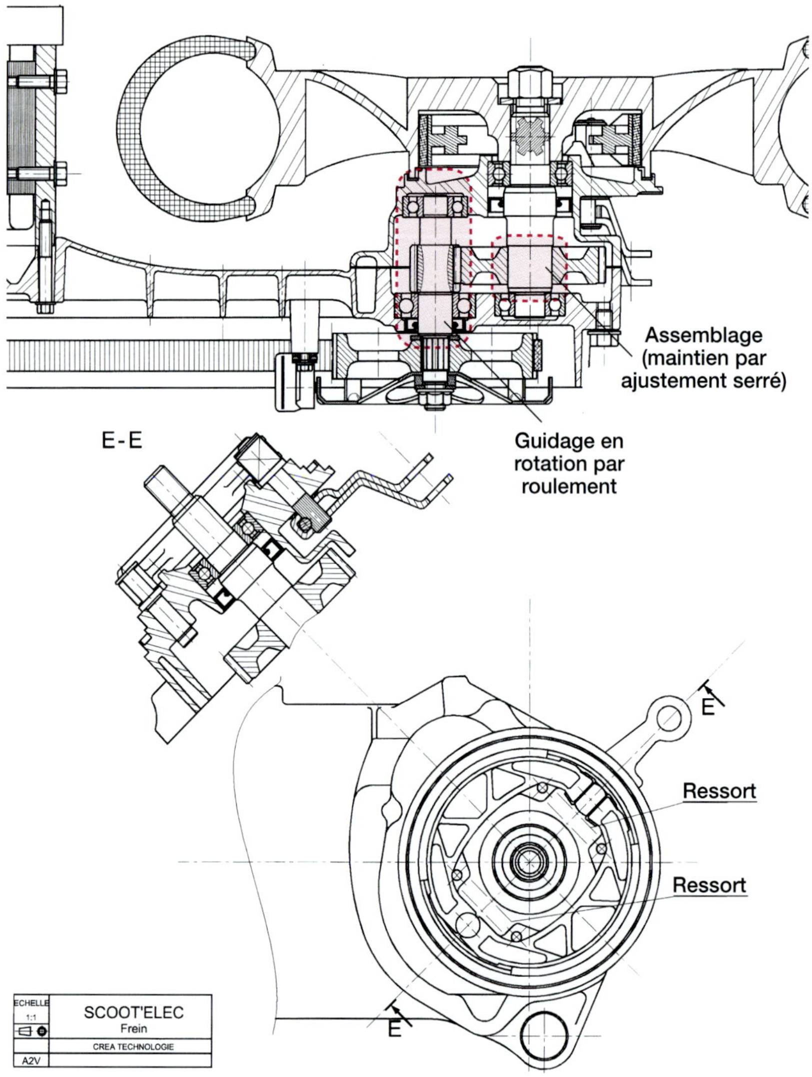

Rep	Nb	Désignation	Matière	Observation
33	1	Jante		
32	1	Couvercle droit	ABS	
31	2	Vis H M8-80		
30	1	Roulement à billes 17 BC 03		
29	1	Joint à lèvre 17x30x8		
28	1	Rondelle d'appui du capteur		
27	1	Entretoise 12x20x5	S235	
26	1	Rondelle ressort 10x20x1,6		
25	1	Joint à lèvre 25x42x7		
24	1	Roulements à billes 17 BC 02		
22	1	Roulements à billes 15 BC 02		
21	1	Roulements à billes 20 BC 10		
20	1	Roulements à billes 12 BC 02		
19	1	Écrou à embase HE M10		
18	1	Vis indémontable		
17	2	Vis de fixation du capteur		
16	5	Vis H M8-80		
15	1	Rondelle d'arbre moteur		
14	1	Vis d'arbre moteur		
13	1	Joint plat		
12	1	Couronne du capteur		
11	1	Capteur de vitesse		
10	1	Courroie crantée		
9	1	Poulie motrice	A S9 U3 Y40	34 dents
8	1	Couvercle gauche	ABS	
7	1	Poulie receptrice	A S9 U3 Y40	67 dents
6	1	Roue de sortie	25 Cr Mo 4	47 dents
5	1	Arbre de sortie	25 Cr Mo 4	
4	1	Arbre primaire	25 Cr Mo 4	13 dents
3	1	Carter droit	A S9 U3 Y40	
2	1	Moteur CC		
1	1	Carter gauche	A S9 U3 Y40	

Figure 3.26 Chaîne de transmission d'énergie du scooter « Scoot'élec » (vue E-E)

L'ESSENTIEL

L'analyse structurelle d'une chaîne de transmission de l'énergie permet, à travers les solutions constructives mises en œuvre, de suivre le cheminement de l'énergie depuis l'actionneur jusqu'à la matière d'œuvre à transformer.

L'adaptation de l'énergie est réalisée grâce aux transmetteurs. L'action de l'énergie sur la matière d'œuvre est assurée par les effecteurs.

Les solutions constructives mises en œuvre pour transmettre l'énergie sont principalement : les assemblages, les guidages en rotation, les guidages en translation. Elles se distinguent, du point de vue cinématique (étude des mouvements), par leur mobilité.

La mobilité d'une liaison est le mouvement autorisé par les degrés de liberté qui caractérisent cette liaison (3 translations et 3 rotations maximum).

L'assemblage présente une mobilité nulle. Au sein d'un assemblage, il est important de distinguer la mise en position (positionnement) du maintien en position.

Le guidage en rotation permet une mobilité caractérisée par le mouvement de rotation autour de l'axe de la liaison.

Le guidage en translation permet une mobilité caractérisée par le mouvement de translation le long de l'axe de la liaison.

Il y a deux grandes familles de constituants de chaînes de transmission d'énergie mécanique de rotation, sans transformation de mouvement :
- les constituants qui ne modifient pas la vitesse angulaire : accouplements, joints de cardan, joints tripodes ;
- les constituants qui modifient la vitesse angulaire : poulies et courroie, roues et chaîne, engrenages.

Mots clés : *transmetteur, effecteur, réducteur, assemblage, positionnement, maintien en position, guidage en rotation, guidage en translation, accouplement.*

exercices

EXERCICE 1

À partir du développement qui est fait, dans ce chapitre, de la chaîne de transmission d'énergie du « Scoot'élec » Peugeot :

- Caractériser et définir, par le diagramme SADT A-0, la fonction globale de :
- la transmission par poulies et courroie crantée ;
- l'engrenage à axes parallèles et à denture hélicoïdale ;
- la roue arrière en contact sans glissement avec le sol.

EXERCICE 2

Le système représenté sur la figure 3.27 est la maquette d'un dispositif d'aide aux handicapés moteurs, embarqué à bord des véhicules automobiles.
Ce dispositif effectue la manœuvre du capot du coffre de la voiture, sur commande de l'utilisateur, afin de permettre l'extraction, par un bras-robot, du fauteuil roulant, et sa mise à disposition au droit de la portière côté chauffeur.
La chaîne de transmission d'énergie est constituée des éléments suivants :
- le moteur électrique alimenté sous une tension continue de 12 volts ;
- le vérin (voir chapitre 2), dont la tige actionne le mécanisme à leviers qui effectue la manœuvre du capot.

1. Après analyse structurelle de cette chaîne de transmission d'énergie, tracer le schéma-blocs structurel faisant apparaître :
- dans chaque bloc, le nom et la famille d'appartenance du constituant (transmetteur, effecteur, et actionneur si le chapitre 2 a été étudié) ;
- entre chaque bloc, la nature et les caractéristiques de l'énergie en présence.

2. Si le chapitre 2 a été étudié, on remarquera que le vérin électrique est constitué de transmetteurs élémentaires (voir paragraphe 2.2).
Tracer le schéma-blocs structurel interne au vérin électrique (hors moteur électrique) faisant apparaître les mêmes éléments que dans la question précédente.

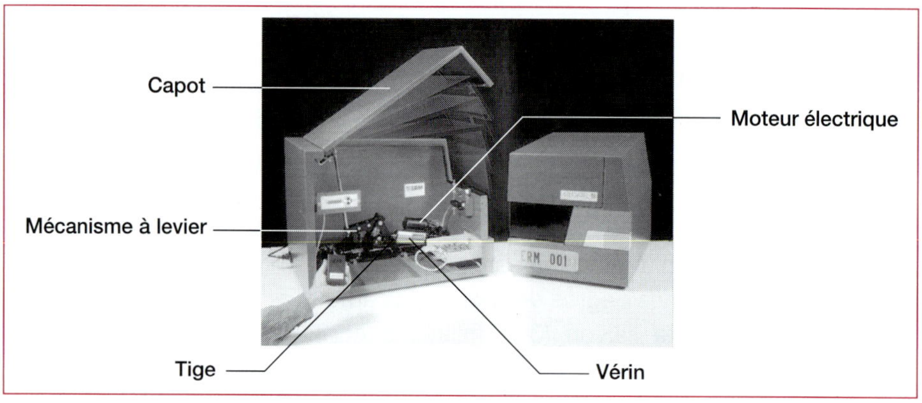

Figure 3.27 Maquette de coffre de voiture à manœuvre commandée

EXERCICE 3

Cet exercice ne peut être résolu que si le chapitre 2 a été abordé.
Les caractéristiques de mouvement du scooter électrique « Scoot'élec » étant définies (masses en mouvement, lois de vitesses et d'accélérations), le choix du moteur électrique conduit à imposer un rapport global de réduction de la chaîne de transmission d'énergie « ρ ».
L'implantation du moteur électrique doit respecter les contraintes suivantes :
- axe du moteur parallèle à l'axe de la roue ;
- distance « axe moteur/axe roue » imposée.

• Proposer, sous forme de schémas cinématiques, des solutions de transmissions d'énergie à partir des constituants décrits dans ce chapitre.

4 Acquérir l'information

Figure 4.1 Station météorologique CIMEL

Parmi les informations de toutes natures issues de notre environnement, on distingue les grandeurs physiques associées à des événements climatiques (température, humidité, vent...), géométriques (position, déplacement, présence...), lumineux (rayons, intensité du soleil...) ou encore temporels (accélérations, vibrations, chocs...). La station Cimel comprend divers dispositifs de mesures (capteur de température, pyranomètre, girouette-anémomètre et limnimètre à ultrasons). Elle communique par ondes électromagnétiques (système GSM) avec un poste central.

Compétences

Les éléments du cahier des charges de l'acquisition d'une grandeur ou d'un paramètre et les documents techniques relatifs au capteur étant donnés :

- Justifier un choix de capteur.
- Expliquer les caractéristiques d'entrée et de sortie du conditionneur éventuel.
- Identifier la grandeur physique à mesurer et la nature de l'information délivrée par le capteur.

Une chaîne d'acquisition étant en fonctionnement, et les documents techniques sur le (ou les) capteur(s) étant à disposition :

- Décrire par schéma-blocs une décomposition structurelle et fonctionnelle de tout ou partie de la chaîne d'acquisition.
- Décrire et représenter l'évolution du signal le long de la chaîne.

1 La chaîne d'acquisition d'une information

1.1 Fonction globale

La chaîne d'acquisition d'une information est une chaîne de mesures. La grandeur objet de mesure, appelée aussi mesurande (m), est caractérisée par son intensité (valeur instantanée) et par son évolution temporelle (succession de valeurs instantanées qui résultent d'opérations de mesure).

La chaîne d'acquisition numérique doit assurer, dans sa structure de base, trois fonctions (fig. 4.2).

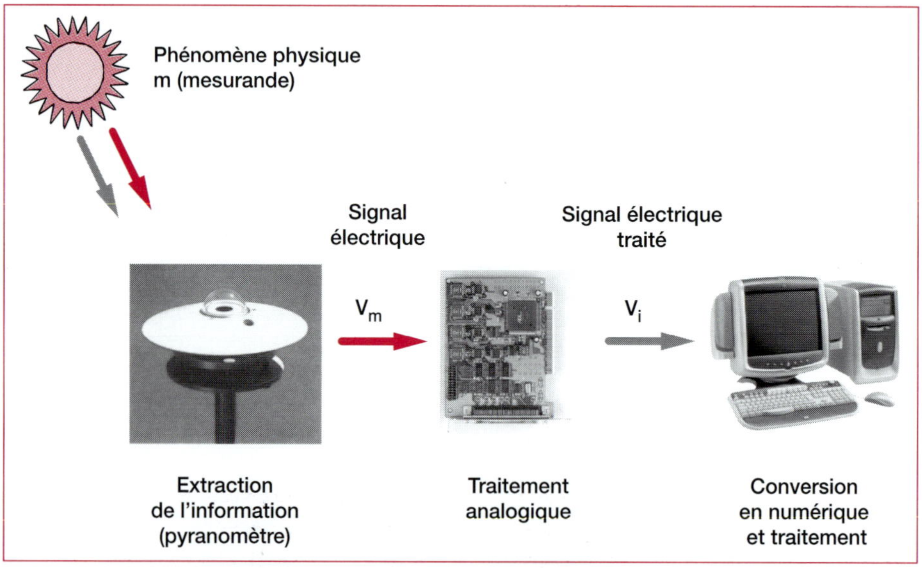

Figure 4.2 Exemple d'acquisition numérique des rayonnements solaires par pyranomètre

- *Extraction de l'information.* La grandeur physique m à mesurer (rayonnements solaires dans le cas du pyranomètre) est traduite en un signal électrique V_m au moyen d'un ensemble électronique et mécanique que l'on nomme : *capteur*.
- *Traitement analogique.* Le signal électrique V_m délivré par le capteur subit un traitement (*amplification* et *filtrage*) afin de se prémunir des « bruits » et « parasites » environnants, on obtient ainsi le signal V_i.
- *Conversion sous forme numérique.* L'information issue du capteur après traitement analogique, doit être *convertie en numérique* (mot numérique **N**), si le traitement de l'information est assuré par carte électronique programmable, automate ou calculateur.

1.2 Caractéristiques principales d'une chaîne d'acquisition (numérique ou analogique)

1.2.1 Le gain

Le gain de la chaîne d'acquisition G_c correspond au rapport existant entre le mot numérique N obtenu en sortie de la conversion en numérique, et le mesurande m en entrée de la chaîne.

$$G_c = \frac{N}{m} = \frac{N}{v_i}\,\frac{v_i}{v_m}\,\frac{v_m}{m}$$

- $\frac{v_m}{m} = s$ représente la sensibilité du capteur ;
- $v_i = G_v\, v_m$, G_v représente le gain des fonctions de traitement analogique ;
- $\frac{N}{v_i}$ représente la fonction de transfert du convertisseur analogique-numérique.

1.2.2 La précision

Dans le cas d'une chaîne d'acquisition numérique, la valeur de mesure vraie m du mesurande est connue à partir du résultat numérique N obtenu en sortie de la conversion analogique-numérique.

$$N - \delta N \leq m \leq N + \delta N$$

δN représente l'*incertitude de la mesure.*

L'*erreur de précision,* εp de la chaîne d'acquisition est définie par :

$$\varepsilon_p = \frac{\delta N}{N_{max} - N_{min}}$$

1.2.3 La rapidité ou la bande passante

La rapidité caractérise l'aptitude de la chaîne d'acquisition à répondre aux variations temporelles du mesurande. La rapidité est spécifiée soit par la *bande passante,* soit par le *temps de réponse* de la chaîne d'acquisition.

On regroupe sous le terme « environnement de mesures » l'ensemble des grandeurs *physiques autres que la mesurande* dont l'influence sur les différents éléments de la chaîne est susceptible d'en modifier les performances. Ces grandeurs dites d'*influences* sont généralement les perturbations électromagnétiques, la température, mais aussi les vibrations, l'humidité…

2 Les capteurs

Un capteur est un organe de prélèvement d'informations qui élabore, à partir d'une grandeur physique (le mesurande), une autre grandeur physique de nature différente (généralement électrique) représentative de la grandeur prélevée, et utilisable à des fins de mesure.

La figure 4.3 présente différents capteurs.

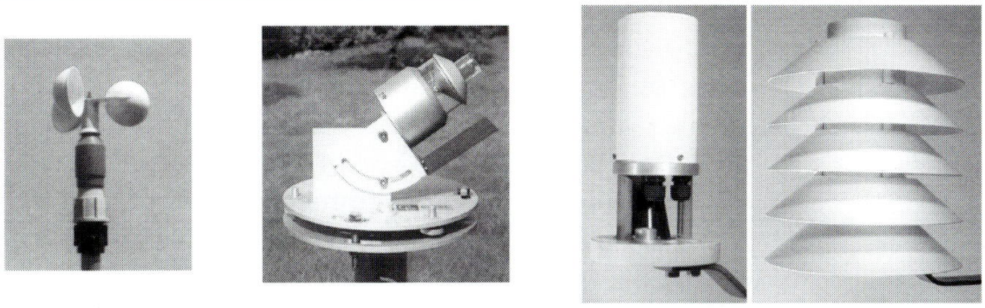

Anémomètre numérique — Héliographe à fibre optique — Limnimètre ultrasonique (émetteur-récepteur)

Figure 4.3 Capteurs mis en œuvre dans la station météorologique CIMEL

L'*anémomètre* permet de connaître la « vitesse » du vent.

L'*héliographe* donne une mesure automatique de durée d'insolation.

Le *limnimètre* mesure une hauteur d'eau ou de neige avec précision, par un procédé ultrasonique.

On distingue les *capteurs proprioceptifs* qui permettent le contrôle des grandeurs physiques internes au système, et les *capteurs extéroceptifs* qui délivrent une information sur l'environnement du système (température extérieure, humidité…). Les capteurs de la figure 4.3 sont donc des capteurs extéroceptifs.

2.1 Éléments constitutifs d'un capteur

Les activités opérées sur le mesurande peuvent être illustrées par un schéma fonctionnel constitué de quatre fonctions représentatives (fig. 4.4).

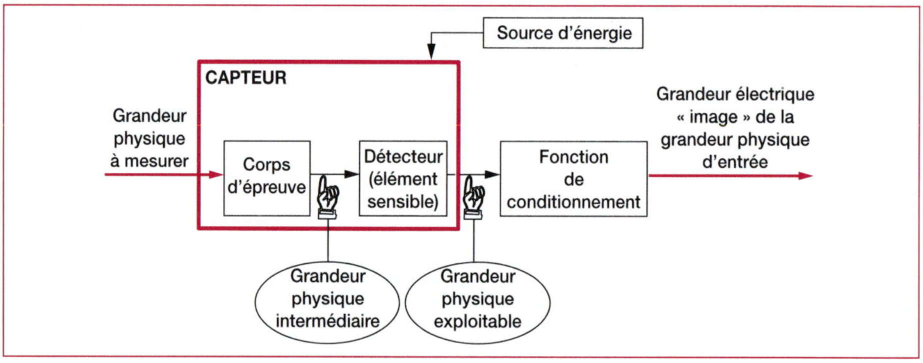

Figure 4.4 Schéma fonctionnel représentatif du capteur

2.1.1 Corps d'épreuve

C'est l'élément influencé par le mesurande qui est transformé en une grandeur physique intermédiaire interprétable par l'élément sensible du capteur.

exemple

L'anémomètre de la figure 4.3 est sans contact. Son corps d'épreuve est un disque muni de trous sur sa périphérie, entraîné en rotation proportionnellement à la vitesse du vent.

••••••

2.1.2 Détecteur ou élément sensible

Élément qui convertit la grandeur physique intermédiaire en une grandeur physique exploitable électriquement. L'élément sensible est directement dépendant de la technologie de fabrication du capteur.

exemple

L'élément sensible de l'anémomètre (fig. 4.3) est un dispositif optoélectronique fournissant une impulsion par mètre de vent.

••••••

2.1.3 Fonction de conditionnement

La *fonction de conditionnement* est très souvent intégrée au capteur grâce à la miniaturisation des circuits. Elle permet une meilleure adaptation des signaux délivrés par le capteur aux dispositifs de traitement (analogiques ou numériques).

L'information délivrée par le capteur peut aussi, dans certains cas, compenser directement les dérives dues aux grandeurs d'influences, on parle alors de « capteurs intelligents » (voir ouvrage de terminale).

2.1.4 Source d'énergie

On distingue deux grandes catégories de capteurs selon l'origine de leur source en énergie électrique.

Les *capteurs actifs* délivrent une grandeur électrique dite « active » (tension, courant, charge électrique...) sans nécessiter de source d'énergie extérieure.

Les *capteurs passifs* font varier un élément passif (résistance, condensateur, inductance...). Ces capteurs nécessitent une alimentation en énergie électrique externe pour fournir une grandeur électrique en sortie.

2.2 Classification générale des capteurs

On peut d'abord classer les capteurs selon leur type, comparativement aux cinq sens de l'homme (tableau 4.1, fig. 4.5 et fig. 4.6).

Sens de l'homme	Type de capteur	Grandeur mesurée
Vue (œil)	Capteurs optiques	Brillance, luminosité, radiations, déplacements...
Odorat (nez)	Capteurs de gaz, d'humidité	Humidité, teneur en eau...
Ouïe (oreille)	Capteurs acoustiques, de pressions	Pression acoustique, bruit...
Toucher (peau)	Capteurs thermiques, magnétiques, de déplacements, de position	Champ ou induction magnétique, température, déplacements...
Goût (bouche)	Capteurs de goût	*En recherche actuelle*

Tableau 4.1 Classification des capteurs

Figure 4.5 Interface « haptique » (pilotage par le geste et le toucher)

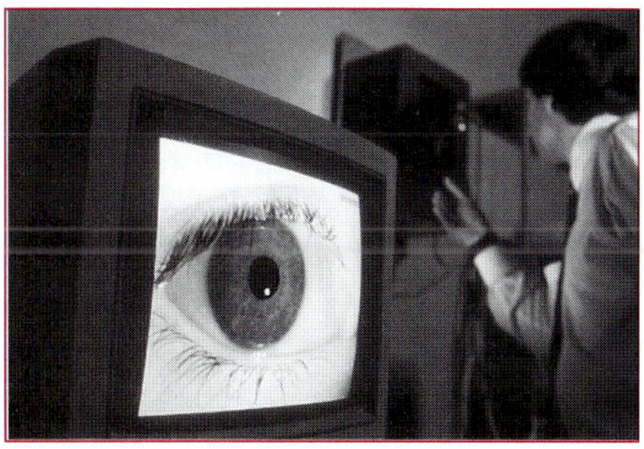

Figure 4.6 Contrôle d'accès par reconnaissance de l'iris de l'œil

Communément, la classification des capteurs est faite selon la nature de l'information électrique délivrée par le capteur.

2.2.1 Les capteurs à réponse binaire ou capteurs tout ou rien

Ces capteurs *passifs* particulièrement employés dans les systèmes automatisés génèrent en sortie une *information binaire* (voir chapitre 8) représentative de la détection.

Ces capteurs permettent la mesure de *présence* ou de *proximité*. Au niveau technologique, on distingue les *capteurs inductifs*, *capacitifs* ou *magnétiques* qui intègrent un conditionneur basé très souvent sur un circuit oscillant, et les *capteurs optiques* qui mettent en œuvre un amplificateur dans le conditionnement du signal.

exemple

La figure 4.7 représente le signal électrique délivré en sortie d'un détecteur magnétique. Il est nécessaire d'inclure en conditionnement une fonction de mise en forme discrétisant l'information électrique délivrée, en signal binaire.

La pièce, en matériau ferreux, se déplace à proximité du détecteur, ce qui provoque une force électromotrice induite en sortie au passage du bossage.

La forme asymétrique du bossage permet de connaître le sens du passage (ou de rotation) par analyse de l'information recueillie (fig. 4.7).

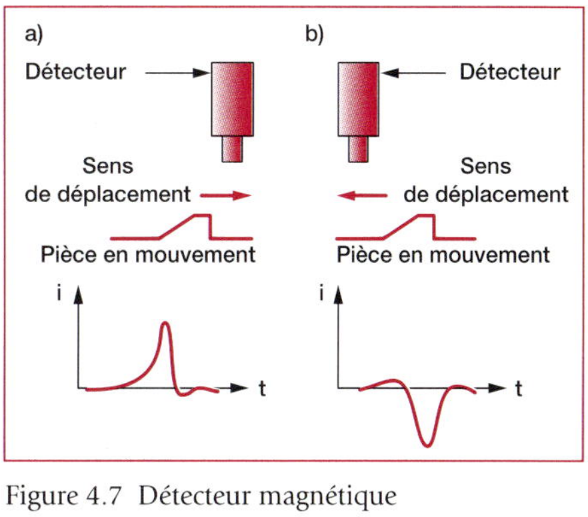

Figure 4.7 Détecteur magnétique

••••••

2.2.2 Les capteurs numériques

Ces capteurs de *position* ou de *déplacement* intègrent généralement les circuits de conditionnement. Ils délivrent en sortie une information électrique de type numérique (fig. 4.8). L'évolution étant à la miniaturisation et vers les traitements électroniques programmés, ces capteurs malgré leur coût sont appelés à se développer.

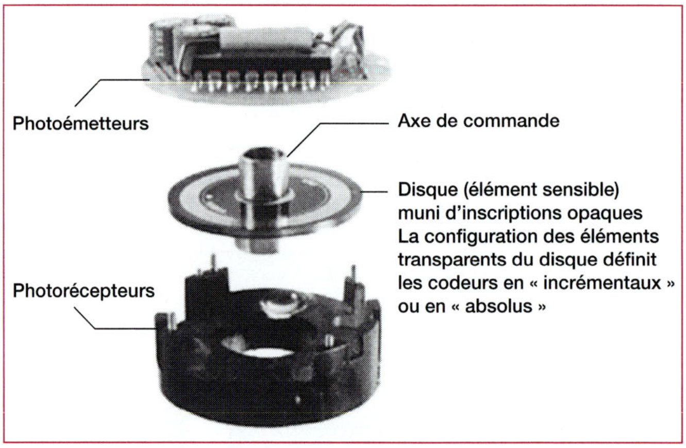

Figure 4.8 Éléments constitutifs d'un capteur (ou « codeur ») numérique rotatif

L'information délivrée en sortie peut être représentée, selon la technologie employée par :

– un signal carré *périodique* dont la *période* caractérise la grandeur physique à mesurer (exemple de l'anémomètre CIMEL, (fig. 4.11)) ;

– un signal *numérique codé* sur *n* variables binaires, caractérisant la grandeur physique à mesurer (fig. 4.12). Le protocole de codage étant défini par le fabricant (binaire naturel, binaire décimal, code de Gray...).

• *Principe du codeur incrémental.* Un capteur numérique à codeur incrémental est présenté par la figure 4.9.

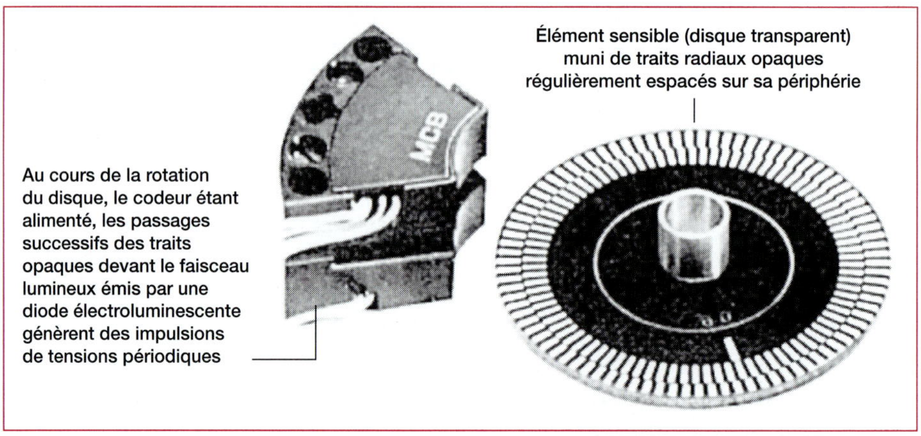

Figure 4.9 Photodétecteur et disque d'un capteur numérique à codeur incrémental

• *Principe du codeur absolu.* L'élément sensible d'un capteur numérique à codeur absolu est présenté par la figure 4.10.

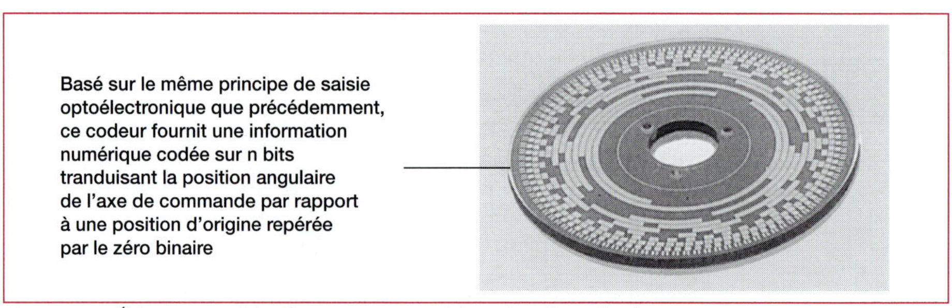

Figure 4.10 Élément sensible d'un capteur numérique à codeur absolu

exemple

Anémomètre CIMEL : c'est un capteur numérique à codeur incrémental (fig. 4.11).

- Une impulsion par mètre de vent passé.
- Plage d'utilisation de 0,3 à 50 m/s, soit 1 à 180 km/h.

Le code binaire sur 4 bits de la figure 4.12 représente le mot binaire délivré par un capteur numérique de position à codeur absolu. Le mot binaire délivré est significatif de la position.

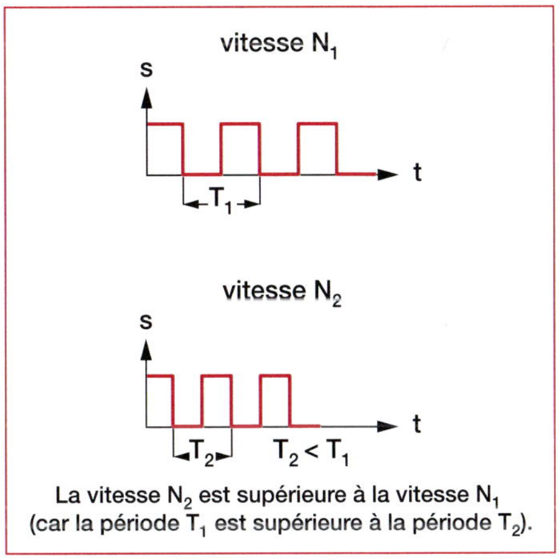

Figure 4.11 Signal de sortie de l'anémomètre CIMEL

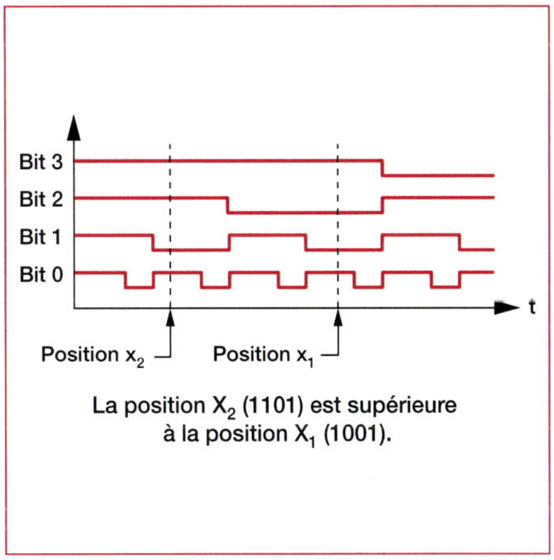

Figure 4.12 Signal de sortie d'un capteur de position numérique sur 4 bits

••••••

2.2.3 Les capteurs analogiques

La *caractéristique de transfert* de ce type de capteur (relation entre la grandeur électrique de sortie et le mesurande) est, dans la plupart des cas, linéaire.

Selon le principe physique mis en jeu, et le matériau utilisé comme corps d'épreuve, ces *capteurs* peuvent être *passifs* ou *actifs* et permettent la mesure de positions, de déplacements ou bien encore de températures, de pressions…

On retiendra particulièrement les capteurs de positions, de déplacements et les capteurs de température.

- *Capteurs analogiques de position et de déplacement (capteurs résistifs)*. L'élément sensible est constitué d'un support sur lequel est déposée une pâte résistive qui incorpore un liant plastique et du carbone (cas des capteurs à piste résistive) ou encore d'un bobinage résistif (cas des capteurs à fil résistif).

L'élément sensible ainsi obtenu peut être rapporté soit à l'intérieur d'une jupe cylindrique et constituer ainsi un potentiomètre rotatif (fig. 4.13), soit fixé sur un support plat pour réaliser un capteur de déplacement rectiligne (fig. 4.14).

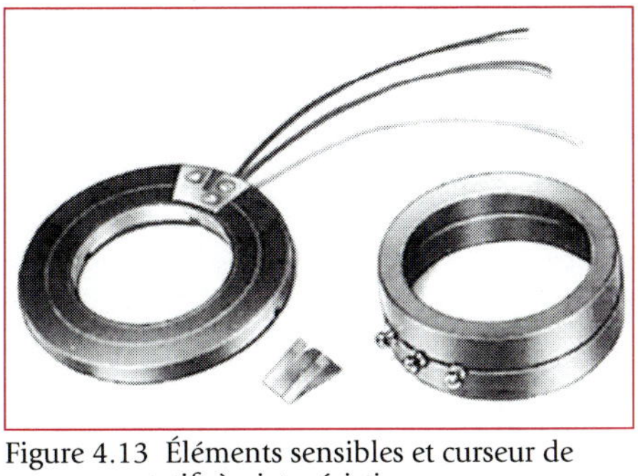

Figure 4.13 Éléments sensibles et curseur de capteurs rotatifs à piste résistive

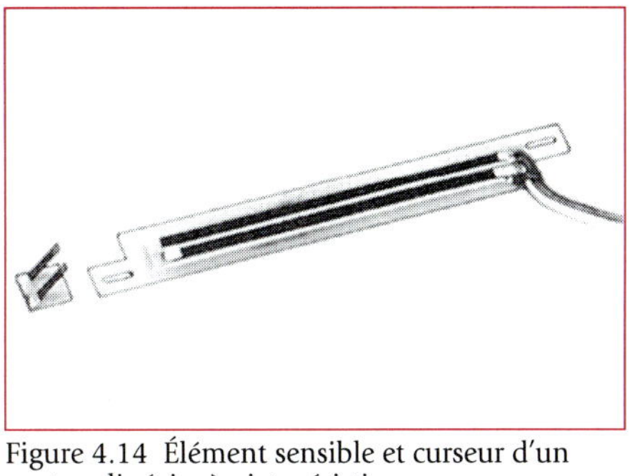

Figure 4.14 Élément sensible et curseur d'un capteur linéaire à piste résistive

• *Capteurs analogiques de température.* La mesure des températures est, avec celle des pressions, la plus répandue dans la plupart des processus industriels.

Selon l'élément technologique pour réaliser l'élément sensible, on distingue : les thermocouples (effet thermoélectrique), les thermorésistances (variation de la résistivité de l'élément sensible), les capteurs à semi-conducteurs. Ces derniers, de type passif, nécessitent une polarisation pour fonctionner correctement. L'élément sensible est un semi-conducteur. La grandeur électrique délivrée par le capteur peut augmenter ou bien diminuer avec la température.

Les capteurs de température les plus utilisés sont :
– les *thermistances* (variation de la résistivité) pour les gammes de températures usuelles ;
– les *capteurs à diode* (variation du courant inverse) ;
– les *capteurs à circuit intégré,* ces capteurs intègrent les circuits de linéarisation et souvent une fonction d'amplification (capteur « intelligent »).

2.3 Caractéristiques électriques des capteurs

exemple

Pyranomètre de la station météorologique CIMEL (fig. 4.15)

Bande de mesure du rayonnement solaire dans le visible-moyen infrarouge (0,3 μm à 3 μm), soit une EM = (3 – 0,3) = 2,7 μm.

Sensibilité : 120 μV/mW·cm^2 (+/– 20).

Précision : 1 %.

Temps de réponse à 99 % : 30 s.

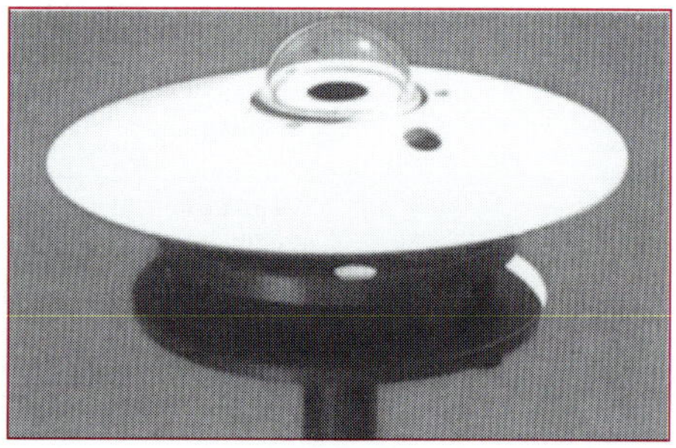

Figure 4.15 Pyranomètre CIMEL

••••••

Ces caractéristiques sont communes à tous les capteurs, elles caractérisent les contraintes de mise en œuvre et conditionnent leur choix.

2.3.1 Étendue de mesure

L'étendue de mesure d'un capteur définit la plage de valeurs possibles du mesurande (valeurs maximale m_{max} et minimale m_{min}), pour laquelle le capteur répond aux spécifications du constructeur. C'est un des éléments caractéristiques du capteur.

$$EM \text{ (étendue de mesure)} = m_{max} - m_{min}$$

2.3.2 Sensibilité, résolution d'un capteur

Ce paramètre caractérise la capacité du capteur à détecter la plus petite variation possible du mesurande.

exemple La sensibilité S est représentative de la pente de la caractéristique entrée-sortie du capteur (fig. 4.16).

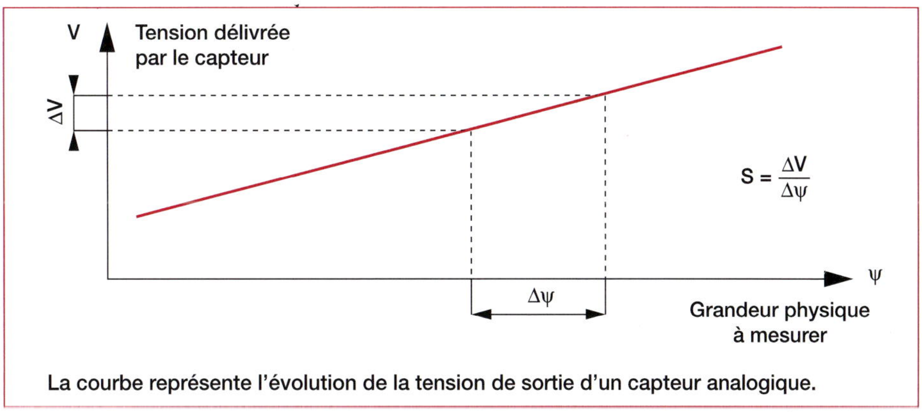

Figure 4.16 Représentation graphique de la caractéristique de transfert d'un capteur linéaire

••••••

Dans le cas d'un capteur numérique, on définit alors la résolution comme la plus petite variation du mesurande détectable en sortie du capteur. Si le traitement est numérique, la résolution est caractérisée par δN, incertitude de la mesure.

2.3.3 Linéarité

Un capteur est dit *linéaire*, s'il présente la *même sensibilité* sur toute l'étendue de mesure (fig. 4.16).

2.3.4 Temps de réponse d'un capteur

La vitesse ou temps de réponse d'un capteur a pour origine l'inertie mécanique, thermique ou électrique du corps d'épreuve, mais aussi des composants électriques qui conditionnent le signal délivré par le capteur.

Le temps de réponse correspond à l'attente minimale nécessaire après variation du mesurande, pour la prise en compte d'un résultat avec une précision donnée.

exemple Représentation du temps de réponse d'un capteur à fonction de transfert du premier ordre (fig. 4.17).

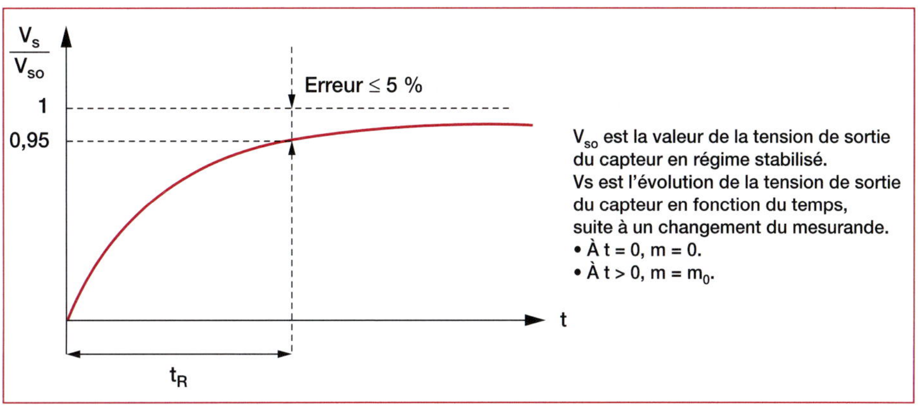

Figure 4.17 Temps de réponse à 95 % d'un capteur à fonction de transfert du premier ordre

••••••

3 Fonctions de traitement analogique dans la chaîne d'acquisition d'une information

3.1 Fonction de transfert d'une fonction électronique

La fonction de transfert d'une fonction électronique exprime la relation entre la variable d'entrée et la variable de sortie de cette fonction.

Aux différentes fonctions de transfert (tableau 4.2) viennent s'associer des grandeurs électriques dont la représentation est soumise à des conventions (fig. 4.18).

- La fonction de transfert en courant $A_i = I_s/I_e$
- La fonction de transfert en tension $A_v = V_s/V_e$
- La fonction de transfert en impédance $Z = V_s/I_e$
- La fonction de transfert en admittance $Y = I_s/V_e$

Tableau 4.2 Différentes fonctions de transfert

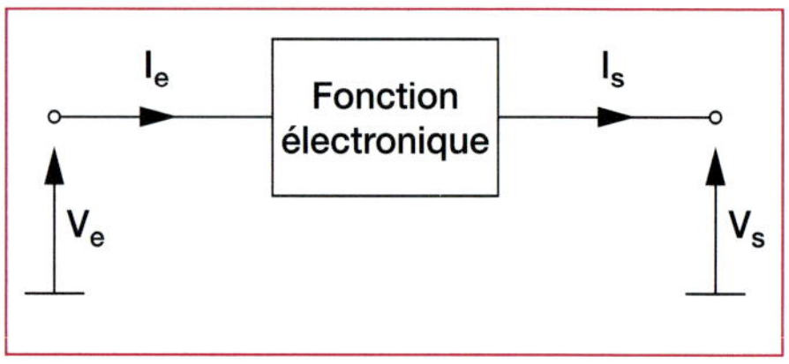

Figure 4.18 Conventions de représentation des grandeurs électriques associées à une fonction

3.2 La fonction amplification

La fonction amplification consiste à multiplier par un facteur d'amplification (A_v pour les tensions, A_i pour les courants, A_p pour les puissances), une grandeur électrique d'entrée, et cela à l'aide d'une fonction électronique amplificatrice appelée amplificateur. Elle est particulièrement employée pour amplifier les signaux délivrés par les capteurs analogiques.

3.2.1 Gain d'un amplificateur

Le gain d'un amplificateur est l'expression de son facteur d'amplification exprimé dans une échelle de variation logarithmique.

Les expressions des différents gains sont données dans le tableau 4.3. La variation logarithmique du gain d'un amplificateur est présentée par la figure 4.19.

- Gain en tension

$$G_v = 20 \log|A_v| = 20 \log\left|\frac{V_s}{V_e}\right|$$

- Gain en courant $G_i = 20 \log\left|\frac{I_s}{I_e}\right|$
- Gain en puissance $G_p = 10 \log\left|\frac{P_s}{P_e}\right|$

Tableau 4.3 Les gains sont exprimés en décibels (dB)

Remarque : Du fait des propriétés de la fonction logarithmique, si l'amplification est multipliée par 2, le gain augmente de 6 dB.

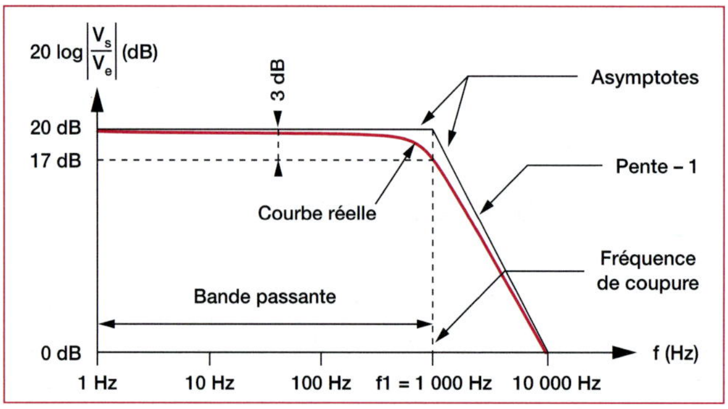

Figure 4.19 Évolution du gain en tension d'un amplificateur en fonction de la fréquence

3.2.2 Bande passante d'un amplificateur

La bande passante d'un amplificateur représente l'ensemble des fréquences de la grandeur d'entrée subissant l'amplification, transmises en sortie avec un affaiblissement maximal de 3 dB.

L'amplificateur dont la courbe représentative du gain en tension est donnée en figure 4.19 possède une bande passante de 1 000 Hz.

La ou les fréquences pour lesquelles l'affaiblissement est de 3 dB s'appellent « fréquences de coupures ».

Dans le cas particulier de l'amplificateur de la figure 4.19, la fréquence de coupure est égale à sa bande passante.

3.2.3 Amplificateur de tension non inverseur à amplificateur linéaire intégré (ALI)

L'amplificateur linéaire intégré (appelé aussi amplificateur opérationnel) est un amplificateur « intégré » dans un boîtier (DIL le plus souvent), possédant une amplification trop grande pour être utilisé seul.

Figure 4.20 Circuit intégré en boîtier DIL (Dual In Line)

Dans les amplificateurs, l'ALI est souvent associé à des **résistances** dont le rôle est de diminuer l'amplification globale de l'amplificateur ainsi réalisé.

L'une des caractéristiques fondamentales d'un ALI est sa largeur de bande (exprimée en hertz), c'est une caractéristique essentielle du composant.

Largeur de bande = Amplification en tension (A_V) × Bande passante = Constante

exemple

La figure 4.21 représente un *amplificateur de tension non inverseur à ALI* associé à deux résistances, la résistance R_2 effectue une rétroaction (liaison entre la sortie et l'entrée inverseuse).

Les propriétés fondamentales de l'ALI conduisent à une amplification en tension : $A_V = 1 + \frac{R_2}{R_1}$

La bande passante de cet amplificateur dépend donc des valeurs des résistances R_1 et R_2 et de la largeur de bande (exemple : Pour l'ALI TLO 81, la largeur de bande est de 10^7 hz).

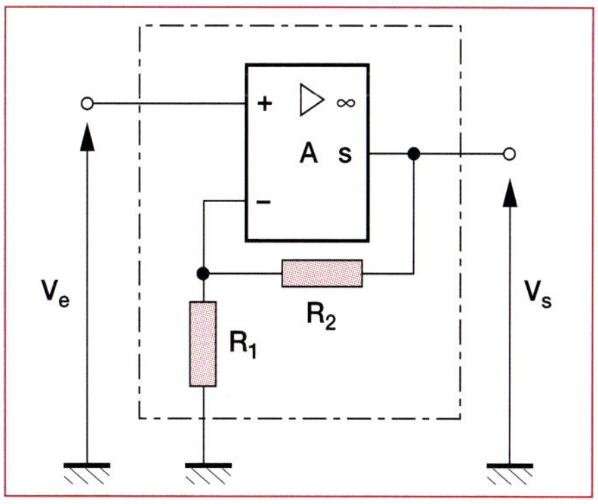

Figure 4.21 Structure amplificatrice de tension non inverseuse

●●●●●●

3.3 Les fonctions de mise en forme

Les fonctions de mise en forme sont particulièrement employées pour adapter les signaux délivrés par les capteurs à réponse binaire ou numériques. Elles sont réalisées à partir de transistors bipolaires fonctionnant en commutation, ou bien encore à l'aide de structures électroniques mettant en œuvre un ALI.

3.3.1 Mise en forme par transistor bipolaire en commutation

Pour un fonctionnement correct en commutation, le transistor doit être utilisé dans ses deux régimes qui dissipent peu d'énergie : le régime de blocage et le régime de saturation.

Le transistor en commutation (fig. 4.22) peut être assimilé à un interrupteur commandé, l'application d'un courant de base de valeur convenable (I_{base} de saturation) provoque la conduction du transistor qui se comporte alors comme un interrupteur fermé.

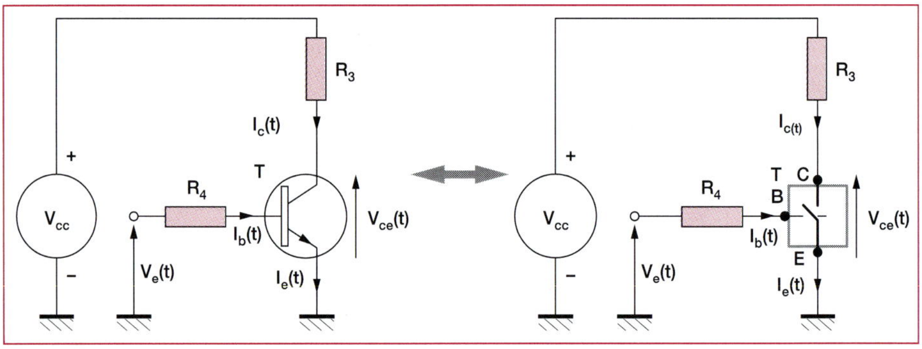

Figure 4.22 Le transistor NPN en commutation, interrupteur commandé

Le signal à mettre en forme (discrétisation du signal en deux états) est appliqué sur la base du transistor au travers d'une résistance R_4. La saturation du transistor (comportement identique à un interrupteur fermé) interviendra pour une valeur du courant basé : $I_{base} \geq \frac{I_c sat}{\beta}$; dans ces conditions la tension V_{ce} recueillie aux bornes du transistor est très voisine de 0 volt (en fait V_{ce}saturation) ce qui correspond à un état logique « 0 » (voir fig. 4.23 et tableau 4.4).

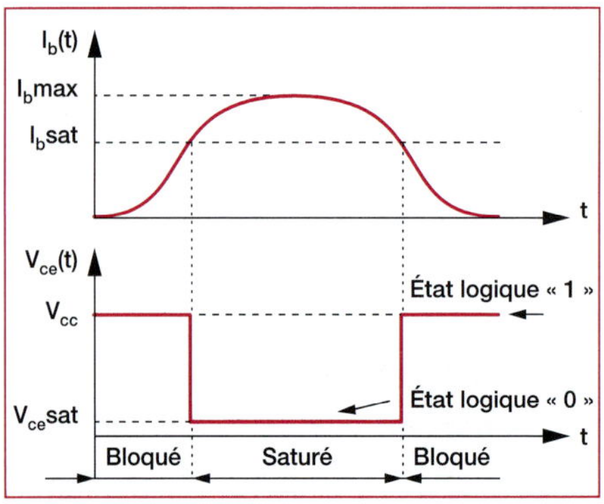

Figure 4.23 Chronogrammes de mise en forme par transistor en commutation

$$I_c sat \approx \frac{V_{cc}}{R_3}$$

$$I_b(t) \approx \frac{V_e(t)}{R_4}$$

$$\beta = \frac{I_c}{I_b}\text{, donnée constructeur}$$

Tableau 4.4 Relations fondamentales

3.3.2 Mise en forme avec seuils par amplificateur linéaire intégré (ALI)

La tension à mettre en forme est appliquée sur l'entrée inverseuse de l'ALI, l'autre entrée de l'ALI étant en réaction sur la sortie conformément à la figure 4.24. Dans cette configuration, l'ALI fonctionne dans le domaine de commutation, c'est-à-dire que la tension de sortie ne pourra prendre comme valeurs que les tensions + V et – V d'alimentation.

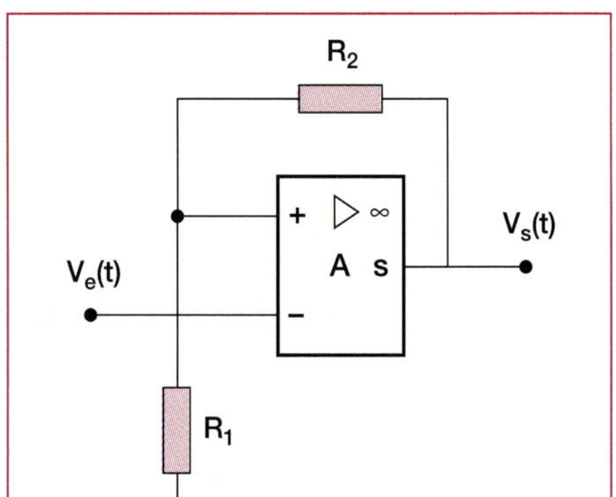

Figure 4.24 Mise en forme avec seuils par ALI

Pour que les tensions de discrétisation soient compatibles avec les niveaux logiques des circuits de traitement numérique, on configure souvent l'ALI en alimentation unique (monotension).

Les équations de fonctionnement sont données par le tableau 4.5.

• Seuil de discrétisation « haut » correspondant à un « 1 » logique : $V_{eh} = + K \cdot V$
• Seuil de discrétisation « bas » correspondant à un « 0 » logique : $V_{eb} = - K \cdot V$
(V représente la valeur absolue de la tension d'alimentation; K coefficient de réaction : $K = \frac{R_1}{R_1 + R_2}$).

Tableau 4.5 Relations fondamentales

exemple

La figure 4.25 représente l'évolution de la tension de sortie de l'ALI en fonction de l'évolution temporelle du signal d'entrée.

La tension de sortie est un signal binaire (à deux états) de même fréquence que le signal d'entrée.

La fonction « mise en forme avec seuils » présente une immunité vis-à-vis des parasites électriques.

Dans l'exemple étudié (fig. 4.24 et 4.25), l'immunité aux parasites est égale à :

$$(V_{eh} - V_{eb}) = 2.K.V$$

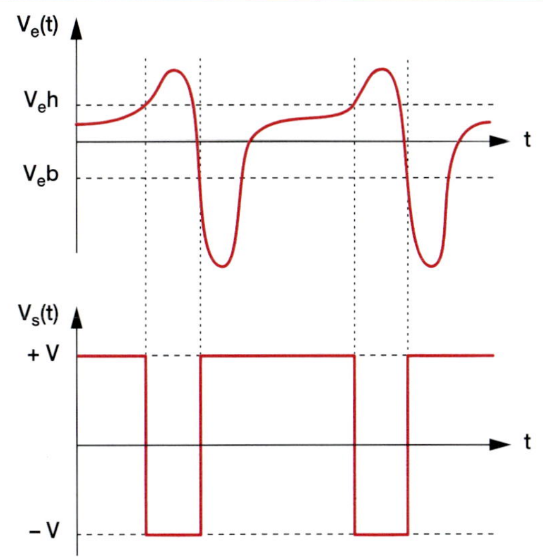

Figure 4.25 Évolution des tensions caractéristiques de la fonction « mise en forme avec seuils » par ALI de la figure 4.24

••••••

3.4 Fonction filtrage

3.4.1 Décomposition spectrale d'un signal périodique

Un signal périodique de forme quelconque peut être décomposé en une somme :
– d'une grandeur constante égale à la valeur moyenne du signal ;
– de signaux sinusoïdaux d'amplitudes et de fréquences liées au signal.

exemple

Soit e(t) un signal périodique de forme quelconque (exemple du signal $V_e(t)$ de la figure 4.25).

À l'issue de la décomposition spectrale :

$$e(t) = \bar{E} + \hat{E}_1 \sin(2\pi f_1 t + \varphi_1) + \hat{E}_2 \sin(2\pi f_2 t + \varphi_2) + \ldots + \hat{E}_n \sin(2\pi f_n t + \varphi_n)$$

3.4.2 Fonction filtrage de fréquence

La fonction filtrage de fréquence permet d'opérer une sélection sur les fréquences du signal appliqué sur son entrée.

Cette sélection a pour effet de :
- rejeter *(filtre réjecteur)* ou sélectionner *(filtre sélectif)* les signaux issus de la décomposition dont la fréquence est contenue dans une plage de fréquences appelée « bande passante » du filtre ;
- amplifier *(filtre actif)* les signaux de fréquences sélectionnées par le filtre, ou atténuer dans le cas contraire *(filtre passif)*.

Les fonctions de transfert données sont idéalisées dans le tableau 4.6, elles présentent en fait une pente à partir de leur fréquence de coupure.

<table>
<tr><th>Symbole</th><th>Bande passante</th></tr>
<tr><td>Filtre passe-bas (rejecteur)
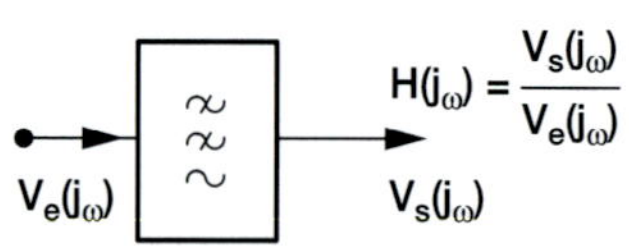
</td><td>Fonction de transfert idéalisée
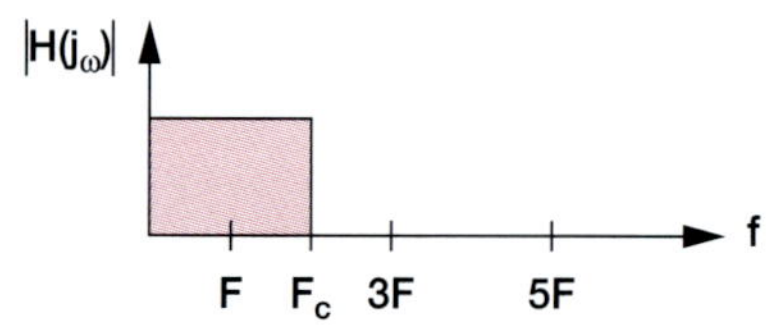
</td></tr>
<tr><td>Filtre passe-haut (rejecteur)
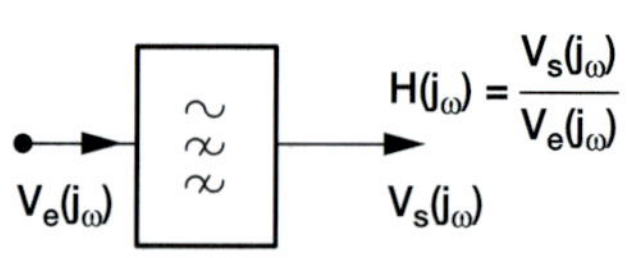
</td><td>Fonction de transfert idéalisée
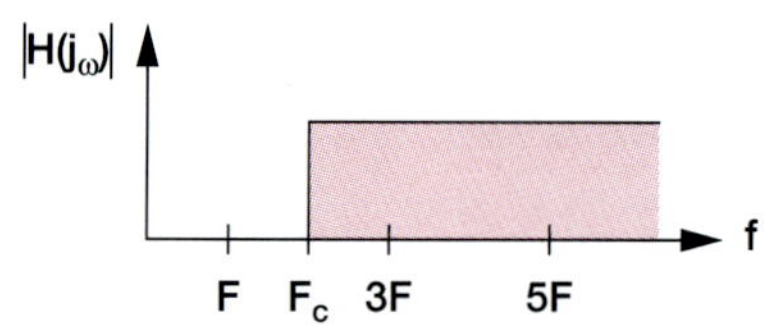
</td></tr>
<tr><td>Filtre passe-bande (sélectif)
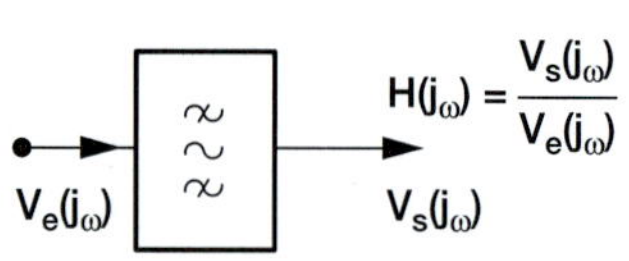
</td><td>Fonction de transfert idéalisée
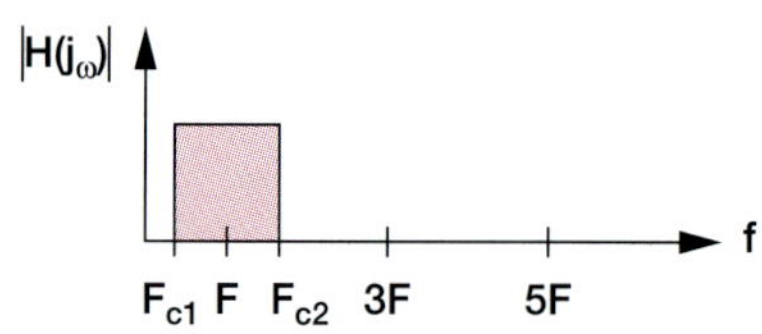
</td></tr>
<tr><td>Filtre coupe-bande (sélectif)
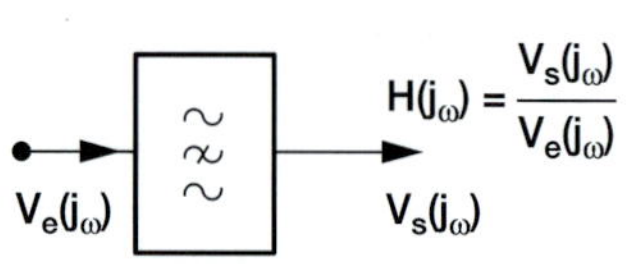
</td><td>Fonction de transfert idéalisée
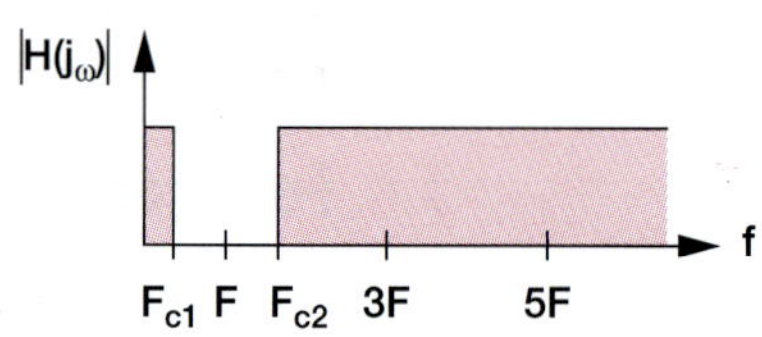
</td></tr>
</table>

Tableau 4.6 Fonctions de filtrage usuelles

4 Fonction de conversion analogique-numérique

La fonction de conversion d'une grandeur électrique en un signal numérique est rendue indispensable par l'usage de plus en plus fréquent des fonctions de traitement numérique dans les chaînes d'acquisition de l'information.

4.1 Définition

La fonction de conversion analogique-numérique consiste à transformer une grandeur analogique d'entrée, en un signal numérique représenté par une suite ordonnée de « 0 » et « 1 » logiques.

La fonction de conversion analogique-numérique (fig. 4.26 et 4.27) présente sur ses sorties un *mot binaire* N, comportant n bits ordonnés (d_1, ..., d_n).

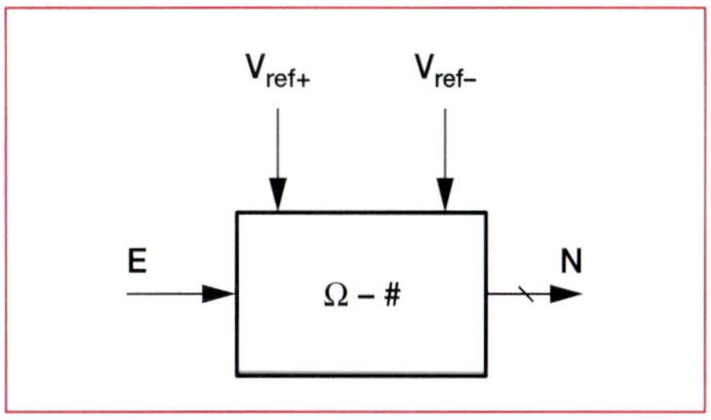

Figure 4.26 Symbole d'un convertisseur analogique/numérique

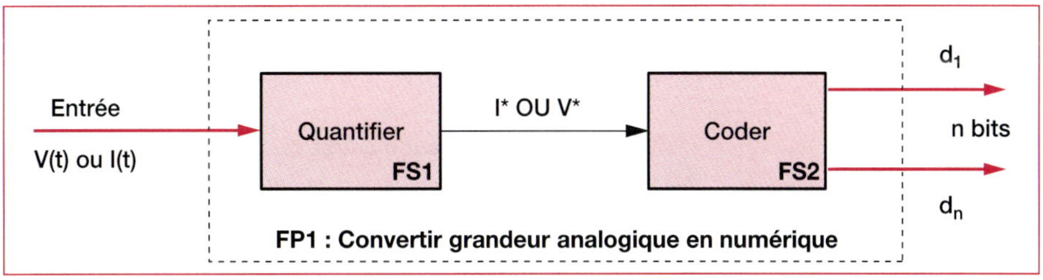

Figure 4.27 Décomposition fonctionnelle d'un convertisseur analogique/numérique

L'opération de conversion analogique-numérique se déroule en deux étapes.

a) La *quantification* qui consiste à discrétiser la grandeur électrique d'entrée.

Le signal analogique d'entrée est réduit en un nombre fini de valeurs par une opération de prélèvement appelé « échantillonnage ».

b) Le *codage*, qui fait correspondre à chaque valeur discrétisée, un mot binaire de sortie.

4.2 Relations fondamentales

Les tensions de référence V_{ref+} et V_{ref-} fixent la dynamique maximale de la tension d'entrée à convertir.

La valeur de quantification, ou « quantum » est déterminée par le nombre de bits n du convertisseur, on définit le quantum q par la relation :

$$q = \frac{V_{ref+} - V_{ref-}}{2^n}$$

Dans le mode de *conversion unipolaire*, si la tension à convertir est positive, la tension de référence V_{ref-} sera reliée à la masse et, inversement, pour une tension à convertir négative.

On aura donc : $0 \leq E \leq (V_{ref+} - q)$ dans le cas d'une tension positive à convertir et : $-(V_{ref-} + q) \leq E \leq 0$ dans le cas d'une tension négative à convertir.

Dans le mode de *conversion bipolaire*, la dynamique maximale du signal d'entrée à convertir est définie par la relation : $-(V_{ref-} + q) \leq E \leq (V_{ref+} - q)$.

La résolution caractérise la plus petite variation de la tension d'entrée que le convertisseur peut déceler. La résolution est exprimée par le nombre de bits significatifs, n, que peut fournir le convertisseur en sortie.

La précision est exprimée par l'écart entre la valeur réelle d'entrée et la valeur discrétisée. Cet écart est exprimé en pourcentage, sans excéder +/- 50 % du quantum.

Le temps de conversion est le temps que met le convertisseur pour présenter un nouveau mot de sortie, suite à une évolution de un quantum du signal d'entrée.

exemple

La figure 4.28 représente l'évolution de la tension de sortie d'un convertisseur de résolution 3 bits en mode unipolaire.

Les différentes erreurs que l'on peut constater avec un convertisseur A/N proviennent des différents réglages à effectuer lors de la mise en œuvre, il s'agit :
- de l'*erreur de décalage* (la valeur lue est différente de la valeur attendue) ;
- de l'*erreur de gain* (correction de la pente de conversion du convertisseur) ;
- de l'*erreur de linéarité*.

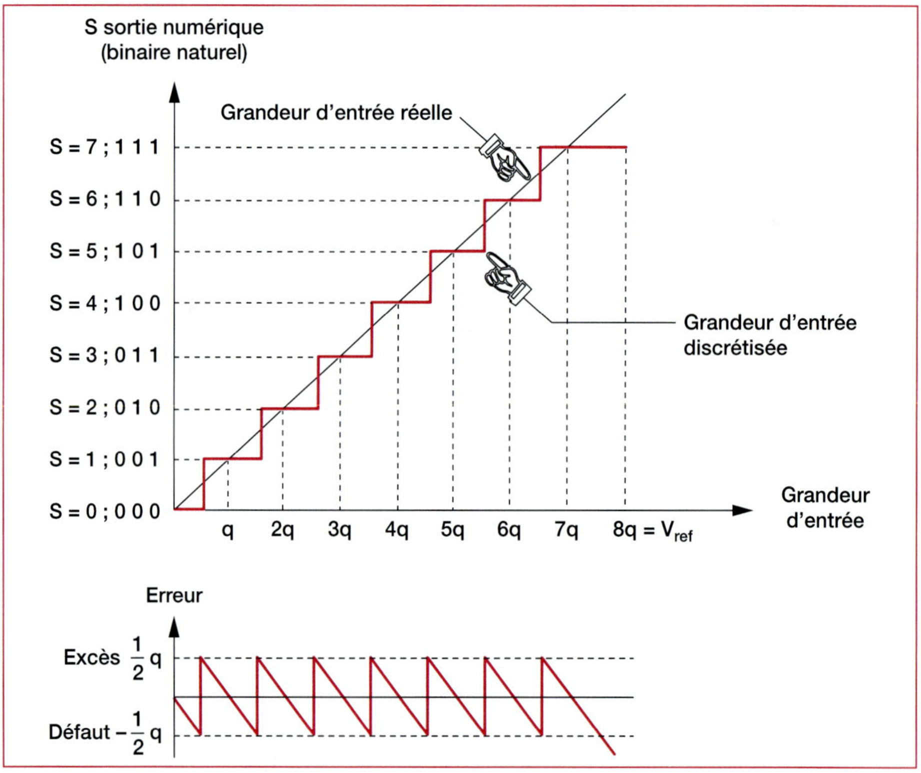

Figure 4.28 Caractéristique de transfert d'un convertisseur A/N 3 bits en mode unipolaire

L'ESSENTIEL

La chaîne d'acquisition d'une information est une chaîne de mesures automatiques. Le premier élément de cette chaîne est le capteur.

Le rôle d'un capteur est de rendre exploitables les différentes grandeurs physiques associées à des événements climatiques, géométriques, lumineux, ou encore temporels.

Le choix d'un capteur dépend de la nature de la grandeur physique à capter, des performances attendues sur la grandeur mesurée, et du traitement effectué sur la grandeur physique que délivre le capteur.

La mise en œuvre des fonctions participant au conditionnement de l'information délivrée par un capteur nécessite l'emploi de règles strictes (fonctionnement en commutation du transistor ou d'un ALI, fonctionnement en amplification d'un ALI).

Une bonne connaissance des paramètres pouvant influencer le traitement effectué sur le signal fourni par le capteur est indispensable (coefficient d'amplification, gain, bande passante, fréquence de coupure, résolution).

Mots clés : *mesurande, corps d'épreuve, élément sensible, capteur actif, capteur passif, capteur TOR, capteur analogique, capteur numérique, transistor passant, transistor bloqué, fonction de transfert, fréquence de coupure, bande passante, filtre actif, filtre passif, filtre réjecteur, filtre sélectif, mot binaire, bit, conversion unipolaire, conversion bipolaire, résolution, quantum.*

exercices

EXERCICE 1 **Une sonde à résistance de platine a un coefficient de température de 4.10^{-3} % °C. La résistance de la sonde est de 100 Ω à 0 °C.**

• Calculer la résistance de la sonde pour les températures suivantes : – 200 °C, + 100 °C, + 500 °C.

EXERCICE 2 **On considère l'interface de sortie d'un capteur TOR (fig. 4.29). Le transistor possède les caractéristiques suivantes :** $V_{ce}sat = 0$; $V_{be}sat = 0$; $100 < \beta < 200$ **et** $I_{max} = 1$ mA.

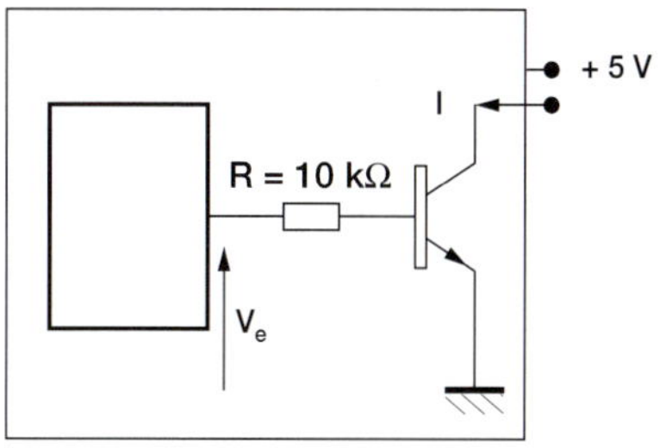

Figure 4.29 Interface de sortie d'un capteur TOR

1. Calculer la valeur minimale de la résistance de charge de ce capteur.

2. Exprimer et calculer le courant I_b minimal à envoyer sur la base pour commander la saturation ($I = I_{max}$).

3. Déduire de la question précédente la valeur minimale de la tension V_E à appliquer pour que la structure fonctionne correctement en commutation.

EXERCICE 3

Cet exercice se rapporte au système de distribution automatique de plats chauds décrit dans cet ouvrage (partie 6).
La gestion du distributeur de plats est dédiée à une carte électronique spécifique (partie commande du dossier). La fonction de traitement analogique du capteur de température du magasin est constituée pour partie d'une fonction d'amplification (fonction FP2).

1. À partir des éléments fournis dans le dossier technique, indiquer les caractéristiques électriques que doit posséder la fonction FP2 (on précisera en particulier sa fonction d'usage ainsi que la valeur algébrique de l'amplification).

2. Proposer une structure électronique mettant en œuvre un ALI pour réaliser cette fonction FP2.

3. Calculer tous les composants à mettre en œuvre pour réaliser la fonction FP2.

EXERCICE 4

L'exercice se rapporte à un axe numérique. Cet axe est équipé d'un capteur (codeur) rotatif numérique de type incrémental destiné à fournir une information de position du chariot.
Le déplacement maximal du chariot est de 1 000 mm, le signal numérique délivré par le capteur est un signal « carré » périodique (fig. 4.11). On obtient 500 impulsions ou « pas » pour un tour complet du capteur.

1. Calculer la résolution du capteur (en mm/pas), sachant que l'on dispose d'un entraînement rotatif direct du chariot (diamètre de la poulie d'entraînement du codeur = 63,66 mm).

2. On désire afficher la position courante du chariot à partir d'un comptage binaire des impulsions issues du capteur, la précision sera meilleure que le dixième de millimètre, évaluer le nombre de digits (chiffres) de l'afficheur.

3. La précision énoncée à la question précédente conduit à incrémenter l'affichage de 1/10 de mm à chaque impulsion fournie par le capteur numérique. Calculer le rapport de réduction à réaliser sur la transmission chariot-codeur afin de respecter la précision souhaitée.

EXERCICE 5

On dispose d'une chaîne d'acquisition de température organisée autour d'un capteur de température à semi-conducteur et d'une fonction de conversion analogique-numérique, l'affichage de la température est de type numérique.
Le coefficient de température du capteur est de – 10 mV/° C.
La procédure d'étalonnage de la chaîne est la suivante :
On plonge l'ensemble du capteur dans une eau pure glacée, et on règle le décalage de la conversion pour obtenir un affichage de « 000,0 °C ».
On plonge ensuite le capteur dans de l'eau pure bouillante, et on ajuste le gain de la conversion pour obtenir un affichage de « 100,0 °C ».

1. Donner le mode de conversion de ce convertisseur.

2. Déduire des caractéristiques données, la tension délivrée par le capteur aux températures de 0 °C et 100 °C.

3. L'affichage de la température étant sur 4 digits (4 chiffres significatifs), indiquer la résolution minimale du convertisseur pour satisfaire l'indication voulue.

4. Déduire des questions précédentes, la valeur du quantum de la conversion.

5. Évaluer la précision de la mesure, le capteur et la conversion étant correctement réglés.

5 Traiter l'information

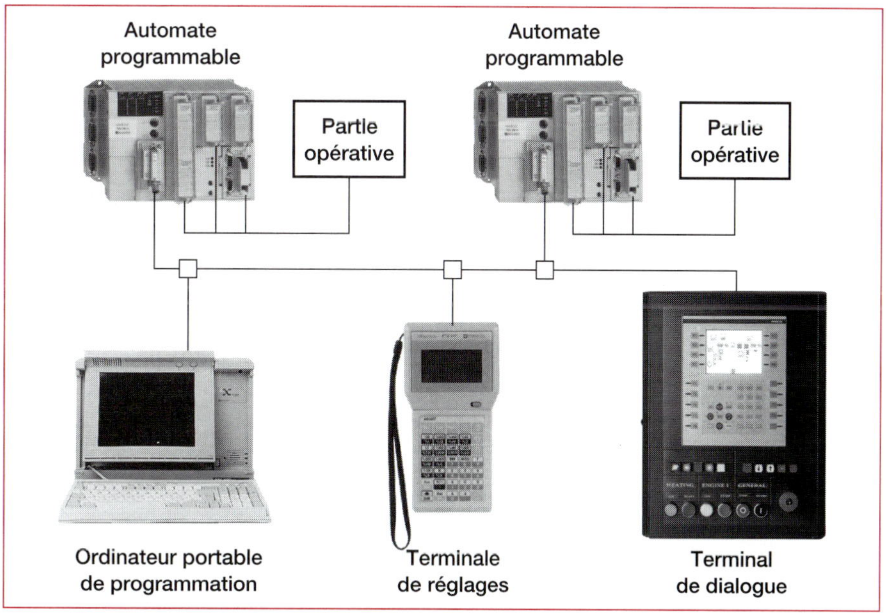

Figure 5.1 Commande par système programmable

La technologie de miniaturisation des circuits intégrés a conduit à une utilisation massive du microprocesseur dans le traitement des informations.
La flexibilité et les coûts réduits de mise en œuvre des automates programmables industriels et des cartes à microcontrôleur ont fait que les systèmes de commande programmables ont remplacé presque totalement les commandes câblées (armoire à relais, cartes logiques câblées).

Compétences

À partir d'un système mis à disposition et/ou défini par un dossier, des documents techniques correspondants et du cahier des charges de l'application :

- Identifier les différents constituants matériels de la chaîne d'information et les fonctions réalisées.
- Analyser l'organisation fonctionnelle de la chaîne d'information et en établir un schéma-bloc (fonctions assurées, flux de données).

1 La structure matérielle et la fonction globale d'un système de commande programmable

L'industrie et notre environnement moderne utilisent massivement les systèmes automatisés. Le système programmable qui commande la partie opérative de ces automatismes est constitué d'une unité centrale de traitement (CPU), d'unités d'entrées, d'unités de sorties, de dispositifs de stockage des données (mémoire), d'un réseau de liaisons (bus), d'une alimentation qui fournit toutes les énergies nécessaires aux différents éléments (fig. 5.2).

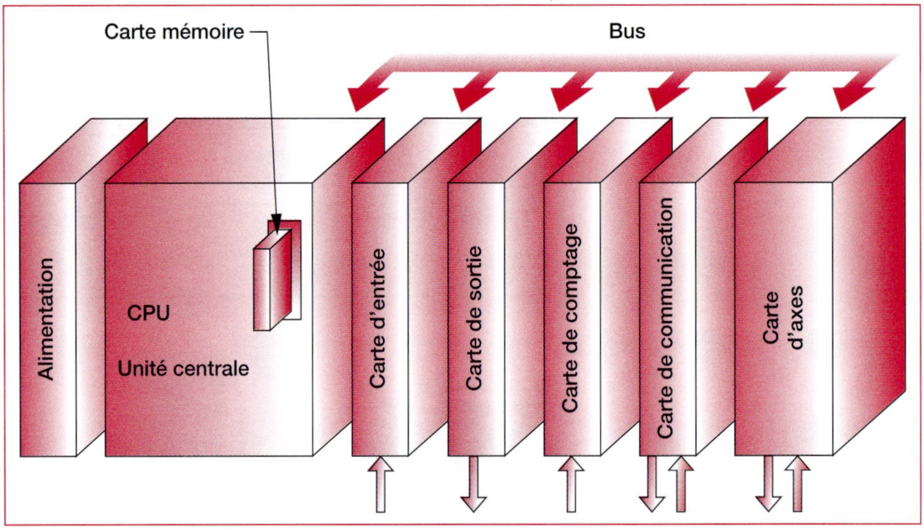

Figure 5.2 Architecture d'un système programmable

La fonction globale d'un système de commande est de déterminer, suivant un programme établi, les données de sortie à partir des données d'entrée et des données intermédiaires stockées.

1.1 Caractéristiques des unités d'entrées et de sorties

Pour piloter convenablement le système automatisé, la *partie commande* échange des données avec l'extérieur (partie opérative, autre partie commande, organe de dialogue opérateur…) par l'intermédiaire des coupleurs d'entrées et de sorties. Suivant les types de signaux échangés et les appareils raccordés, le système programmable pourra recevoir :

- des cartes d'entrées tout ou rien (capteurs tout ou rien) ;
- des cartes de sorties tout ou rien à relais (actionneurs lents) ou à transistors (actionneurs rapides) ;
- des cartes d'entrées de signaux analogiques (capteurs analogiques) ;
- des cartes de sorties de signaux analogiques (variateurs analogiques) ;
- des cartes de communications (réseau, imprimante, console) ;
- des cartes spécialisées (carte d'axe numérique, comptage rapide, lecteur de codes à barres…).

1.2 Caractéristiques de fonctionnement

1.2.1 L'unité centrale

L'automate programmable industriel (API) obéit aux mêmes principes que ceux de l'ordinateur (fig. 5.3).

exemple

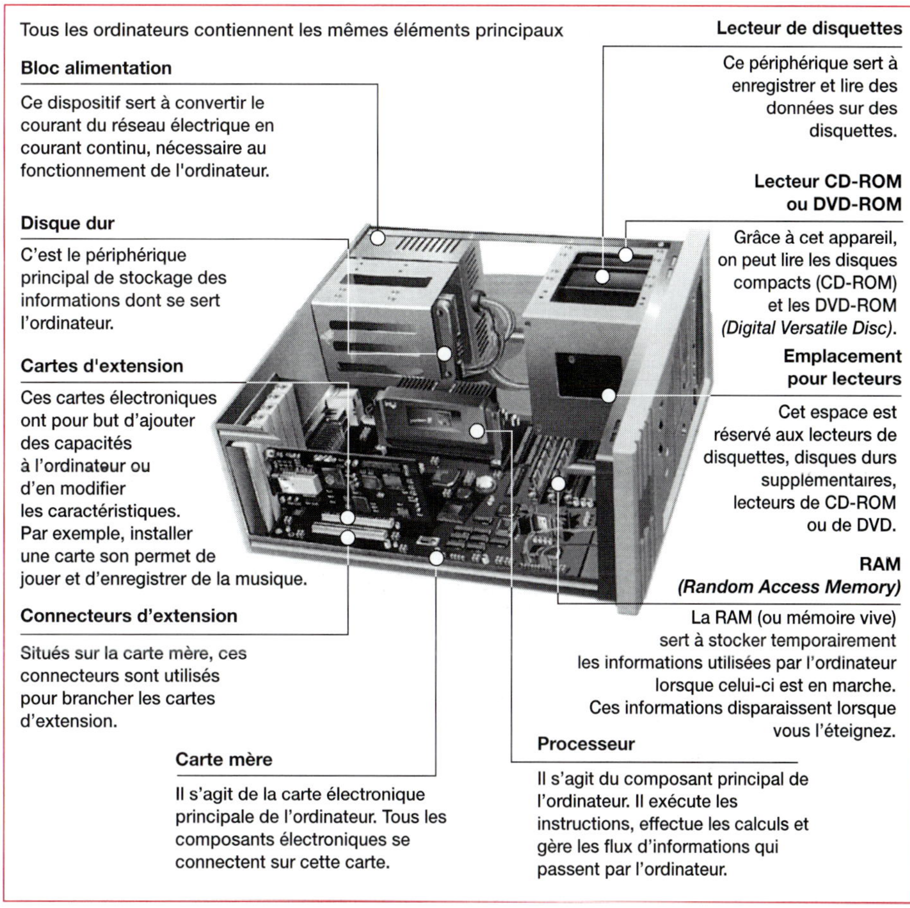

Figure 5.3 L'unité centrale d'un ordinateur

La structure générale d'un système programmable (fig. 5.4) est composée de la mémoire programme, d'une unité arithmétique et logique et de la mémoire « données ».

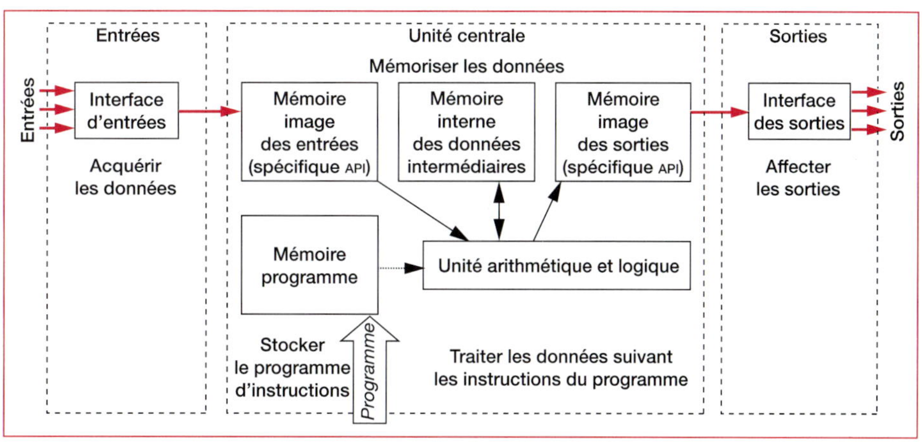

Figure 5.4 Structure d'un système de commande programmable

1.2.2 Espace adressable

La mémoire d'un système programmable est divisée en plusieurs zones pouvant être adressées par bits, ou par mots (16 bits), et accessibles en lecture, en écriture, ou en lecture/écriture.

– La *mémoire image des entrées* contient la valeur des données d'entrées. Elle est mise à jour en début de chaque traitement.

– La *mémoire image des sorties* contient le résultat du calcul des sorties qui est transféré à la fin de chaque traitement.
– La *mémoire interne* contient les résultats intermédiaires ainsi que les variables d'états mémorisées pour le traitement suivant.

Les *registres*, situés dans la mémoire interne, contiennent les valeurs courantes et les valeurs de présélection des temporisations et compteurs.

1.3 Rapidité et temps d'exécution

1.3.1 Traitement monotâche

exemple

L'ordinateur avec l'environnement Windows traite les données envoyées par le clavier (périphérique d'entrée), donne les résultats sur le moniteur vidéo (périphérique de sortie) et attend une nouvelle commande (fig. 5.5).

Figure 5.5 Traitement monotâche sous environnement Windows 98

••••••

Le fonctionnement de l'API diffère de celui de l'ordinateur. En effet, l'API traite le programme en boucle et sans fin (fig. 5.6).

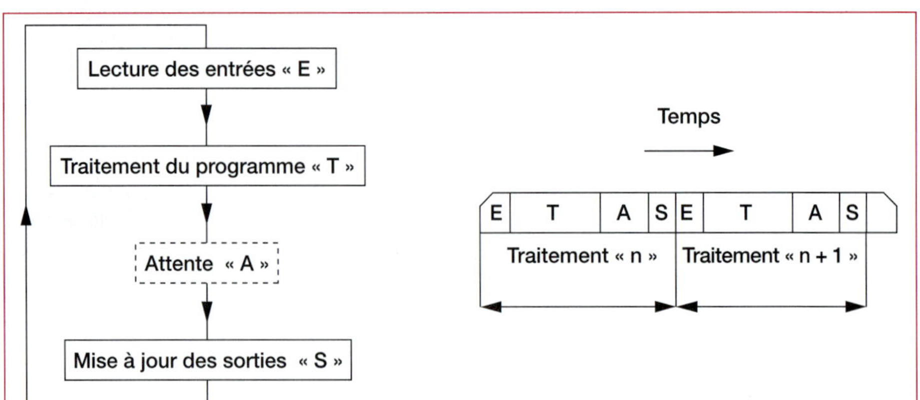

Figure 5.6 Cycle de traitement monotâche d'un automate programmable

En début de cycle, le système fait l'acquisition des états logiques des signaux sur l'interface d'entrées. Les entrées sont figées dans la mémoire image des entrées pour tous les calculs d'un même traitement même si le signal d'entrée varie au cours du cycle.

Le système de traitement exécute ensuite le programme qui calcule, en fonction des données d'entrées et des données intermédiaires, d'autres données intermédiaires et les données de sortie. À la fin de chaque cycle, le système transfère les résultats calculés précédemment depuis la mémoire image des sorties vers l'interface de sortie.

Le *processeur de commande* exécute le cycle de traitement des informations à une fréquence élevée pour commander efficacement les sorties en temps réel. Un temps acceptable de traitement de programme pour un système séquentiel classique est de l'ordre de 5 à 50 ms.

Un chien de garde vérifie la durée du cycle de traitement et génère un message d'erreur si le temps enveloppe est dépassé.

1.3.2 Traitement multitâche avec tâche périodique

Si le processus demande un traitement partiel plus rapide de quelques entrées, on programme une tâche périodique (fig. 5.7). Le processeur interrompt la tâche maître à une période fixée, traite la tâche périodique et reprend le traitement de la tâche maître (comptage d'un codeur de 1 000 pts/tr d'un axe à 100 tr/min).

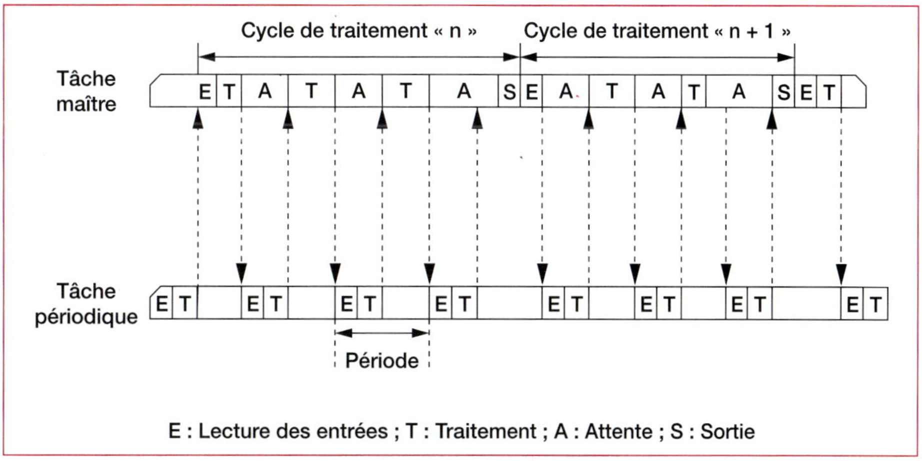

Figure 5.7 Cycle de traitement avec tâche maître et tâche périodique

1.3.3 Traitement multitâche avec tâche événementielle

exemple

Windows 2000 a la possibilité d'interrompre le travail en cours pour travailler sur plusieurs fenêtres (fig. 5.8).

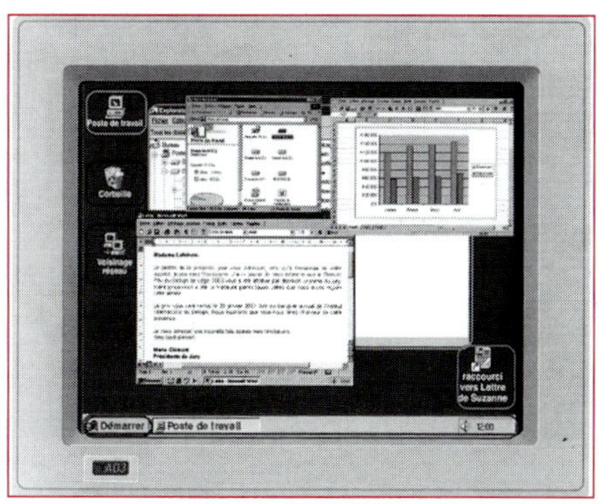

Figure 5.8 Traitement multitâche par Windows 2000

Dans le cas de l'exemple, l'ordinateur et l'API fonctionnent de façon similaire.

Si le processus demande un traitement immédiat d'une entrée (fonctionnement réflexe), on programme une tâche événementielle (fig. 5.9).

Dès l'apparition de l'événement, l'entrée génère une interruption. Le processeur interrompt immédiatement la tâche maître, traite la tâche événementielle et reprend le traitement de la tâche maître.

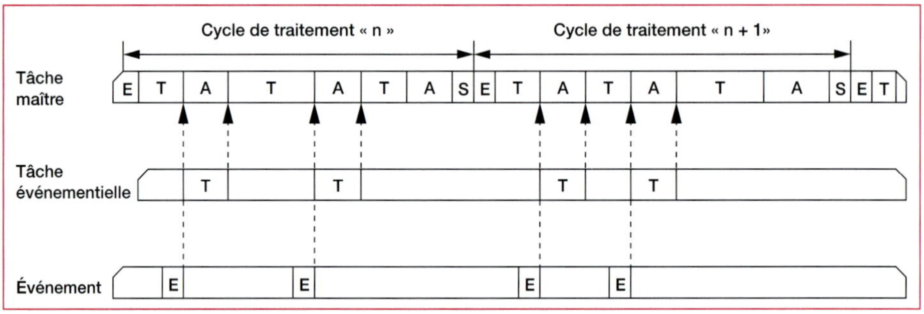

Figure 5.9 Cycle de traitement avec tâche maître et tâche événementielle

1.4 Programme et instructions

Un programme est une suite d'instructions exécutables par un processeur.

Les automates programmables se programment dans un langage utilisateur simple littéral ou graphique et doit être compréhensible par un personnel non informaticien.

Le programme source littéral ou graphique est ensuite compilé en programme objet machine pour être compris par le processeur (fig. 5.10).

Figure 5.10 Processeur

1.5 Montage et connexions

Les modules d'un automate programmable se montent dans un rack (boîtier) contenant le bus et les connecteurs de fond de panier. Chaque module est équipé d'un bornier permettant le raccordement du câblage extérieur. Un ensemble de visualisation (DEL) fournit l'état logique de chaque voie (fig. 5.11).

Les automates TSX 37-21/22 et le mini bac d'extension TSX RKZ 02 comprennent :

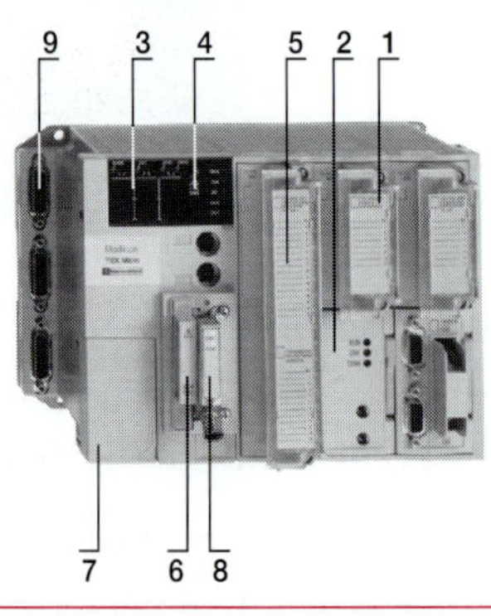

1 Un bac de base à 3 emplacements disponibles (positions 1 à 6).
2 Un emplacement réservé à un module au format standard.
3 Un bloc de visualisation centralisée.
4 Une prise terminal repérée TER.
5 Une prise de dialogue opérateur repérée AUX.
6 Un emplacement pour une carte d'extension mémoire.
7 Une trappe d'accès aux bornes d'alimentation.
8 Un emplacement pour un coupleur de communication.

Figure 5.11 Automate programmable « Schneider TSXmicro »

2 Les composants

2.1 Les microprocesseurs

Un *microprocesseur* est au minimum composé de quatre éléments :
- une unité arithmétique et logique qui réalise les opérations de comparaison (< 0, = 0, > 0) et de calcul arithmétique et logique (+, –, /, *, ou, et, complément) ;
- une unité de commande qui recherche, à chaque instant, dans la mémoire, l'instruction à exécuter et qui génère tous les signaux de commande correspondants à cette instruction ;
- des registres spécialisés utilisés pour le stockage provisoire d'informations (accumulateurs, index, compteur ordinal, pointeur de pile, indicateur…) ;
- une horloge qui cadence les opérations du microprocesseur.

2.2 Les mémoires

Une mémoire est un ensemble d'éléments de stockage d'informations élémentaires (bits) « 0 » ou « 1 » qui représentent des nombres. Elle assure la sauvegarde des informations.

2.2.1 Mémoire RAM *(Random Access Memory)*

La *mémoire RAM* est une mémoire vive à lecture et écriture qui contient les données et quelquefois le programme (fig. 5.12). Elle perd ses informations en cas de coupure d'énergie si elle n'est pas secourue par une batterie.

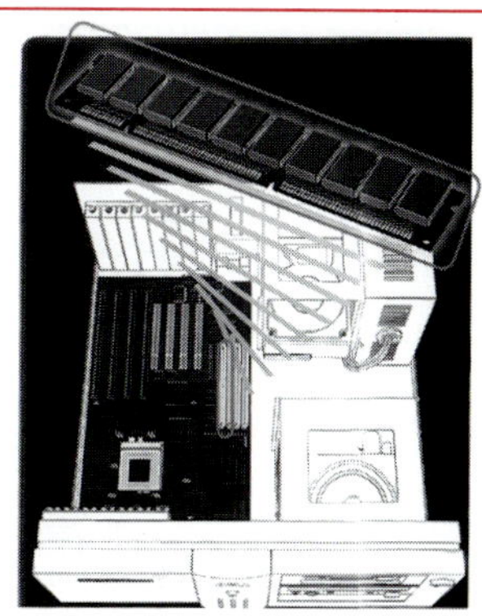

Figure 5.12 Mémoire RAM

2.2.2 Mémoire ROM *(Read only Memory)*

La *mémoire ROM* est une mémoire morte à lecture seule (fig. 5.13). Son contenu est enregistré une fois pour toutes par le fabriquant et il ne peut plus jamais être modifié. Elle contient habituellement le logiciel de gestion du système de traitement développé par le concepteur du système de traitement.

Figure 5.13 Mémoire ROM

Le format de la mémoire est le nombre de bits repérés par une seule adresse (adressables).

La capacité de la mémoire est le nombre d'espaces adressables. On peut classer les mémoires par :
- leur technologie (RAM, ROM) ;
- l'utilisation et les informations qu'elles contiennent (mémoires programme, données, système).

2.3 Les bus

Le bus est l'ensemble de conducteurs parallèles servant au transfert d'informations entre les différents composants d'un système programmable.

Tous les périphériques sont connectés entre eux par l'intermédiaire du bus, comme des villes reliées par une autoroute (fig. 5.14). Dans un système programmable, on retrouve le *bus de données*, le *bus d'adresses* et le *bus de contrôle*.

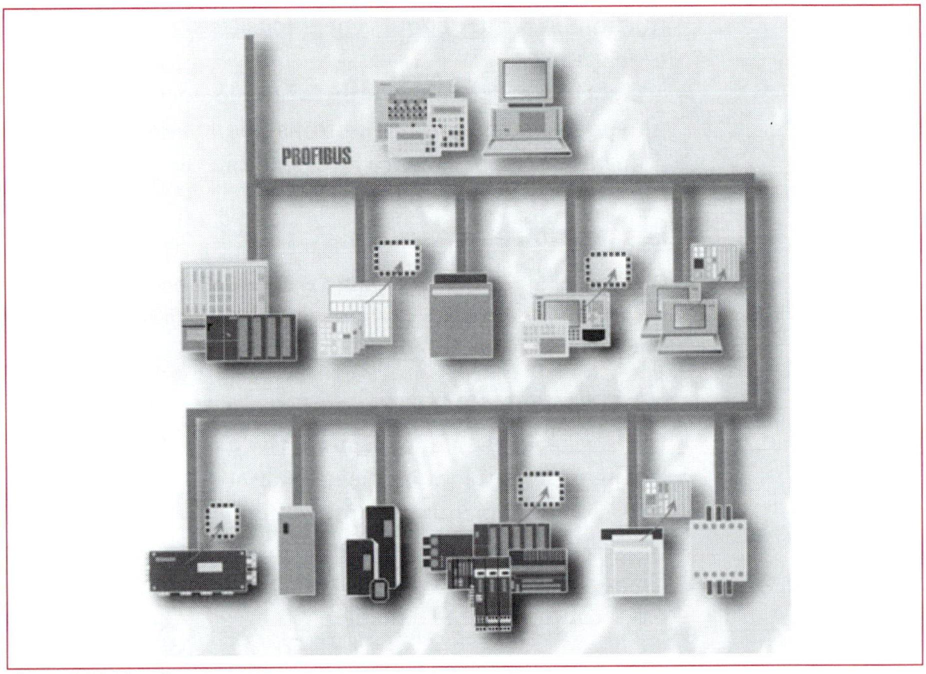

Figure 5.14 Bus d'automate

exemple

La figure 5.15 représente la lecture dans une mémoire d'une taille de 16 adresses d'un format de 8 bits (octets). Le bus de données est de 8 bits et le bus d'adresses est de 4 bits.

Le décodeur d'adresses sélectionne la neuvième mémoire qui a pour adresse « 1001 ». Comme l'unité arithmétique et logique demande une lecture sur le bus de contrôle, la donnée « 0100 1101 » contenue à l'adresse « 1001 » de la mémoire est envoyée vers le registre.

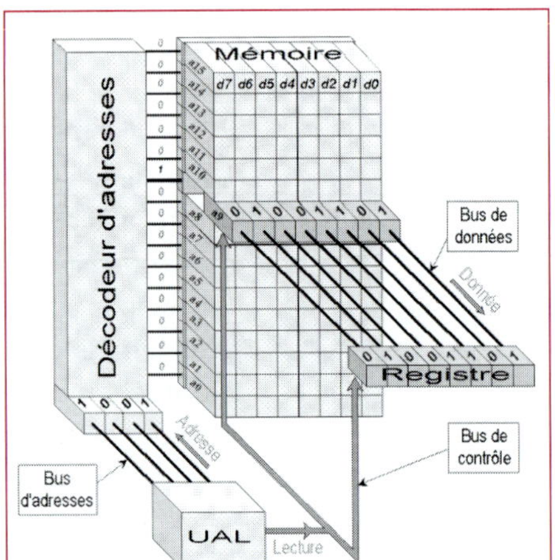

Figure 5.15 Lecture d'une donnée dans une mémoire

••••••

2.4 Les cartes d'entrées et de sorties

2.4.1 Interface d'entrées tout ou rien (TOR)

La figure 5.16 montre la chaîne fonctionnelle d'un module d'entrées tout ou rien.

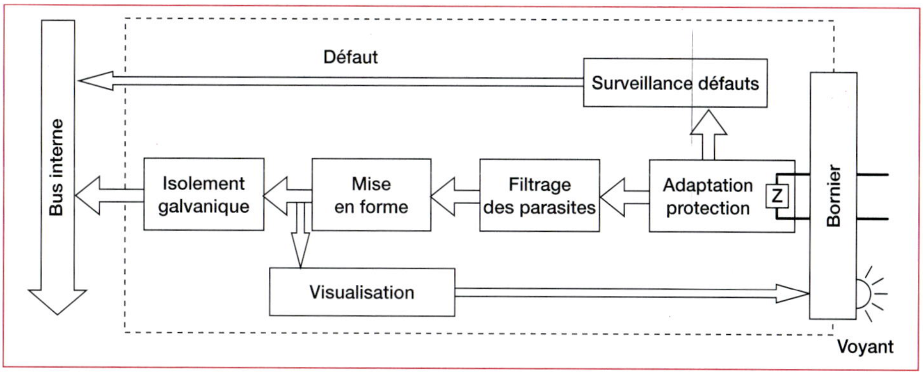

Figure 5.16 Chaîne fonctionnelle d'un module d'entrées « TOR »

Cette interface réalise les fonctions suivantes :
- adaptation de tension et de protection contre les surtensions et les inversions de polarité ;
- filtrage des signaux (élimination des parasites) ;
- calibrage et mise en forme des signaux logiques ;
- isolement galvanique ;
- visualisation des signaux ;
- information de l'unité centrale en cas de défaut de raccordement.

2.4.2 Interface des sorties tout ou rien

La figure 5.17 montre la chaîne fonctionnelle d'un module de sortie tout ou rien.

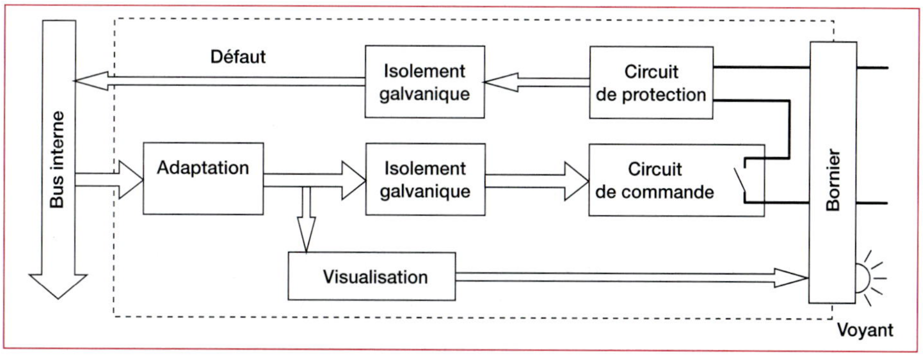

Figure 5.17 Chaîne fonctionnelle d'un module de sortie « TOR »

Cette interface réalise les fonctions suivantes :
- adaptation de tension ;
- protection contre les courts-circuits et les inversions de polarité ;
- isolement galvanique ;
- visualisation des signaux ;
- information de l'unité centrale en cas de défaut de raccordement.

Suivant les critères de rapidité, de fréquence, de puissance, de type de tension alternative ou continue des signaux de sorties, le concepteur choisit des interfaces à relais ou à transistors.

3 Les applications

3.1 Automate programmable industriel (API)

Un automate programmable (fig. 5.18) est un appareil standard de commande des systèmes automatisés. Construit en grande série par des fabricants spécialisés (Schneider, Siemens, Festo, Allen-Bradley, Cégélec...), il est constitué, outre une alimentation, par :

- une *carte unité centrale* contenant le processeur et les mémoires données et programme ;
- des *cartes interfaces de communication* qui permettent le dialogue avec son environnement (partie opérative, dialogue opérateur).

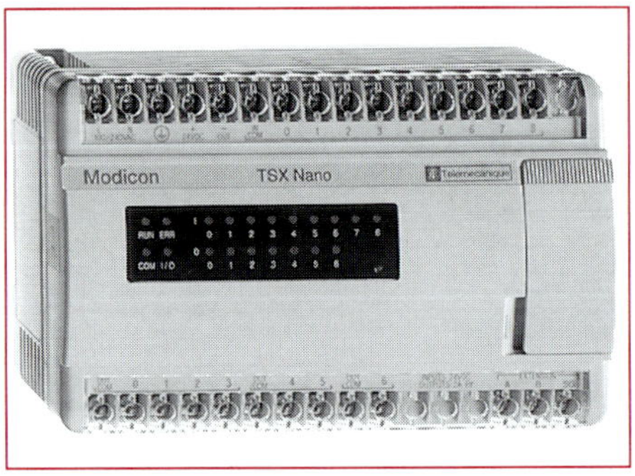

Figure 5.18 Automate TSX Nano à 16 entrées/sorties

3.2 Cartes électroniques à base de microcontrôleur

Ces *cartes électroniques* programmables présentent l'avantage de s'intégrer parfaitement dans le système automatisé, elle en constitue la *partie commande*.

Les cartes électroniques programmables actuellement sur le marché disposent sur une seule carte d'un *microcontrôleur* et de modules d'entrées/sorties facilitant le dialogue avec le système (fig. 5.19).

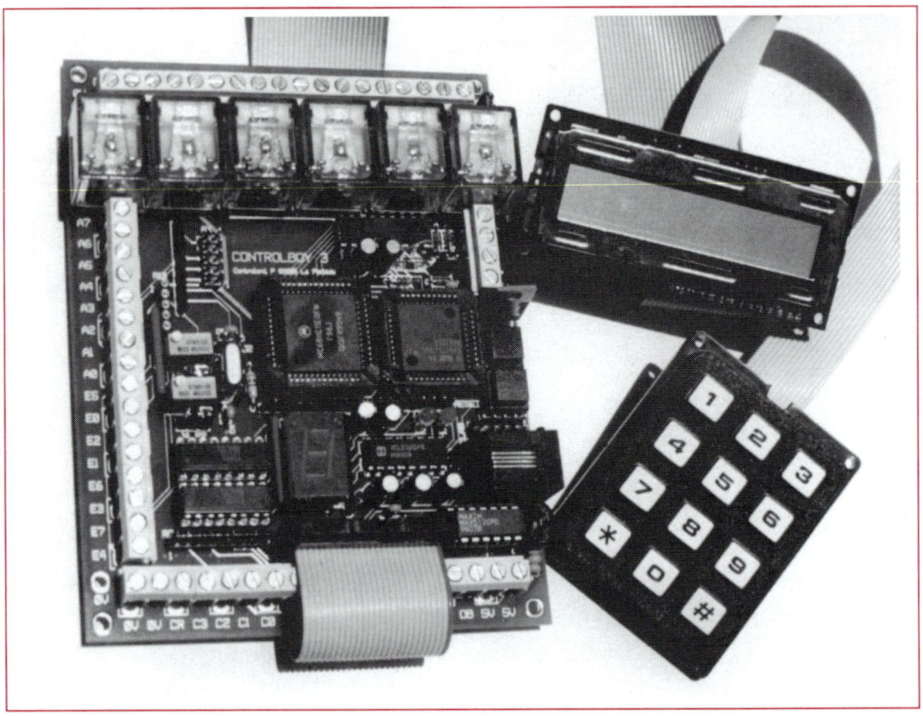

Figure 5.19 Carte électronique programmable

Le microcontrôleur est un « macro-composant » programmable disposant en interne, d'une *unité centrale* (processeur ou microprocesseur), et de *tous les périphériques* nécessaires au dialogue avec le système programmable (mémoire donnée, mémoire programme, coupleur d'entrée/sortie, coupleurs de dialogues parallèle et série, fonctions de conversion A/N et N/A).

4 Chaîne de développement du programme

La chaîne de développement du programme de commande diffère suivant le système programmable utilisé (automate programmable ou carte électronique à microcontrôleur).

Cependant, dans les deux cas, si l'on veut faire exécuter au système programmable une série d'actions ordonnées (appelée *programme*), il faut rédiger ce programme dans un *langage* le plus convivial possible pour le programmeur. Ce *programme source* sera ensuite transféré en *langage de la « machine »* dans la mémoire programme du système programmable mis en œuvre.

4.1 Mise en œuvre d'un système programmable

La mise en œuvre d'un système programmable consiste :
– à raccorder de façon matérielle et logicielle (configuration) le système programmable avec ses périphériques ;
– à implanter le programme de commande dans la mémoire du système.

4.2 Programmation et mise au point d'un système programmable avec assistance informatique

Il existe de nombreux outils d'aide à la programmation des systèmes programmables, cela peut être les « ateliers logiciels » pour les automates programmables et les cartes à microcontrôleurs, ou bien encore les « outils de développement » logiciels et matériels pour les cartes électroniques à microcontrôleurs.

4.2.1 Ateliers logiciels, outils de développement

C'est un ensemble d'applications informatiques (éditeur, compilateur, postprocesseur…), destiné à faciliter l'écriture, la mise au point d'un programme et son *implémentation* dans le système programmable (fig. 5.20).

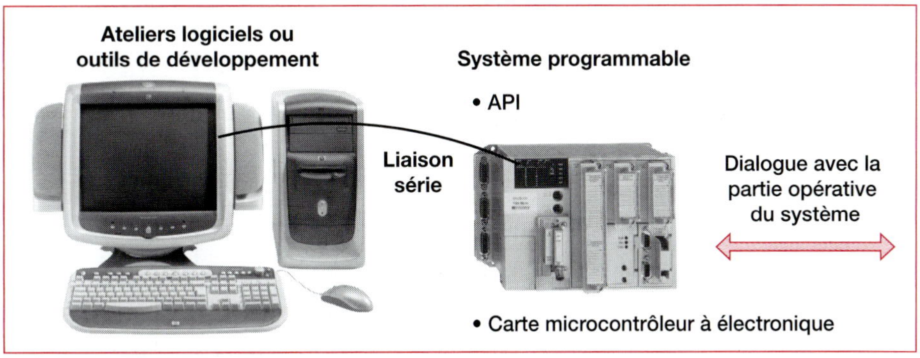

Figure 5.20 Ateliers logiciels et système programmable reliés par liaison série

Quel que soit le dispositif d'aide à la programmation utilisé (atelier logiciel ou outils de développement), le programmeur dispose des ressources logicielles nécessaires pour développer avec le maximum de convivialité le programme de commande du système automatisé en cours d'étude.

Il s'agit des *utilitaires* suivants (fig. 5.21) :
– *Édition* du programme source à partir de différents outils : outils textuels (algorithmique par exemple) ou *graphiques* (grafcets, logigrammes, organigrammes). La norme à respecter concernant ces outils d'édition est la norme CEI 1131-3.
– *Compilation* ou *assemblage* du programme (suivant le niveau de l'outil utilisé).
– *Apprentissage* et mise au point du programme de commande par le débogueur.

Le programmeur, après avoir édité et éventuellement compilé et assemblé le programme de commande, peut, par l'intermédiaire du débogueur, suivre son évolution sur le système « étapes par étapes ». L'utilisation du débogueur permet donc de valider (en situation réelle sur le système) les choix effectués lors de l'édition du programme source.

4.2.2 Les outils d'édition d'un programme de commande

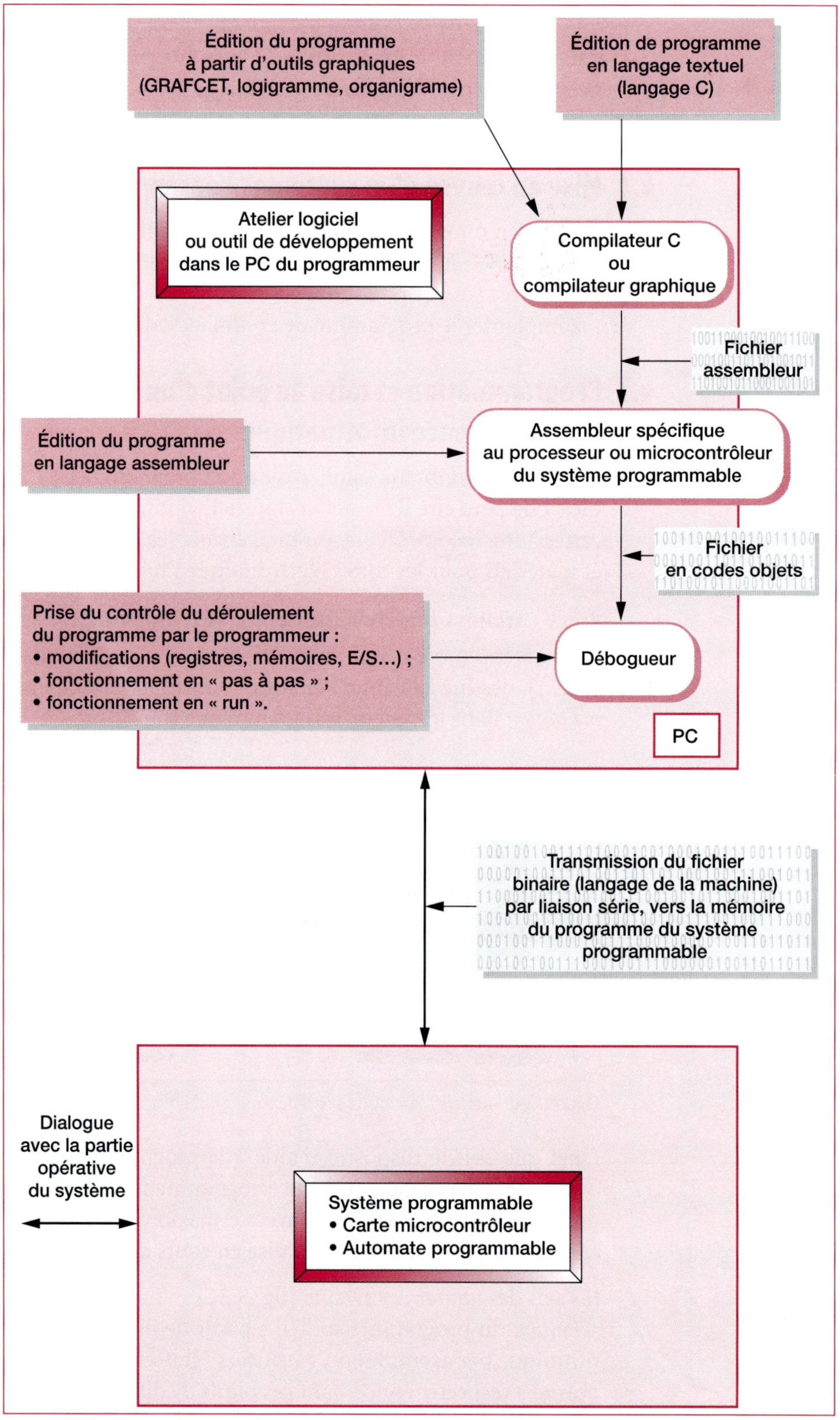

Figure 5.21 Organisation logicielle de la chaîne de développement d'un programme de système programmable

Ces outils permettent l'écriture du programme source du système programmable.

La lecture du *cahier des charges fonctionnel* d'un système automatisé renseigne le programmeur sur les conditions de commande de la partie opérative du système, ainsi que sur les contraintes à respecter dans le déroulement du programme.

L'écriture du programme conduit à effectuer une *analyse descendante* du fonctionnement du système (point de vue du programmeur).

1. On « découpe » le fonctionnement en un certain nombre de modules ou d'actions de difficultés moindres.

2. On décrit ensuite l'enchaînement des différents modules ou actions, en énonçant les conditions de transitions.

Cette analyse une fois terminée conduit à une représentation normalisée (norme CEI 1131-3) qui peut revêtir plusieurs formes, dont les deux principales sont : l'*organigramme* ou le *grafcet*.

Le programmeur peut aussi décrire l'analyse effectuée dans un langage normalisé que l'on appelle « langage algorithmique ».

Un algorithme est une forme bien écrite d'un certain procédé de calcul ou de raisonnement.

Il est constitué d'une suite d'étapes nommées « instructions » (voir chapitre 8 et fiche 7) plus ou moins élémentaires où sont précisés les traitements que l'on veut y faire.

Un organigramme est une représentation graphique normalisée utilisée pour décrire un programme de commande.

L'organigramme utilise une « symbolique » permettant de discerner rapidement le traitement d'une action (acquisition, commande d'actionneur, appel à un sous-programme, test...). Le tableau de la fiche 7 indique les principaux symboles à utiliser lors de l'élaboration d'un organigramme.

Un organigramme représenté correctement doit être *fléché* (en principe de haut en bas, sauf pour les boucles de retour) et *commenté*. Il doit permettre de suivre facilement la résolution du problème étudié.

Le Grafcet (GRAphe Fonctionnel de Commande Étape/Transition) est un outil de programmation graphique des automates programmables.

Le GRAFCET est normalisé internationalement, depuis 1988, CEI 848 (voir chapitre 8).

L'ESSENTIEL

L'organisation matérielle d'un système programmable

• L'unité centrale exécute des cycles de traitement des données à une fréquence élevée.

• La « mémoire donnée » de type RAM stocke tous les résultats du traitement (mémoire image des entrées, mémoire des données intermédiaires, mémoire image des sorties).

• La « mémoire programme » de type RAM ou EPROM contient les instructions du programme de traitement.

• Les bus de données, d'adresses, de contrôle sont les canaux de communication entre les différents organes.

• Les coupleurs d'entrées et sorties adaptent les données avec l'extérieur.

Les systèmes programmables utilisés en milieu industriel sont les automates programmables et les cartes microcontrôleurs.

Les outils d'aide à l'écriture et à la mise au point du programme de commande

• Ces outils peuvent être textuels (langage assembleur, algorithmique), ou graphiques (organigramme, grafcet, logigramme...).

• Une assistance informatique (atelier logiciel ou logiciel de développement) permet une mise en œuvre conviviale des systèmes programmables (configuration, programmation).

Mots clés : *adresse, algorithme, bus, coupleur E/S, cycle de traitement, implémentation, mémoire, organigramme, processeur, tâche événementielle, tâche rapide, unité centrale.*

exercices

EXERCICE 1

• Citer les trois grandes phases d'un cycle de traitement d'un automate programmable.

EXERCICE 2

• Expliquer avec un schéma temporel, pourquoi le temps d'un cycle de traitement doit être relativement petit par rapport à la période des signaux d'entrées.

EXERCICE 3

À partir de la documentation constructeur d'un automate programmable du laboratoire des sciences de l'ingénieur, rechercher les informations suivantes :

1. Taille de la mémoire programme RAM.

2. Temps d'exécution par kilo-instructions.

3. Nombre maximum d'entrées et de sorties TOR raccordables.

4. Caractéristiques nominales des entrées et sorties existantes (tension, courant, impédance d'entrée, temps de réponse, fréquence de commutation...).

5. Adresse des entrées et des sorties existantes.

6. Adresse des variables internes (bits, mots, constantes, temporisations, compteurs).

7. Cycles possibles de traitement (tâche maître, tâche rapide, tâche événementielle).

8. Langages de programmation acceptés (liste d'instructions, schéma à contacts, logigramme, grafcet, littéral structuré...).

6 Communiquer l'information

Figure 6.1 Station météo d'une station de ski

Depuis l'avènement de l'ordinateur (ou plus généralement des machines programmables) et leur accessibilité au grand public (années quatre-vingts environ), les problèmes qui se posent sont liés aux modes de dialogue et de communication ; dialogue entre l'homme et la machine tout d'abord, mais aussi dialogue et communication planétaires entre les hommes par l'intermédiaire des machines. Dans une station de ski, par exemple, il faudra faire cohabiter et communiquer les infrastructures lourdes (installations) avec les infrastructures de communication avec le public : les solutions à ces problèmes sont les périphériques et les réseaux (réseau de terrain, réseau local, réseau mondial).

Compétences

Un système de dialogue ou de communication étant à disposition et/ou défini par un dossier :

- Identifier la nature de l'information à communiquer.
- Reconnaître le type d'interface d'E/S.

En présence de postes équipés d'une carte réseau, une procédure détaillée de mise en œuvre d'un réseau local étant fournie :

- Établir les liaisons physiques entre les différents postes et les périphériques.

En présence d'un poste d'accès au réseau Internet :

- Énoncer d'un point de vue utilisateur, les éléments caractéristiques du réseau (architecture matérielle, services…).

1 Description d'une station de ski

1.1 Structure générale de la commande d'une station de ski

La structure générale d'une station de ski (fig. 6.2) se compose habituellement :
- d'*installations de terrain* (remontes pentes, télésièges, stations météos, etc.) avec chacune leur API dédié ;
- du *poste maître de terrain* qui gère les informations des API, donc le fonctionnement de la station ;
- du *poste de supervision centre de station* qui gère les paramètres de fonctionnement de la station ;
- de *postes clients* de consultation des informations générales relatives à l'état de la station.

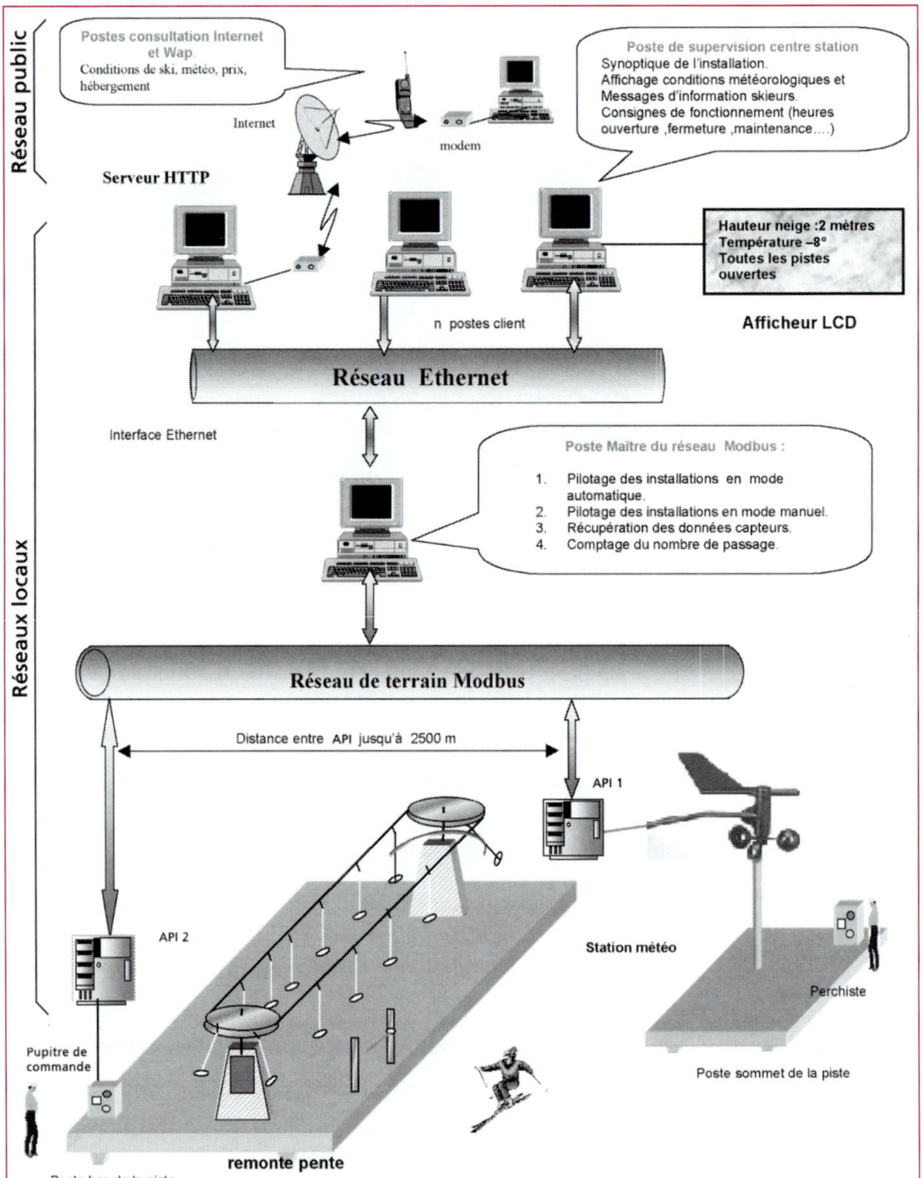

Figure 6.2 Structure générale de la commande d'une station de ski

Les pupitres de commande, les claviers, écrans, imprimantes de la structure, sont autant de périphériques permettant d'établir un dialogue entre l'homme et la machine.

La communication d'informations entre les différentes machines de la structure est obtenue par des câbles électriques et des fibres optiques qui constituent des réseaux.

On distingue :
- le *réseau de terrain Modbus* qui relie les installations de terrain et le poste maître de terrain ;
- le *réseau Ethernet* qui relie le poste maître de terrain avec le poste de supervision centre de station et les postes clients ;
- le *réseau Internet* qui relie l'un des postes clients nommé *serveur HTTP* avec les postes situés chez les particuliers abonnés aux services Internet.

1.2 Fonctions réalisées par les éléments de commande de la station

La figure 6.3 définit les fonctions réalisées par les différents éléments de la partie commande d'une station de ski.

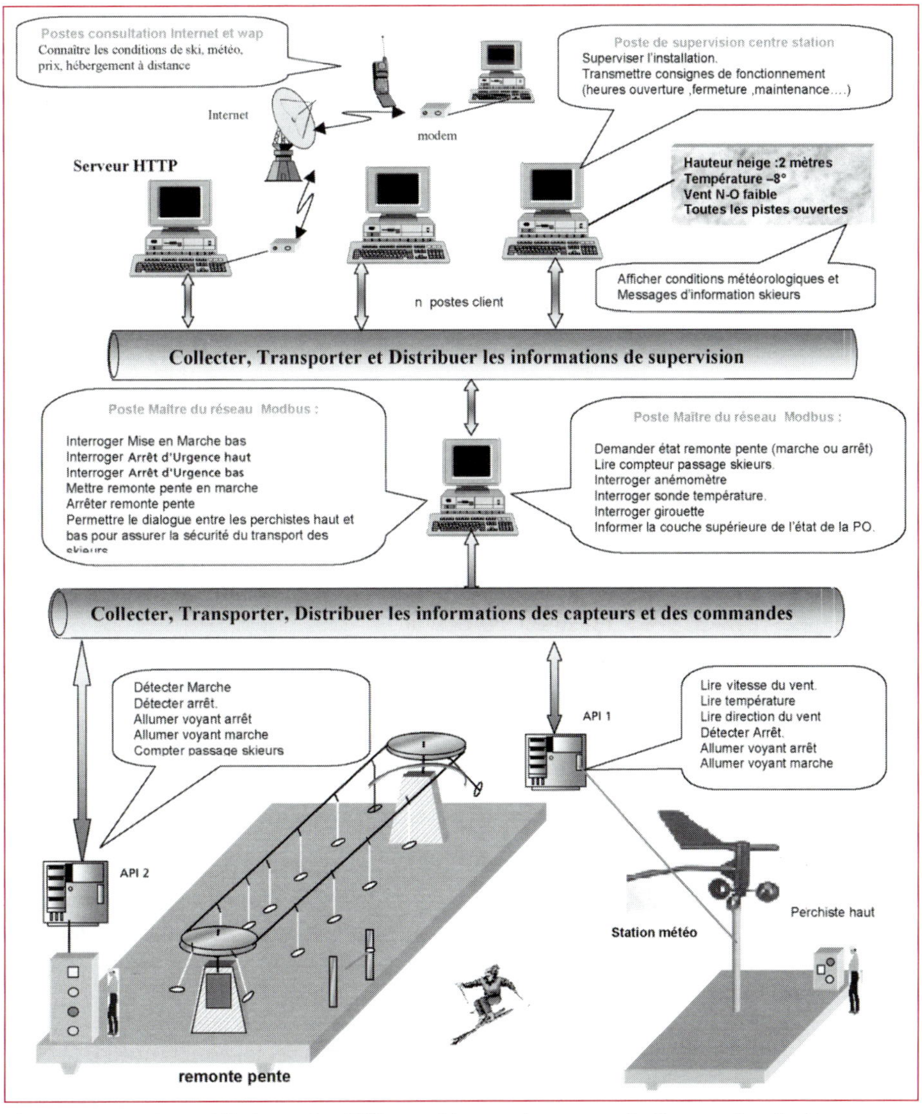

Figure 6.3 Fonctions réalisées par les différents éléments de commande d'une station de ski

L'analyse fonctionnelle technique permet d'en définir la fonction globale (fig. 6.4) ainsi que les fonctions composantes (fig. 6.5) de la station de ski.

La sortie S1 est destinée aux utilisateurs ou aux skieurs alors que la sortie S2 (commandes) est envoyée aux préactionneurs (voir chapitre 2) de la partie opérative de la station (remonte pentes).

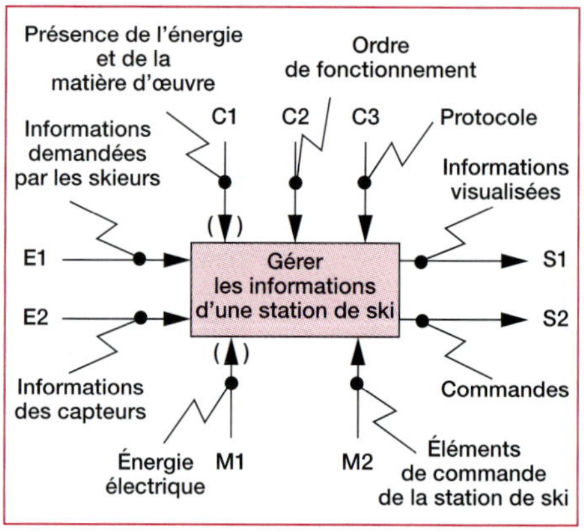

Figure 6.4 Fonction globale des éléments de commande d'une station de ski

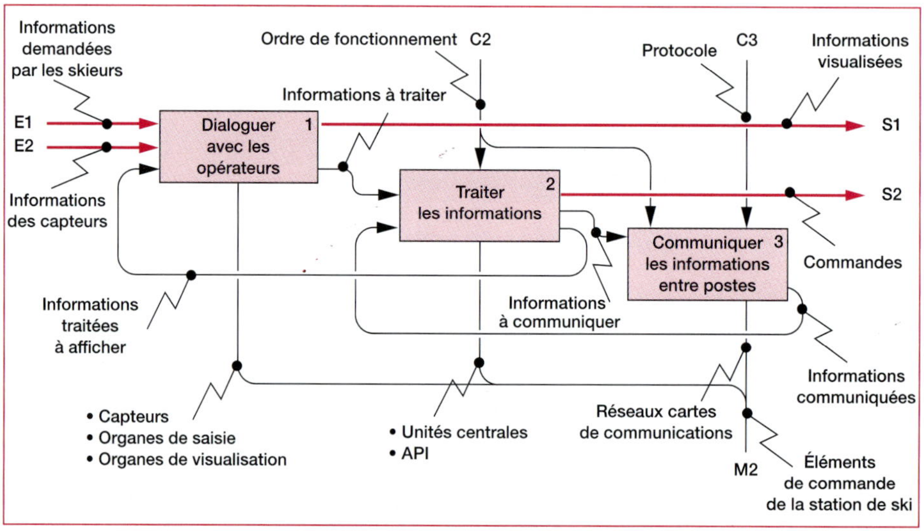

Figure 6.5 Fonctions composantes des éléments de commande d'une station de ski

Les paragraphes qui suivent vont reprendre en détail les fonctions 1 *(dialoguer avec les opérateurs)* et 3 *(communiquer les informations entre postes)* en mettant en évidence les constituants qui supportent ces fonctions.

2 Les périphériques

Les traitements effectués par une machine programmable n'ont de sens que dans la mesure où l'opérateur peut entrer des informations dans la machine, et si les résultats issus du traitement lui sont accessibles.

Cette accessibilité pose des problèmes de volume, de vitesse et de lisibilité.

Les périphériques actuels permettent de *stocker* des informations (disque dur, mémoire magnétique...), de *communiquer* des résultats (imprimantes, écrans cathodiques ou à cristaux liquides, voyants...), ou de *dialoguer* avec l'opérateur afin d'échanger des informations (boîte à boutons, claviers, synthèse vocale...) (fig. 6.6).

Le dialogue ou la communication s'effectue au travers de cartes Entrée/Sortie (E/S) dédiées (c'est-à-dire en relation directe, conçu pour), le plus souvent intégrées dans la machine.

Ces cartes spécifiques, en liaison avec l'unité centrale de la machine, permettent de recevoir et de transmettre des informations numériques ou binaires.

Il y a cependant une différence entre dialoguer et communiquer. Le dialogue est une manière particulière de communiquer.

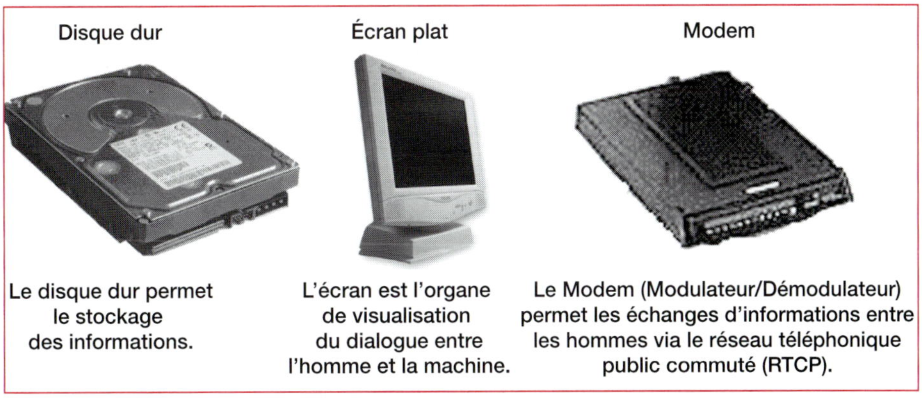

Figure 6.6 Quelques périphériques pour stocker, dialoguer et communiquer les informations

2.1 Fonction dialoguer

Le dialogue entre l'homme et la machine (fig. 6.7) suppose l'usage d'un « langage » interprétable par la machine et le plus convivial pour l'homme (donc le plus proche du langage humain).

Dans la station de ski décrite précédemment, on distingue :
- *le perchiste* qui, au niveau des installations de terrain, dialogue avec l'API au travers de constituants de base tels que le *bouton poussoir* ou le *voyant* ;
- *l'opérateur*, au niveau du poste maître de terrain, dispose d'un *clavier alphanumérique* et d'*écrans* pour contrôler, dialoguer et communiquer *via* les deux réseaux à sa disposition ;
- *le superviseur*, outre les périphériques mis à la disposition de l'opérateur, dispose d'*afficheurs alphanumériques* et des *écrans* lui permettant d'afficher en temps réel les conditions météorologiques et la transmission d'informations à destination des skieurs.

Figure 6.7 Dialogue homme-machine

Le tableau 6.1 répertorie les constituants de dialogue usuellement employés entre l'homme et la machine, ainsi que le type de carte interface nécessaire à leur mise en œuvre.

2.2 Fonction communiquer

La communication, tout comme le dialogue, suppose une compréhension mutuelle des interactants. Dans le domaine des sciences de l'ingénieur, elle s'établit sous forme de *protocoles* de transmissions numériques en *langage codé*.

Suivant la nature du périphérique, et son éloignement par rapport à la machine programmable, on utilise :
- le mode de transmission parallèle pour un éloignement inférieur à 2 mètres ;
- le mode de transmission série pour un éloignement inférieur à 50 mètres ;
- la mise en réseau au-delà de 50 mètres.

Ces modes de transmissions numériques sont définis par des normes :
- CCITT (Comité consultatif des téléphones télégraphes) ;
- EIA (Electrical Industry Association) ;
- ISO (International Standardisation Organisation).

2.2.1 Mode de transmission parallèle

Dans le mode de transmission parallèle, les informations sont transmises par paquets (octets par exemple) sur un nombre important de canaux (fils de liaisons).

DIALOGUE HOMME-MACHINE	
Constituants de dialogue	**Interfaces de mise en œuvre**
 **Bouton poussoir**  **Interrupteur**	**Carte Interface d'entrée TOR (Tout Ou Rien)** Cette interface permet d'adaptation (mise en forme, filtrage…) des signaux électriques support de l'information binaire (chapitres 4 et 5).
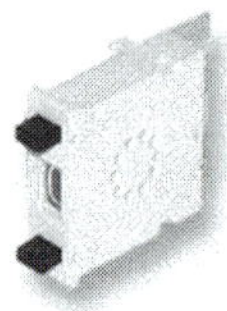 **Roue codeuse** Les informations en sortie de la roue codeuse sont codées en binaire naturel (roue codeuse alphanumérique) ou en binaire décimal (roue codeuse décimale)	
 **Clavier alphanumérique** Les informations en sortie du clavier sont organisées en lignes et colonnes (4 lignes et 4 colonnes). La touche activée est décelée par programme en identifiant la ligne et la colonne associée.	
 **Clavier machine** Pour des raisons d'ergonomie et de facilité, les claviers machines utilisent une prise mâle normalisée de type DIN 5 broches ou mini DIN à 6 broches.	**Liaison série dédiée** Cette interface spécifique aux claviers machines est intégrée à l'unité centrale, elle dialogue par transmission série avec le clavier 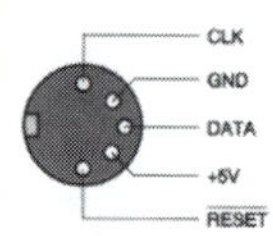 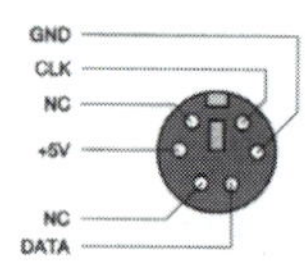 **DIN 5 broches** **Mini DIN 6 broches**

DIALOGUE MACHINE-HOMME	
Constituants de dialogue	**Interfaces de mise en œuvre**
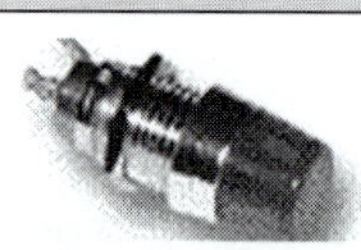 **Voyant de visualisation**	**Carte Interface de sortie TOR (Tout Ou Rien)** Cette interface permet l'adaptation en tension, la protection contre les courts circuits, et les inversions de polarité.
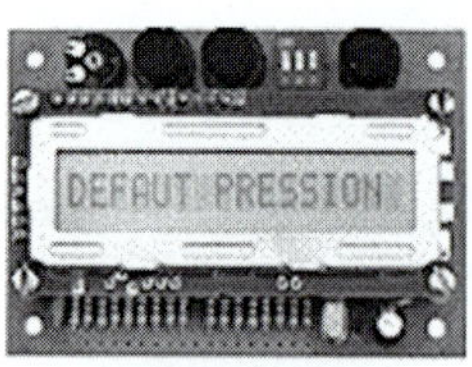 **Afficheur alphanumérique (sans protection)** Cet afficheur est dit « intelligent » car il dispose en interne d'une unité de traitement et de la mémoire, facilitant ainsi les échanges d'informations avec la machine programmable.	**Carte Interface d'entrées/sorties binaires** Ce « port » de communication permet les échanges entre la machine et l'afficheur. Certaines informations transitent de l'afficheur vers la machine, d'autres de la machine vers l'afficheur.
 **Écran de dialogue** 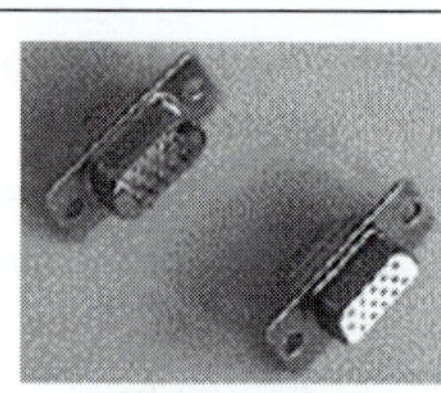 **Connecteurs mâle et femelle pour écran**	**Liaison parallèle dédiée** Cette interface spécifique aux écrans machines, dialogue avec l'unité centrale par l'intermédiaire d'une connectique à 15 broches véhiculant les signaux vidéos analogiques, permettant par combinaisons d'obtenir un grand nombre de couleurs.

Tableau 6.1 Constituants du dialogue homme-machine

Deux standards cohabitent actuellement :
– la liaison CENTRONICS (fig. 6.8) qui permet la communication entre une imprimante et une machine programmable ;
– le bus GPIB qui permet de normaliser la connectique sur les appareils d'instrumentation dans les chaînes d'acquisitions.

Numéro de broche	Signaux affectés à la broche	Signification des principaux signaux
1	STROBE (chargement)	STROBE : Signal actif au niveau bas, il permet la saisie par l'imprimante des données de D0 à D7.
2	D0	
3	D1	
4	D2	
5	D3	ACKNOWLEDGE (ACK) : Signal actif au niveau bas, il exprime l'acceptation par l'imprimante du caractère envoyé.
6	D4	
7	D5	
8	D6	
9	D7	
10	ACK (validation)	
11	BUSY (occupée)	BUSY : L'état bas indique la disponibilité de l'imprimante.
12	PAPER OUT	
13	Sélected	PAPER OUT : Fin de papier
14	NC	
15	NC	FAULT : Actif à l'état bas. Il indique une panne de l'imprimante.
16	Masse	
17	Masse chassis	
18	+ 5V	NC : Non connectée.
19 à 31	Masse	
32	FAULT	
33 à 36	Masse	

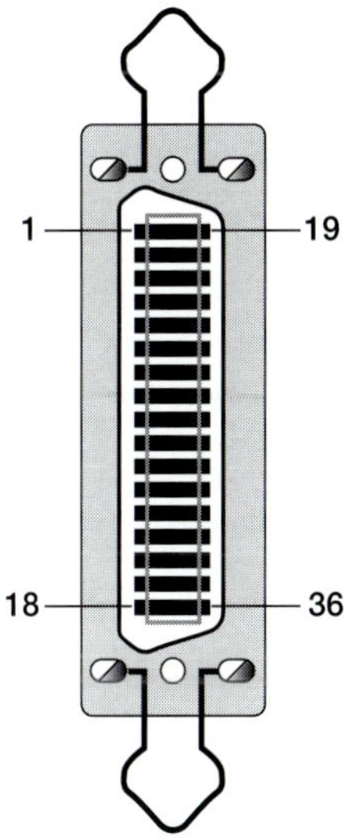

Figure 6.8 Format d'une transmission parallèle de type CENTRONICS

2.2.2 Mode de transmission série

Dans le mode de transmission série, les informations numériques sont transmises « bit » après « bit » sur un même fil.

La difficulté majeure de ce type de transmission est la synchronisation par l'horloge des échanges entre l'émetteur des informations et le récepteur.

L'*horloge* délivre un signal périodique qui cadence la transmission des bits.

On distingue deux familles de transmission série :
– la *transmission série synchrone*, qui impose l'envoi de l'horloge de synchronisation par l'émetteur est essentiellement utilisée pour ses applications spécifiques (cartes électroniques, fibres optiques...) ;
– la *transmission série asynchrone*, qui suppose l'horloge du récepteur à la même fréquence que celle de l'émetteur.

2.2.3 Mode de transmission standard : transmission série asynchrone

Dans le mode de transmission standard, les informations sont transmises par caractères codés.

Un certain nombre de bits (configurés par la machine) sont associés à chaque code caractère pour former *une trame* (fig. 6.9).

L'intervalle de temps séparant l'envoi de deux trames étant quelconque (ligne de transmission au repos), il n'y aura *synchronisation* entre l'émetteur et le récepteur que durant la transmission de la trame.

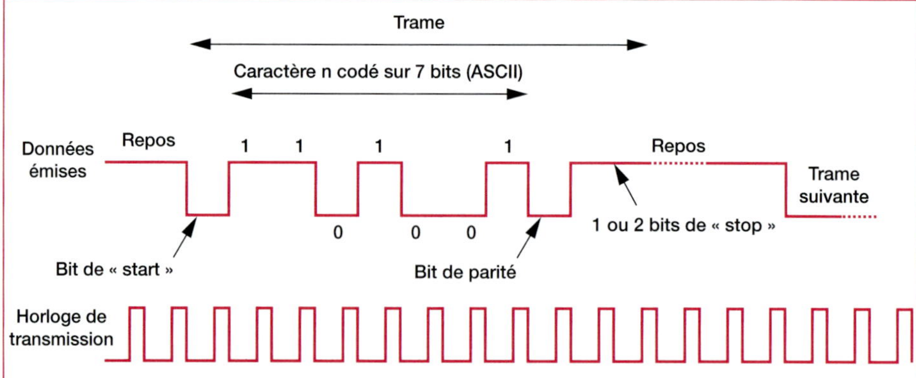

- L'état de repos correspond au niveau logique « haut » de la ligne.
- Le bit de « start » démarre la transmission (la transition niveau haut-niveau bas de la ligne indique au récepteur qu'un caractère est émis, cela permet au récepteur de « caler » son horloge de réception).
- Le caractère est émis suivant un certain codage (ASCII : 7 bits ; IBM : 8 bits ; Télex : 5 bits...).
- Le bit de parité (facultatif) est généré à l'émission et testé par le récepteur à la réception.
- La fin de l'émission d'une trame est indiquée par l'envoi de un ou deux bits de « stop » qui sont toujours à l'état haut.

Figure 6.9 Constitution d'une trame en transmission série asynchrone

Enfin, la transmission d'informations numériques en mode série asynchrone, nécessite les *mêmes configurations* entre l'émetteur et le récepteur :

- nombre de bits de codage du caractère identique ;
- même parité (paire ou impaire) ;
- un ou deux bits de stop ;
- même vitesse de transmission (exprimée en bauds : 1 baud = 1 bit/s).

exemple

Transmission asynchrone par la norme RS232C ou V24/V28

La norme RS232C (référence EIA), ou V24/V28 (ISO 2110) précise les niveaux de tension support de l'information, et la connectique à adopter sur une ligne de transmission série asynchrone :

- niveau logique « bas » : tension supérieure à + 3 V et inférieure à + 25 V ;
- niveau logique « haut » : tension inférieure à – 3 V et supérieure à – 25 V.

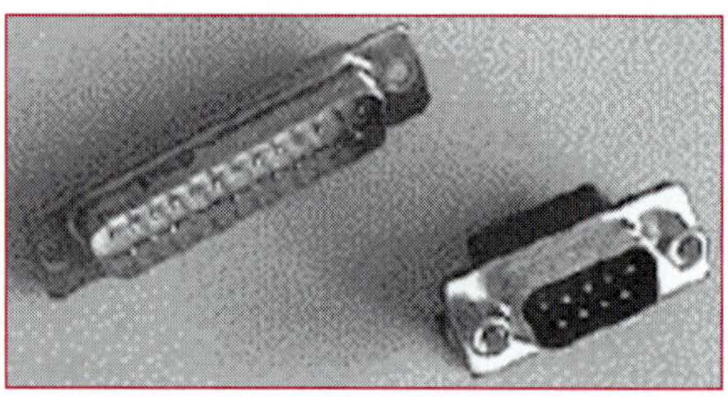

Figure 6.10 Connecteurs normalisés en norme RS 232 (sortie machine)

La caractéristique électrique V24 de la norme ISO 2110 précise les niveaux de tension à respecter. La caractéristique fonctionnelle V28 de cette même norme précise le type de connecteur à employer. Dans le cas où les informations ne transitent pas par un Modem, on admet une connectique DB9 (connecteur à 9 contacts).

3 Les réseaux

Le diagramme SADT de niveau A0 de la figure 6.5 a mis en évidence la fonction 3 « *communiquer les informations entre postes* » réalisée notamment par les réseaux présent dans la station de ski. On se propose maintenant d'analyser un peu plus en détail cette fonction et la structure des principaux réseaux.

On appelle réseau (network) un ensemble d'ordinateurs et de périphériques connectés les uns aux autres afin qu'ils puissent partager des ressources telles que données, messages, graphiques, imprimantes, scanners.

3.1 Analyse d'un réseau

3.1.1 Organisation fonctionnelle

La fonction globale d'un réseau est résumée dans le bloc A3 (fig. 6.11) du diagramme SADT de niveau A0 de la figure 6.5.

Un poste est un système programmable doté de périphériques de dialogue tel que ordinateur, automate programmable ou carte électronique programmable.

Les fonctions composantes et leur organisation sont données dans le diagramme SADT de niveau A3 de la figure 6.12.

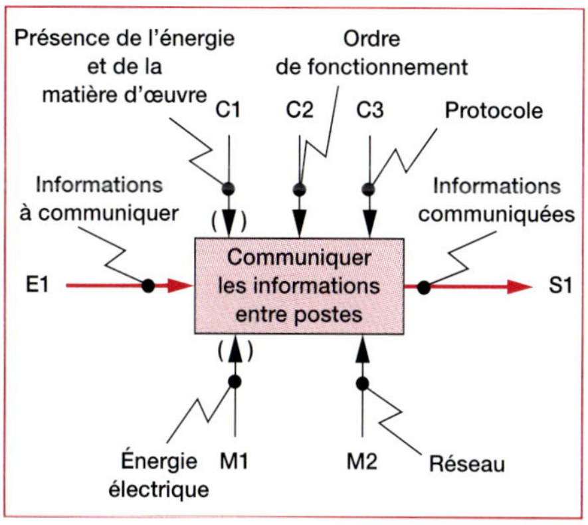

Figure 6.11 Fonction globale d'un réseau

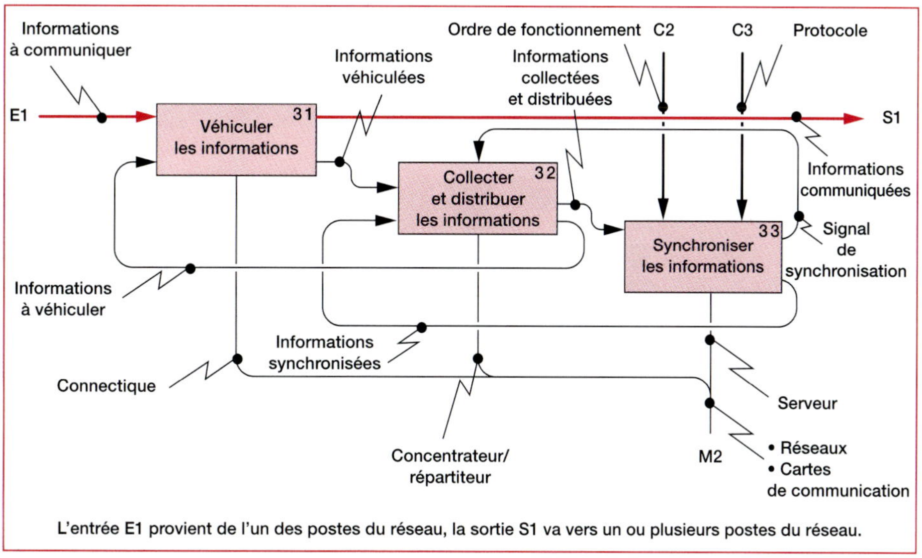

Figure 6.12 Fonctions composantes d'un réseau

3.1.2 Éléments de structure d'un réseau et différents types

La figure 6.12 met clairement en évidence les éléments caractéristiques de la structure :

– la *connectique* qui peut être réalisée par du câble torsadé ou de la fibre optique ; lorsque cette structure n'est pas homogène, il y a lieu de prévoir des organes d'adaptation (convertisseurs) ;

– les *concentrateurs/répartiteurs*, qui sont de simples boîtiers de connections (hub) ou dotés d'une certaine intelligence (switch) ;
– le *serveur* qui est le chef d'orchestre du réseau. Il constitue la couche logicielle qui contient la définition du protocole de communication et des différents réseaux logiques. Un réseau logique est un sous-ensemble dédié du réseau physique.

exemple

Dans un réseau d'établissement scolaire physiquement unique, on peut trouver les sous-réseaux pédagogiques, CDI, intendance, salle des professeurs...

Ces éléments constituent la structure de base d'un *réseau local* (réseau de terrain MODBUS ou réseau Ethernet de supervision de la figure 6.2). Dans le cas d'une communication entre réseaux par l'intermédiaire d'une ligne téléphonique ou du câble ou par ondes électromagnétiques, il conviendrait d'ajouter un élément supplémentaire qui peut être un modem (fig. 6.6) ou un routeur. Le réseau correspondant est alors appelé *réseau public*.

3.1.3 Topologies d'un réseau local et connexions

On distingue principalement trois types de réseaux locaux (fig. 6.13).

1. Les *réseaux en étoile* (fig. 6.13a) facilement extensibles où toutes les machines sont reliées au serveur par l'intermédiaire d'un hub. Une défaillance d'un poste ne remet pas en cause le fonctionnement du reste du réseau. Ce réseau utilise généralement une *connectique de type filaire avec prises RJ45* (fig. 6.17). Les réseaux publics sont de type étoile.

2. Les *réseaux en bus ou poste à poste* (fig. 6.13b) où les postes sont reliés entre eux par un *câble coaxial* commun. Réseau simple, fiable, peu coûteux et facile à étendre. Par contre, en cas de rupture du câble commun, tous les équipements situés en aval du serveur sont bloqués. Les problèmes sont difficiles à isoler et la transmission des données est ralentie lorsque le trafic est important.

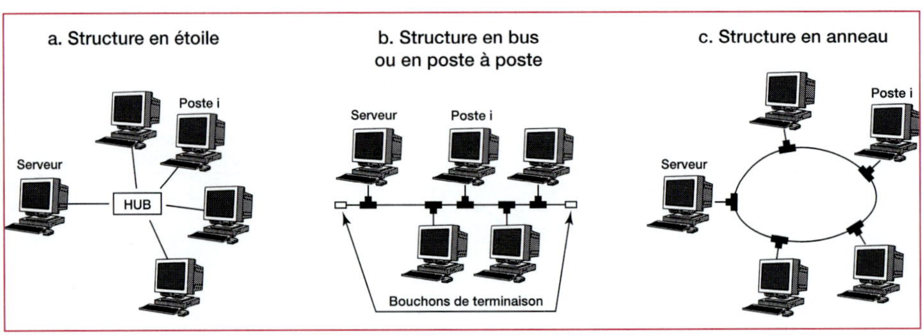

Figure 6.13 Différentes topologies de réseaux

3. Les *réseaux en anneau* (fig. 6.13c) où chaque équipement est relié à deux équipements voisins de telle sorte que l'ensemble constitue une boucle. L'accès est égal et les performances régulières pour tous les ordinateurs. Les problèmes sont difficiles à isoler et la panne d'un ordinateur peut affecter tout le réseau.

3.2 Fonctionnement d'un réseau

L'exemple du réseau de la station de ski met en évidence la structure « ouverte » qui permet de faire dialoguer plusieurs terminaux entre eux.

Les terminaux n'étant pas toujours identiques, il a fallu standardiser un dialogue de communication. Le modèle d'architecture retenu par l'ISO (International Standardisation Organisation) nommé « modèle OSI » comprend sept couches définies au niveau de chaque système à interconnecter.

Chaque couche est en dialogue avec sa couche supérieure et inférieure (fig. 6.14). Pour ce faire, elle rajoute au fur et à mesure des données en bout de trame pour l'identifier. Les valeurs rajoutées servent au contrôle des données fournies par les autres couches et aussi au contrôle lors de la transmission.

Couche Application 7	Programmes d'applications Applications Réseau
Couche Présentation 6	Utilitaires de conversion
Couche Session 5	Network Operating System
Couche Transport 4	
Couche Réseau 3	
Couche Liaison 2	Logical Link Control Medium Acces Control
Couche Physique 1	

Figure 6.14 Architecture du modèle OSI

La structure physique du réseau étant réalisée, les unités centrales doivent être paramétrées pour qu'elles soient en mesure d'exploiter les composants du réseau.

exemple

Paramétrage sous l'environnement Windows

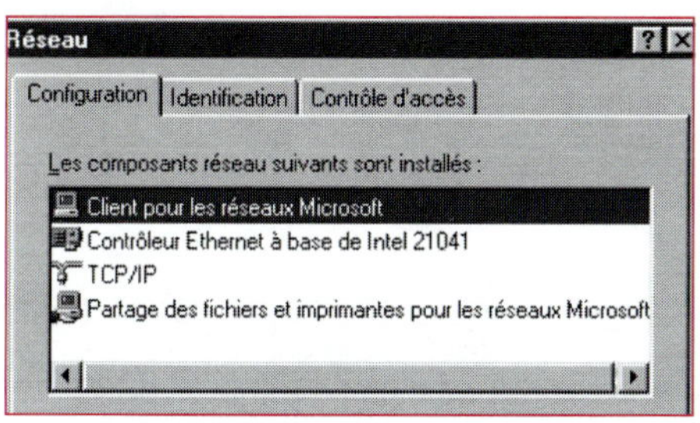

Figure 6.15 Configuration du réseau

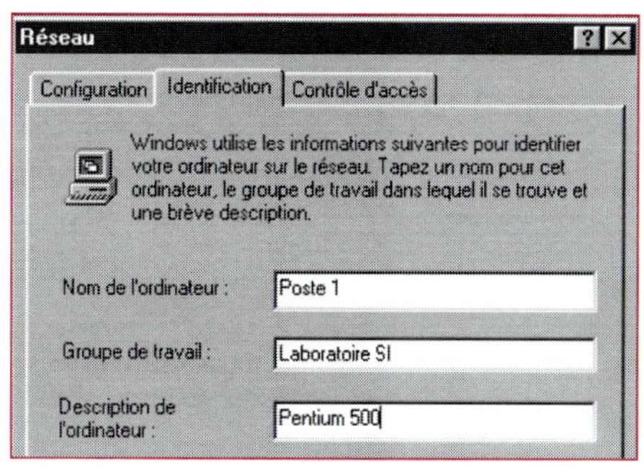

Figure 6.16 Identification de l'ordinateur

– La **configuration** du réseau (fig. 6.15) définit la carte réseau utilisée, le protocole de communication, le service et le type de client. Les principaux types de réseaux ont pour nom ATM, Ethernet, Token-Ring, Modbus, CAN.
– L'**identification** de l'ordinateur (fig. 6.16) définit le nom de l'ordinateur, le groupe de travail auquel il appartient et éventuellement la description de l'ordinateur.
– Le **contrôle d'accès** définit de quelle façon l'ordinateur doit accéder au réseau.

La **carte réseau** réalise l'interface entre l'ordinateur et la connectique (fig. 6.17). C'est elle qui gère les signaux d'entrée/sortie. Elle possède une première adresse sur 48 bits (adresse Mac) et une seconde adresse (adresse IP) qui permet de s'affranchir de la première. On peut changer de carte (en cas de panne) donc d'adresse physique sans changer d'adresse IP.

Le *protocole de communication* est un ensemble de règles de communications qui donnent un sens intelligible aux flux de bits qui circulent entre deux ordinateurs. Ces règles s'appliquent à la fois aux parties matérielles et logicielles des réseaux.

Le protocole de communication définit le format d'envoi, de mise en paquets et de réception de données. Les principaux protocoles sont : TCP/IP, NetBEUI, IPX/SPX.

3.3 Description de réseaux classiques

3.3.1 Réseau Ethernet

Ethernet est actuellement l'architecture réseau la plus répandue. Cette architecture de transmission en bande de base utilise généralement une topologie en bus ou en étoile. (*Transmission en bande de base* : transmission des informations sans transformation du signal numérique en signal analogique, c'est-à-dire sans transposition de fréquence par modulation.)

Elle transmet le plus souvent les données à des vitesses de 10 Mb $\cdot$ s^{-1} ou 100 Mb $\cdot$ s^{-1} pour les plus récents.

Le support d'un réseau Ethernet est passif (topologie bus) ; ce sont les ordinateurs allumés qui lui fournissent son alimentation électrique, et il ne tombera en panne que si le support est coupé physiquement ou dépourvu de bouchon (fig. 6.13b).

Plusieurs normes IGEE existent. Elles ont pour nom 10BaseT, 10Base 2 ou 100BaseX (Fast Ethernet) par exemple, et se différencient, entre autres, par leur vitesse de transmission, leur topologie, la nature des connecteurs utilisés, la longueur maximale d'un segment de câble, le nombre maximal d'ordinateurs par segment.

La réalisation d'un réseau Ethernet est conditionné par l'utilisation d'une carte Ethernet (fig. 6.17).

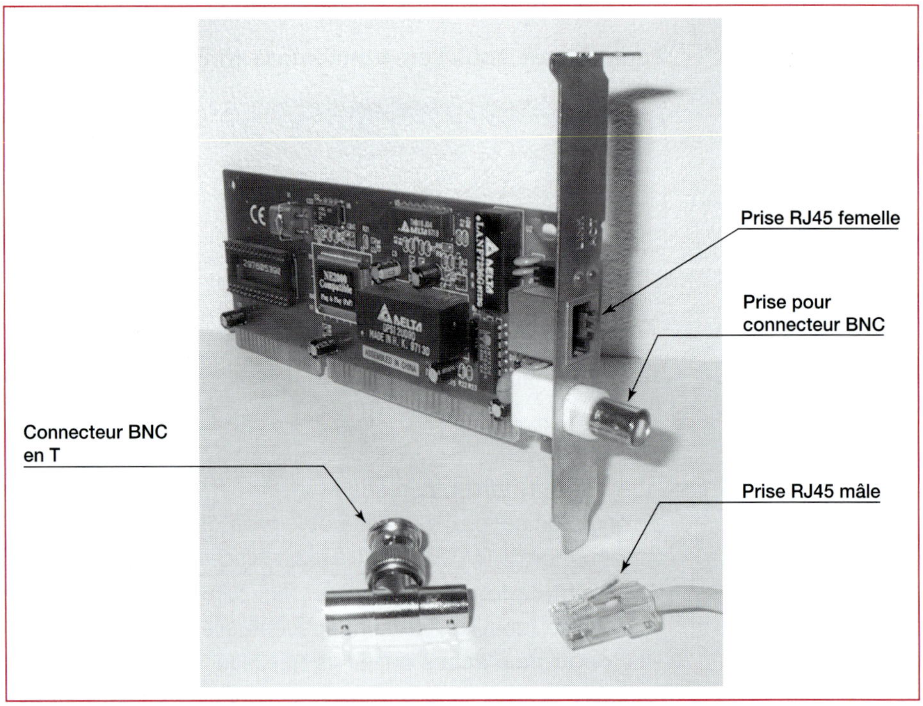

Figure 6.17 Carte Ethernet et connecteurs

3.3.2 Réseau Internet et protocole TCP/IP

Le *protocole Internet* a été conçu pour réaliser l'interconnexion de réseaux informatiques et permettre ainsi les communications entre systèmes. Ce protocole assure la transmission des paquets de données, appelés *datagrammes,* entre un ordinateur source et un ordinateur destination interconnectés par un ou plusieurs réseaux.

Pour assurer une communication Internet, chaque ordinateur et chaque équipement d'interconnexion impliqué dans la communication doit posséder un module logiciel, appelé *Pile TCP/IP*. TCP/IP est l'abréviation de *Transmission Control Protocol/Internet Protocol.* Pour utiliser ce protocole, les machines à connecter doivent posséder notamment une adresse IP codée sur 4 octets et un masque de sous-réseau pour définir la classe (A, B ou C) (fig. 6.18). Ces classes permettent de découper un réseau physique en réseaux logiques, ou sous-réseaux.

Les communications Internet entre les ordinateurs source et destination nécessitent l'utilisation d'adresses pour identifier les équipements. Ces adresses sont aussi transportées dans l'en-tête de chaque datagramme et exploitées par les équipements d'interconnexion pour réaliser le routage (choix du chemin entre la source et la destination).

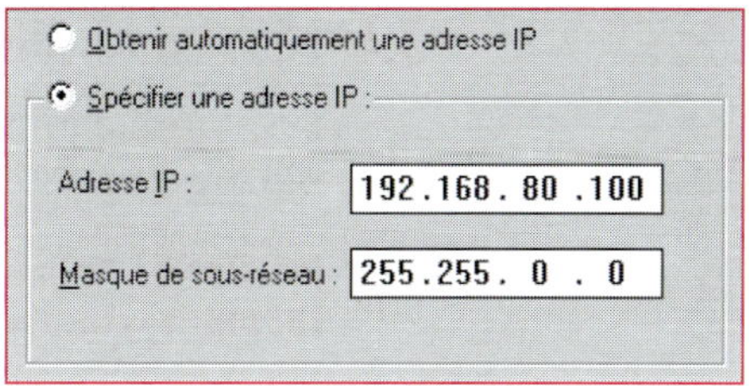

Figure 6.18 Adresse IP du protocole TCP/IP

Chaque réseau possède sa propre adresse IP (qui doit être unique), de classe A, B ou C. Les adresses IP d'Internet sont attribuées par l'IANA (Internet Assigned Nimbers Authority). Les réseaux IP sont interconnectés par des routeurs. Compte tenu de l'architecture du réseau Internet, plusieurs routes peuvent être utilisées pour relier un réseau source et un réseau destination.

Pour se connecter au réseau Internet, il est nécessaire d'utiliser une carte réseau au format Ethernet (fig. 6.17) et le protocole TCP/IP.

Pour accéder au réseau Internet, il est nécessaire de passer par un prestataire de service appelé « fournisseur d'accès » qui, contre paiement d'un abonnement, délivre un code d'identification et un mot de passe. Cet abonnement donne accès aux services Web selon le protocole HTTP (abréviation de *HyperText Transfert Protocol*) par lequel communiquent serveurs et clients sur le Web. Il donne aussi accès à un certain nombre d'autres services dont la messagerie électronique SMTP *(Simple Mail Transfert Protocol)*, les groupes de discussion ou le transfert de fichiers FTP *(File Transfer Protocol)*, protocole de transfert de fichiers sur le réseau.

L'utilisation du Web se matérialise par l'accès à des sites Internet mis à la disposition des internautes grâce à des serveurs HTTP *(HyperText Transfert Protocole)* (fig. 6.2).

3.3.3 Réseau Intranet

On appelle réseau Intranet un réseau interne (donc de type local), basé sur TCP/IP, qui peut être connecté à l'Internet et qui utilise alors, pour ses échanges avec l'extérieur, une protection appelée *firewall.*

3.3.4 Réseaux industriels de type CAN

CAN *(Controller Area Network)* est un bus de communication série. L'architecture CAN, conforme au modèle OSI, a été initialement définie pour l'industrie automobile (transmission d'informations entre les différents types de modules électroniques embarqués à bord des véhicules routiers : commandes de phares, capteurs, calculateurs d'injection, tableau de bord, etc.).

CAN est un protocole multimaître qui utilise comme support de transmission une paire blindée ou non blindée. Les stations sont reliées entre elles par l'intermédiaire d'un bus série équipé de terminateurs de lignes.

Les principales caractéristiques d'un réseau de type CAN sont les suivantes :
- contrôle temps réel réparti, avec un niveau élevé de sécurité ;
- bus conçu avec des impératifs de robustesse, de fiabilité, de simplicité et de standardisation propre à l'industrie automobile et pour les environnements particulièrement sévères en température, rayonnement électromagnétique et vibration, il se prête tout particulièrement au monde des systèmes de contrôle et de commande temps réel où les besoins de **réseaux de terrain** se font sentir ;
- économique, normalisé, flexible et modulaire ;
- capable de fonctionner à 1 Mbit/s, voire plus.

3.4 Mise en forme des informations

Les informations communiquées par les réseaux sont toujours des informations binaires organisées en fichiers.

Un fichier se caractérise par la nature des données interprétées qu'il contient (fichier texte, fichier graphique, fichier son, etc.) et par son format.

Le format, caractérisé par une *extension* (exemples ASM, PRT, DXF (fig. 6.19)), définit l'organisation interne des données binaires dans le fichier. Cette organisation est :
- soit typique du logiciel qui a été utilisé pour le mettre en forme (exemples : DWG pour les fichiers générés par Autocad, SLD pour les fichiers générés par SolidWorks ou XLS pour les fichiers Excel) ;
- soit le résultat d'une standardisation (exemples : DXF pour les fichiers d'échange graphique vectoriel, JPG pour les fichiers d'échange graphique bitmap ; TXT pour les fichiers texte ou HTML pour les fichiers Internet).

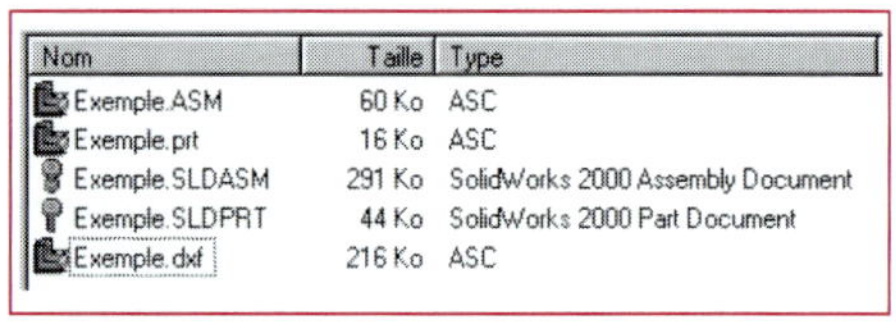

Figure 6.19 Fichiers et extensions

Afin que les postes du réseau puissent déchiffrer ces informations, il est nécessaire qu'ils soient équipés des logiciels adaptés capables de les reconnaître et donc de les interpréter. Mais la grande diversité des formats de fichiers et des logiciels va à l'encontre de la facilité d'échange et de communication.

Devant l'extraordinaire évolution des réseaux, notamment des réseaux publics et de l'Internet, il a fallu trouver un format de fichier qui puisse être lu par n'importe quel ordinateur indépendamment de la plate-forme utilisée (Windows, MasOs, UNIX, Linux, etc.) et du navigateur utilisé (Internet Explorer, Nestcape Navigator, etc.). Ce format est le **HTML** (abréviation de *HyperText Markup Language*).

Le HTML est le langage du *World Wide Web* : il décrit l'affichage et l'exécution des données sur les navigateurs. Il permet de mettre en page tout type de donnée telle que texte, image, son ou vidéo.

L'ESSENTIEL

Les constituants de dialogue réalisent l'interface entre l'homme et la machine.

La communication, contrairement au dialogue, s'établit à partir de procédures de transmission codées suivant certains protocoles (ASCII entre autres).

On distingue deux modes de transmissions :
– la transmission parallèle qui est rapide, mais qui ne supporte pas des distances supérieures à 2 mètres, le standard en la matière est le couplage CENTRONICS ;
– la transmission série plus lente, mais qui autorise les communications jusqu'à des distances pouvant atteindre 50 mètres.

Pour un bon fonctionnement en transmission série asynchrone, il est nécessaire que l'émetteur et le récepteur soient configurés à l'identique.

Pour faire communiquer entre elles des machines programmables, on réalise des réseaux locaux qui peuvent être reliés, grâce à un modem, à des réseaux publics.

Pour constituer un réseau, il est nécessaire de réaliser une liaison physique à l'aide de cartes réseau, de câbles (connectique), Hub et modems. Il faut aussi adopter un protocole de communication.

Le réseau Internet, qui permet d'accéder à différents services tel le Web, la messagerie électronique, les groupes de discussion ou le transfert de fichier FTP, fonctionne en utilisant des cartes Ethernet et le protocole TCP/IP. Les fichiers qui communiquent les informations sur le Web, au format HTML, sont accessibles grâce aux serveurs HTTP.

Le HTML n'est pas un langage de programmation mais un langage de description de page en vue de leur affichage et de l'exécution des données sur les navigateurs.

Mots clés : *périphériques, transmission série asynchrone, transmission parallèle, standard CENTRONICS, trame de transmission, réseau, réseau local, réseau public, réseau étoile, réseau en bus ou poste à poste, réseau en anneau, protocole, TCP/IP, Ethernet, Internet, Intranet, réseau CAN, HTML.*

exercices

EXERCICE 1

• Donner les avantages et les inconvénients respectifs entre une transmission d'informations sous forme série et parallèle.

EXERCICE 2

• Justifier la différence entre dialoguer et communiquer, citer le principal standard de communication entre deux machines programmables en transmission série asynchrone et en transmission parallèle.

EXERCICE 3

• La trame de la figure 6.9 en transmission série asynchrone fonctionne à la vitesse de 9 600 bauds. En déduire la fréquence de l'horloge de l'émetteur.

EXERCICE 4

Le réseau d'un petit établissement scolaire est constitué :
– d'un serveur principal (SP) ;
– d'un sous-réseau (SR1) en étoile comportant un serveur secondaire (SS1) et n1 postes ;
– d'un sous-réseau (SR2) en bus comportant un serveur secondaire (SS2) et n2 postes ;
– d'un serveur HTTP.

• En vous aidant de la figure 6.2 et en utilisant les tracés de la figure 6.13, proposer le dessin de la structure de ce réseau en y rajoutant les éléments manquants nécessaires (Hub, modem, etc.).

Principes et comportements des produits

7 La chaîne d'énergie

Figure 7.1 Ouvre-porte C-Zam

L'énergie est omniprésente dans tous les processus de transformation réalisés par les systèmes automatisés, et sous toutes les formes : mécanique, électrique, pneumatique, hydraulique, thermique…
L'énergie électrique occupe une place importante parce qu'elle est facile à transporter et à distribuer. En effet, nombreux sont les effecteurs qui utilisent une énergie mécanique ou calorifique obtenue par conversion de l'énergie électrique.

Compétences

À partir de tout ou partie d'un produit disponible sous sa forme matérielle (réel démontable), instrumenté si nécessaire :

- Isoler un solide ou un ensemble de solides et justifier l'isolement.
- Identifier les contacts entre les pièces et la liaison réalisée. Associer à chaque liaison les paramètres géométriques et les grandeurs de vitesse qui définissent les mouvements permis.
- Déterminer les actions mécaniques caractéristiques transmises, résultante et moment résultant. Déterminer les grandeurs cinématiques caractéristiques associées à la fonction réalisée (vitesse linéaire et/ou angulaire d'entrée et de sortie).

Un système avec conversion et transmission d'énergie étant à disposition et/ou défini par son dossier, le cahier des charges étant donné et les documents techniques concernant la chaîne d'énergie étant fournis :

- Analyser et déterminer les modes de fonctionnement, en déduire le sens de circulation du flux d'énergie
- Déterminer les grandeurs énergétiques des éléments fonctionnels de la chaîne d'énergie.

1 Présentation de l'ouvre-porte C-Zam

1.1 Définition du besoin et présentation du produit

Le produit « système automatique de porte pivotante » fonctionne ainsi : lorsqu'une personne se présente à proximité de la porte (fig. 7.1), celle-ci s'ouvre automatiquement ; après passage, la porte se referme.

La maquette de la figure 7.2 est destinée à l'étude du système.

Le besoin fondamental est défini par le diagramme « bête à cornes » (fig. 7.3).

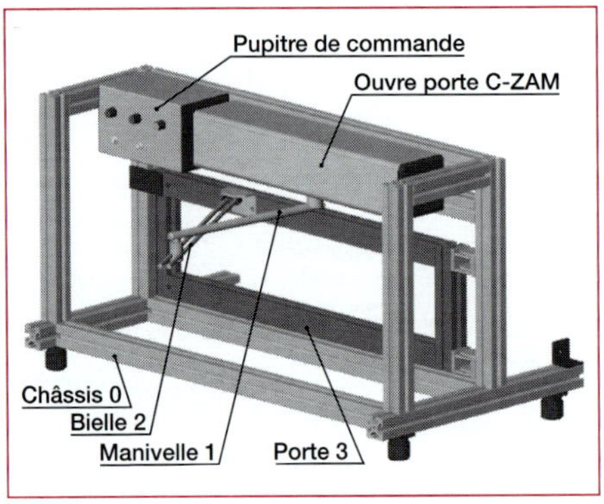

Figure 7.2 Maquette d'étude de l'ouvre-porte C-Zam

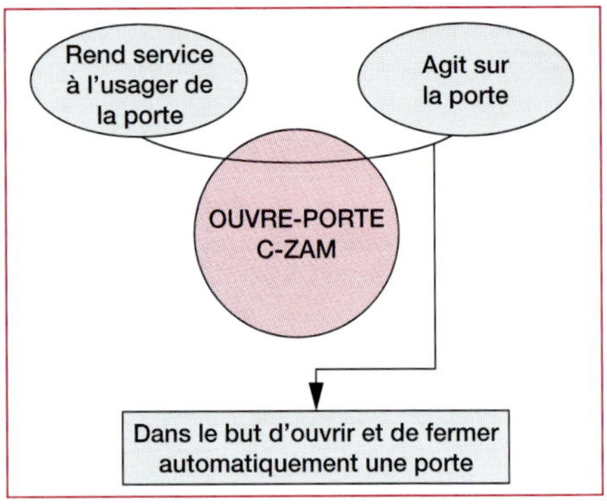

Figure 7.3 Diagramme « bête à cornes » de l'ouvre-porte

La figure 7.4 met en évidence les interacteurs de l'environnement de l'ouvre-porte ainsi que les fonctions de service. Le tableau 7.1 donne le détail de ces fonctions.

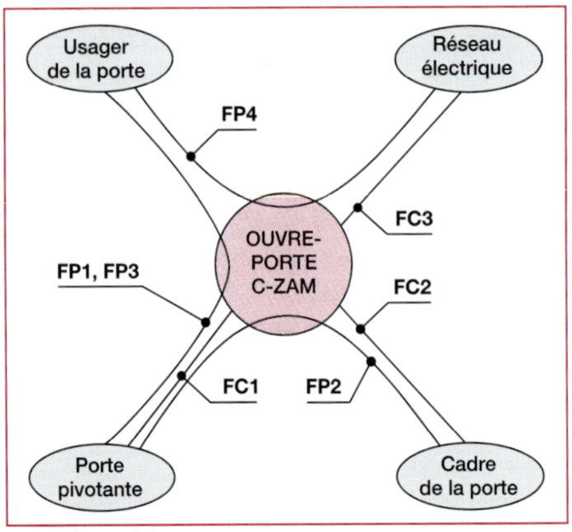

Figure 7.4 Diagramme des interactions de l'ouvre-porte

Fonction	Expression	Justification
FP1	Provoquer l'ouverture automatique de la porte	La présence de l'usager dans la zone de détection doit provoquer l'ouverture de la porte.
FP2	Assurer la fermeture systématique de la porte	La disparition de l'usager de la zone de détection doit provoquer la fermeture de la porte, y compris en cas d'absence d'énergie électrique.
FP3	Assurer la sécurité de l'usager vis-à-vis de la porte	La commande des mouvements de la porte doit assurer la sécurité de l'usager.
FP4	Assurer la sécurité de l'usager vis-à-vis du réseau électrique	L'alimentation et le fonctionnement de l'ouvre-porte doivent assurer la sécurité de l'usager.
FC1	Lier l'ouvre-porte à la porte	L'ouvre-porte doit être en contact avec la porte pour la manœuvrer.
FC2	Fixer l'ouvre-porte au cadre de la porte	L'ouvre-porte doit être fixé sur le montant de la porte.
FC3	Relier l'ouvre-porte au réseau électrique	L'ouvre-porte doit être alimenté en énergie électrique pour fonctionner.

Tableau 7.1 Descriptif des fonctions de service

1.2 Fonction globale et fonctions composantes

La figure 7.5 décrit la fonction globale de l'ouvre-porte et la figure 7.6 propose l'organisation des fonctions composantes. Les mécanismes, supports des fonctions 3 et 4, constituent respectivement la *chaîne énergétique électrique* (voir paragraphe 5.3) et la *chaîne énergétique mécanique* (voir paragraphe 7.4).

La décomposition proposée met aussi en évidence la fonction 2 qui participe à la *gestion de la sécurité électrique* (voir paragraphe 5.4).

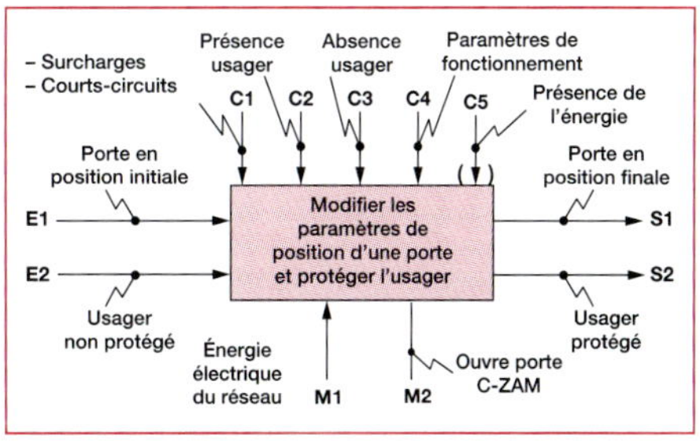

Figure 7.5 Niveau A-0

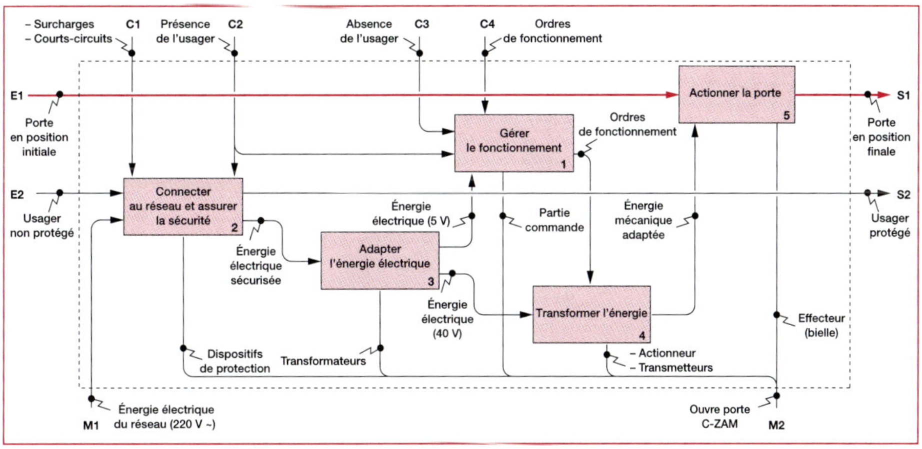

Figure 7.6 Fonction globale et découpage fonctionnel de l'ouvre-porte

2 La chaîne énergétique mécanique

La figure 7.7 définit l'organisation fonctionnelle de la fonction « transformer l'énergie ».

Cette figure met en évidence les principales fonctions de la chaîne énergétique abordées dans ce chapitre. Elle montre aussi les constituants qui supportent ces fonctions.

Le schéma cinématique spatial de la figure 7.8 (moteur et ressort hélicoïdal non représentés) précise l'organisation structurelle de ces constituants.

Plus particulièrement, le mécanisme dit « à 4 barres » constitué de la manivelle 1, de la bielle 2, de la porte 3 et du linteau 0 est un ensemble de solides articulés entre eux qui va servir de support aux paragraphes suivants. Le dessin d'ensemble du mécanisme à 4 barres de l'ouvre-porte est donné figure 7.9.

L'observation de ce mécanisme et de son schéma cinématique fait apparaître des solides qui sont en liaison entre eux suivant des surfaces de contact. La forme et l'étendue de ces surfaces, ainsi que leur disposition relative permet de :
– transmettre des efforts ;
– transmettre des mouvements.

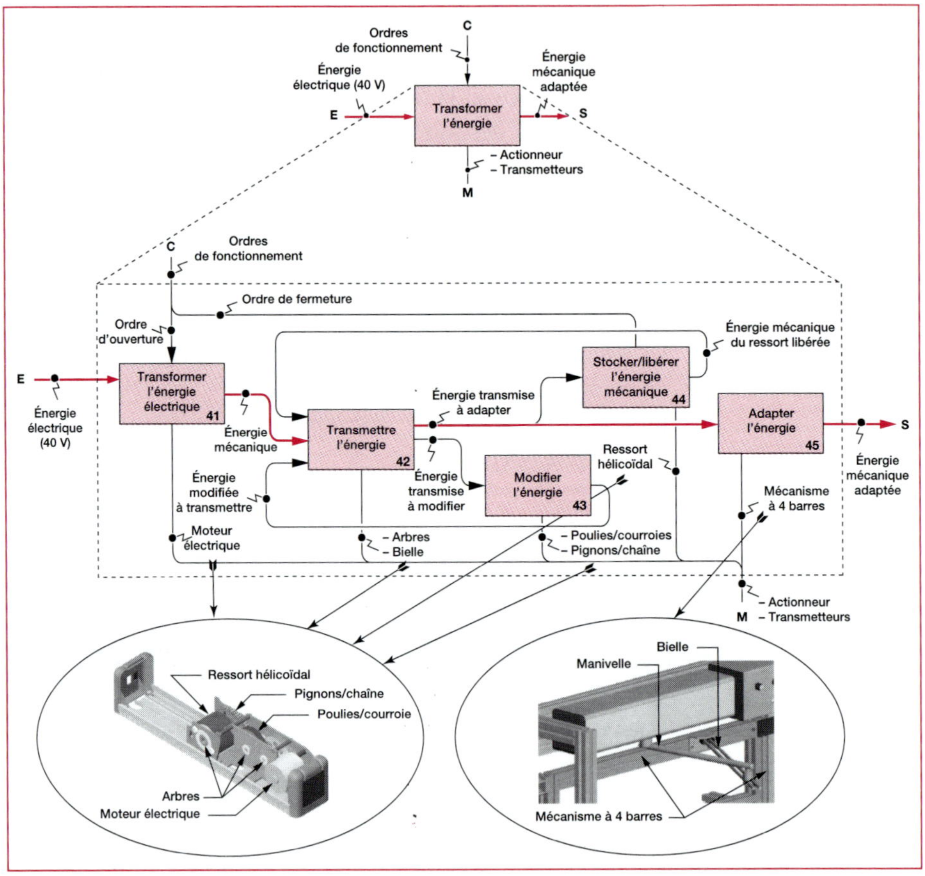

Figure 7.7 Organisation fonctionnelle et constitution de l'ouvre-porte

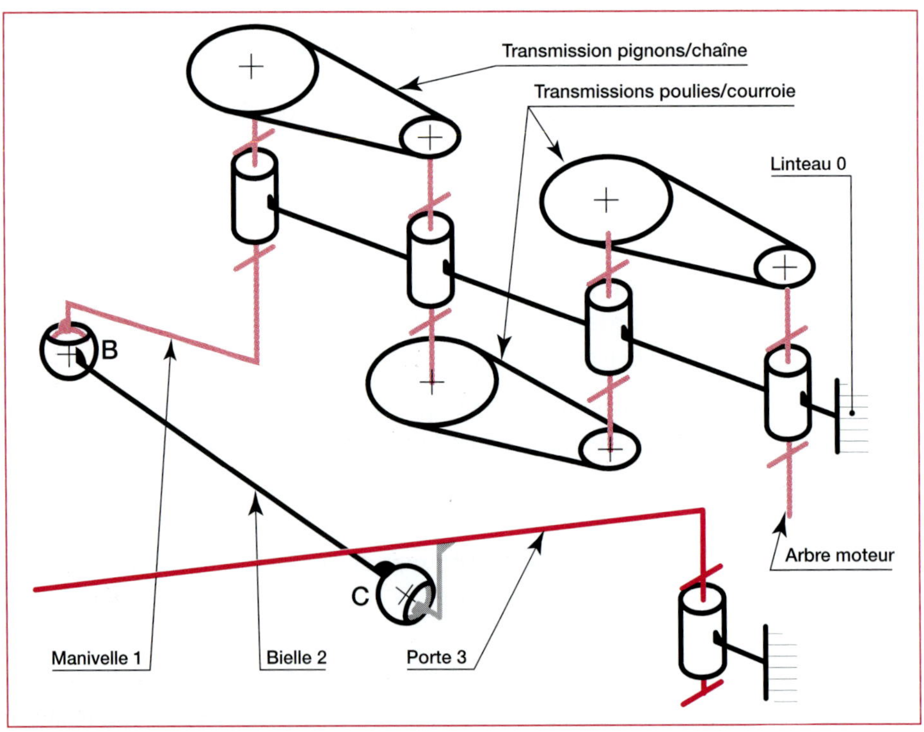

Figure 7.8 Schéma cinématique plan de l'ouvre-porte

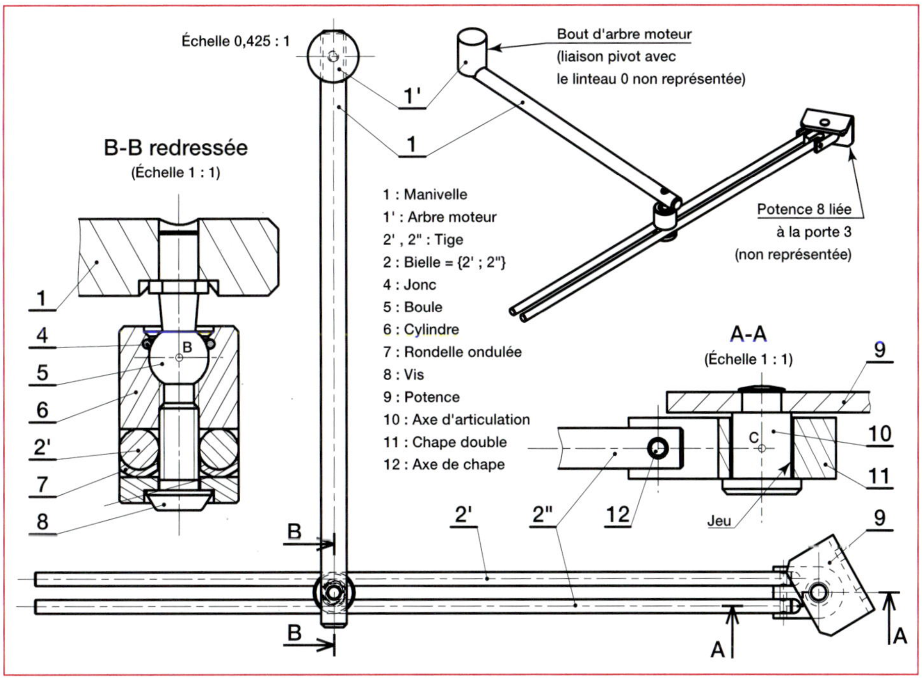

Figure 7.9 Dessin d'ensemble du mécanisme à 4 barres de l'ouvre-porte

2.1 Les liaisons mécaniques

2.1.1 Degré de liberté et paramétrage

Notons S la représentation géométrique d'un solide dans un espace affine repéré par une base $R\{O, \vec{x}, \vec{y}, \vec{z}\}$ orthonormée de sens direct (fig. 7.10).

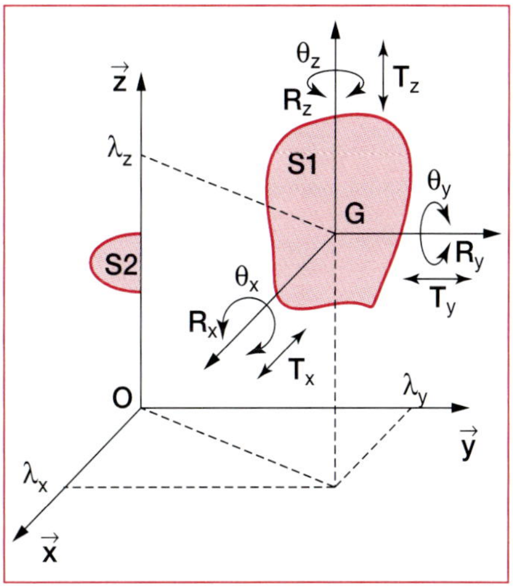

Figure 7.10 Degrés de liberté et mouvements relatifs

On appelle degré de liberté l'un des 6 paramètres indépendants variables au cours du déplacement du solide S par rapport au solide R, notés de façon générale λ_x, λ_y, λ_z, θ_x, θ_y, θ_z.

2.1.2 Nature des liaisons mécaniques

La suppression d'un ou de plusieurs degrés de liberté entre deux solides (ou pièces) d'un mécanisme crée une *liaison*.

Une *liaison élémentaire* entre deux solides S1 et S2 est obtenue à partir du contact d'une surface géométrique élémentaire liée à S1 sur une surface élémentaire liée à S2.

Les surfaces de contact indéformables le plus souvent rencontrées dans l'étude des liaisons sont : le plan, le cylindre de révolution, la sphère.

Les contacts sont dits ponctuels (cas sphère/plan) ou linéaires (cas cylindre/plan) quand l'aire de la surface de contact tend vers zéro.

Une *liaison composée* est obtenue par association cohérente de liaisons élémentaires. Les différentes associations possibles réalisent :
- la liaison linéaire rectiligne ;
- la liaison appui plan ;
- la liaison pivot ;
- la liaison pivot glissant ;
- la liaison glissière ;
- la liaison glissière hélicoïdale ;
- la liaison encastrement.

L'association de ces 3 formes de surfaces prises deux à deux donne les liaisons répertoriées dans la figure 7.11.

	Sphère	**Cylindre**	**Plan**
Sphère	Liaison rotule (S1, S2)	Liaison sphère/cylindre (S1, S2)	Liaison sphère/plan (S1, S2)
Cylindre	Liaison sphère/cylindre (S1, S2)	Liaison pivot glissant (S1, S2)	Liaison linéaire rectiligne (S1, S2)
Plan	Liaison sphère/plan (S1, S2)	Liaison linéaire rectiligne (S1, S2)	Liaison appui plan (S1, S2)

Les liaisons élémentaires sont sur fond blanc et les liaisons composées sont sur fond gris.

Figure 7.11 Liaisons issues de l'association de surfaces géométriques élémentaires

2.1.3 Mouvements relatifs

Les degrés de liberté d'une liaison entre deux solides S1 et S2 correspondent aux *mouvements relatifs indépendants* autorisés au sein de cette liaison. Ainsi, aux paramètres λ_i sont associés des mouvements relatifs de *translation* alors qu'aux paramètres θ_i sont associés des mouvements relatifs de *rotation*. Dans la base R, six mouvements peuvent donc être mis en évidence (fig. 7.10) :
- 3 rotations R_x, R_y, et R_z autour d'axes parallèles respectivement à $O\vec{x}$, $O\vec{y}$ et $O\vec{z}$;
- 3 translations T_x, T_y et T_z dans les directions respectives $O\vec{x}$, $O\vec{y}$ et $O\vec{z}$.

exemple

Liaison entre la manivelle 1 et la bielle 2 (fig. 7.12). Cette liaison qui supprime toutes les translations en laissant subsister toutes les rotations s'appelle « *liaison rotule* ».

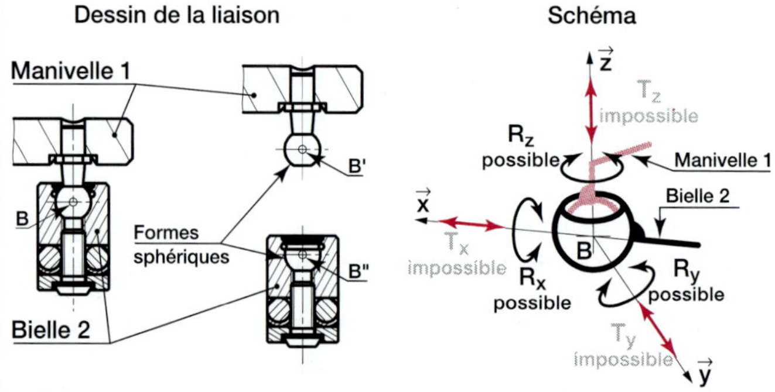

Possibilités de mouvement

	Translation	Rotation
$O\vec{x}$	Non	Oui
$O\vec{y}$	Non	Oui
$O\vec{z}$	Non	Oui

Figure 7.12 Détails de la liaison entre la manivelle 1 et la bielle 2

2.1.4 Caractéristiques des liaisons

Les liaisons présentées dans ce chapitre sont considérées comme parfaites : contact sans frottement ; surfaces géométriques parfaites ; aucun jeu.
Une analyse de la forme des *surfaces de contact* entre les solides conduit à la détermination des mouvements possibles et des mouvements supprimés, comme dans l'exemple de la figure 7.12.

La fiche 3 récapitule les caractéristiques des principales liaisons élémentaires et composées.

2.2 Transmission des efforts – Statique des mécanismes

La statique est une partie de la mécanique qui a pour objet l'étude de l'équilibre des systèmes matériels au repos, par rapport à un repère fixe ou en mouvement uniforme.

Les grandeurs qui interviennent sont les longueurs (L) et les forces ($M \cdot L \cdot T^{-2}$).

2.2.1 Les actions mécaniques et leur modélisation

On appelle *action mécanique* toute cause susceptible de modifier le mouvement d'un solide ; de le maintenir au repos ou de le déformer.

- *Modélisation locale*

Lorsque deux solides exercent mutuellement des actions mécaniques l'un sur l'autre, ces actions peuvent s'effectuer :
– soit par contact direct entre les deux solides : il s'agit alors d'*action mécanique de contact*. Exemple : action entre la manivelle 1 et la bielle 2 ;
– soit par attraction ou répulsion sans contact direct entre eux : il s'agit alors d'*action mécanique à distance*. Exemple : action de pesanteur.

- *Modélisation globale*

Si l'on regarde de plus près le contact entre les deux solides S1 et S2, on constate que l'action mécanique exercée sur un élément de surface dS de centre P par le solide S1 sur le solide S2 est modélisable par :
– un glisseur (vecteur) élémentaire représenté graphiquement par $(P, \overrightarrow{dR_{1\to2}})$;

– un torseur glisseur élémentaire noté $\{d\mathcal{T}_{1\to2}\} = \begin{Bmatrix} \overrightarrow{dR_{1\to2}} \\ \vec{0} \end{Bmatrix}_P$.

Le transfert de ce torseur en un point A quelconque donne :

$$\{d\mathcal{T}_{1\to2}\} = \begin{Bmatrix} \overrightarrow{dR_{1\to2}} \\ \overrightarrow{d\mathcal{M}_{A,1\to2}} = \overrightarrow{AP} \wedge \overrightarrow{dR_{1\to2}} \end{Bmatrix}_A .$$

Globalement, l'action exercée par le milieu 1 sur le milieu 2 (fig. 7.13), pour toute la surface S s'obtient en faisant la somme des torseurs élémentaires, au point A, qui donne de façon générale :

$$\{\mathcal{T}_{1\to2}\} = \sum\{d\mathcal{T}_{1\to2}\}$$

$$= \begin{Bmatrix} \sum\overrightarrow{dR_{1\to2}} = \overrightarrow{\mathcal{R}_{1\to2}} \\ \sum\overrightarrow{AP} \wedge \overrightarrow{dR_{1\to2}} = \overrightarrow{\mathcal{M}_{A,1\to2}} \end{Bmatrix}$$

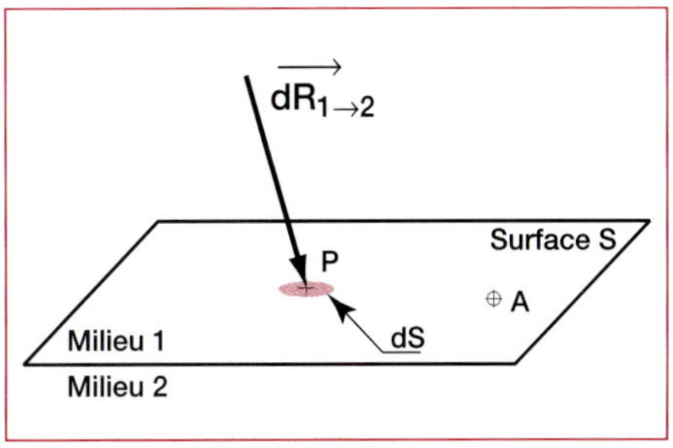

Figure 7.13 Modélisation globale de l'action mécanique

2.2.2 Représentation mathématique d'une action mécanique

La représentation globale précédente d'une action mécanique est purement vectorielle.

Pour pouvoir résoudre analytiquement un problème, il faut passer à une écriture analytique que l'on obtient en choisissant une base R dans laquelle on va projeter les vecteurs. L'écriture peut se présenter sous l'une des deux formes suivantes :

$$\{\mathcal{T}_{1\to 2}\} = \begin{Bmatrix} \overrightarrow{\mathcal{R}_{1\to 2}} = X_{12}\vec{x} + Y_{12}\vec{y} + Z_{12}\vec{z} \\ \overrightarrow{\mathcal{M}_{A,1\to 2}} = L_{12}\vec{x} + M_{12}\vec{y} + N_{12}\vec{z} \end{Bmatrix}_{A,R} \quad \text{ou} \quad \{\mathcal{T}_{1\to 2}\} = \begin{Bmatrix} X_{12} & L_{12} \\ Y_{12} & M_{12} \\ Z_{12} & N_{12} \end{Bmatrix}_{A,R}.$$

$\overrightarrow{\mathcal{R}_{1\to 2}}$ est la *résultante des actions* du solide S1 sur le solide S2 (norme exprimée en Newton (N)).

$\overrightarrow{\mathcal{M}_{A,1\to 2}}$ est le *moment résultant*, exprimé au point A, des action du solide S1 sur le solide S2 (norme exprimée en Newton · mètre (N · m)).

Le produit scalaire $\overrightarrow{\mathcal{R}_{1\to 2}} \cdot \overrightarrow{\mathcal{M}_{A,1\to 2}}$ est appelé « *automoment* » du torseur. Lorsque l'automoment d'un torseur est nul, le torseur est appelé « *glisseur* ». Deux cas sont fréquemment rencontrés : la *force pure* et le *couple pur*.

- *Cas de la force pure*

L'action mécanique caractérisée par le torseur $\{\mathcal{T}\} = \begin{Bmatrix} \overrightarrow{\mathcal{R}_{1\to 2}} \\ \vec{0} \end{Bmatrix}$ peut être qualifiée de force pure.

En effet, lorsque la zone d'application d'une action mécanique est suffisamment réduite (à l'échelle de l'étude) pour être assimilée à un point géométrique, le moment résultant est nul et le torseur caractéristique de l'action est un glisseur.

exemple

L'action mécanique qui a pour résultante $\vec{F_1}$ (fig. 7.14) peut s'exprimer par son torseur (glisseur) :

$$\{\mathcal{T}\} = \begin{Bmatrix} \vec{F_1} \\ \vec{0} \end{Bmatrix}_A = \begin{Bmatrix} \vec{F_1} \\ \overrightarrow{\mathcal{M}_{O,\vec{F_1}}} = \overrightarrow{OA} \wedge \vec{F_1} \end{Bmatrix}_O$$

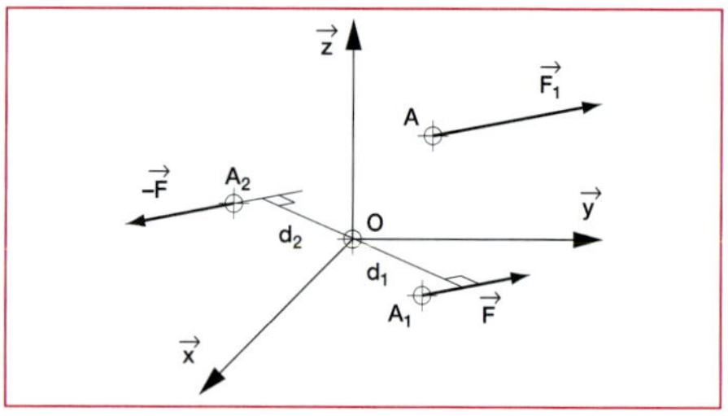

Figure 7.14 Torseurs particuliers

••••••

- *Cas du couple pur*

L'action mécanique modélisable par un torseur de la forme $\{\mathcal{T}\} = \begin{Bmatrix} \vec{0} \\ \vec{C} \end{Bmatrix}_{\forall O}$ est appelée couple pur.

exemple

L'action mécanique caractérisée par les deux torseurs opposés $\{\mathcal{T}_1\} = \begin{Bmatrix} \vec{F} \\ \vec{0} \end{Bmatrix}_{A_1}$ et $\{\mathcal{T}_2\} = \begin{Bmatrix} -\vec{F} \\ \vec{0} \end{Bmatrix}_{A_2}$ telle que les résultantes $\vec{F}$ se trouvent dans le plan $(O, \vec{x}, \vec{y})$ (fig. 7.14) peut se ramener à un seul torseur réduit en O (ou en tout autre point) :

$$\begin{Bmatrix} \vec{F} \\ \overrightarrow{OA_1} \wedge \vec{F} \end{Bmatrix}_O + \begin{Bmatrix} -\vec{F} \\ \overrightarrow{OA_2} \wedge \vec{F} \end{Bmatrix}_O = \begin{Bmatrix} \vec{0} \\ (\overrightarrow{OA_1} - \overrightarrow{OA_2}) \wedge \vec{F} \end{Bmatrix}_O = \begin{Bmatrix} \vec{0} \\ F(d_1 + d_2)\vec{z} \end{Bmatrix}_O$$

••••••

2.2.3 Torseur des efforts transmissibles par une liaison

C'est le torseur d'effort exercé par le solide S1 sur le solide S2 : $\{\tau_{1\rightarrow 2}\} = \begin{Bmatrix} \overrightarrow{\mathcal{R}_{1\rightarrow 2}} \\ \overrightarrow{\mathcal{M}_{A,1\rightarrow 2}} \end{Bmatrix}_A$

exprimé au point A, centre de la liaison réalisée entre S1 et S2.

Dans la liaison, la suppression d'un degré de liberté correspond à l'existence d'une composante d'effort. Ainsi, une *translation supprimée* fait apparaître une *composante de la résultante* et une *rotation supprimée* fait apparaître une *composante du moment résultant.*

exemple Liaison rotule de centre B entre la manivelle 1 et la bielle 2 (fig. 7.15).

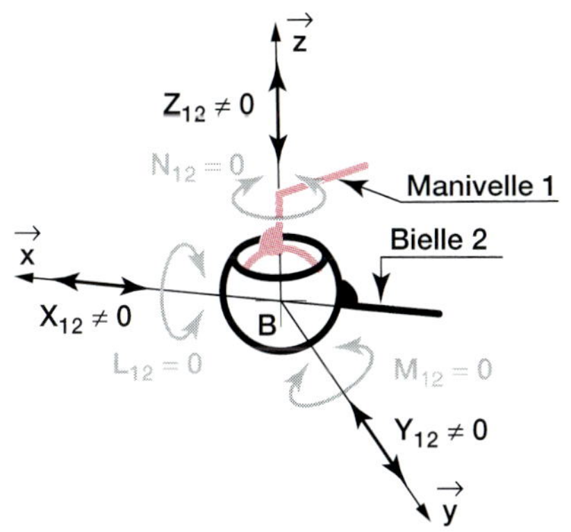

$$\{\tau_{1\rightarrow 2}\} = \begin{Bmatrix} \overrightarrow{\mathcal{R}_{1\rightarrow 2}} = X_{1\rightarrow 2}\vec{x} + Y_{1\rightarrow 2}\vec{y} + Z_{1\rightarrow 2}\vec{z} \\ \overrightarrow{\mathcal{M}_{A,1\rightarrow 2}} = \vec{0} \end{Bmatrix}_O$$

Figure 7.15 Composantes d'effort encaissées par la liaison rotule

••••••

2.2.4 Isolement et frontière d'isolement d'un solide

Isoler un solide ou un système de solides, c'est le séparer, par la pensée, de tout ce qui l'entoure. La délimitation fictive ainsi définie autour du système est appelée « frontière d'isolement ».

On peut distinguer le système isolé lui-même, noté S et l'extérieur du système, ou tout ce qui ne lui appartient pas, noté fréquemment $\bar{S}$.

Une manière très concrète et pratique de réaliser un isolement est d'utiliser le graphe de structure (voir paragraphe 7.2.3).

exemple Dans l'isolement du bras 2 de l'ouvre-porte, le bras 2 est imaginé tout seul (fig. 7.16).

Lorsqu'un système est isolé, on remarque qu'il peut être soumis à deux types d'actions mécaniques qui sont, suivant le cas :

– des actions exercées par une partie du système isolé sur une autre partie du système isolé : ce sont les *actions mécaniques intérieures*, ou *efforts intérieurs* ;

– des actions exercées par l'extérieur du système isolé sur le système isolé : ce sont les *actions mécaniques extérieures*, ou *efforts extérieurs*.

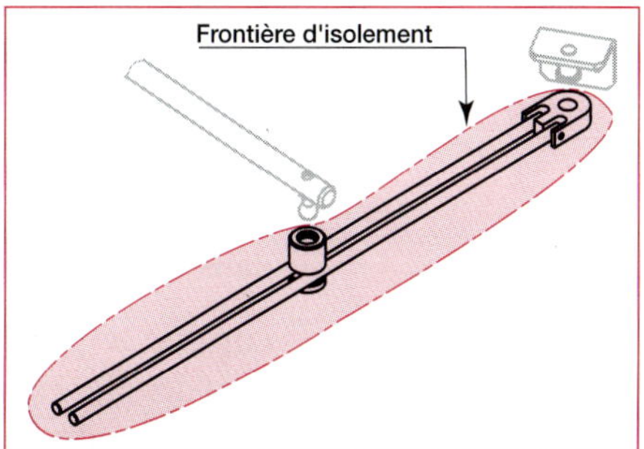

Figure 7.16 Isolement du bras 2

••••••

2.2.5 Principe fondamental de la statique (PFS)

- *Équilibre d'un solide ou d'un ensemble de solides*

On dit qu'un système matériel S (solide ou ensemble de solides) est en équilibre par rapport à un repère R si, au cours du temps, chaque point de S conserve une position fixe par rapport au repère R.

Pour étudier l'équilibre d'un système matériel S, il est nécessaire :
- de l'isoler ;
- de réaliser le bilan des actions extérieures à S.

Lors de la recherche des actions extérieures d'un système isolé, il faut chercher les zones où le système isolé est en contact avec l'extérieur.

Le graphe des liaisons (fig. 7.17 et paragraphe 7.2.3) dans lequel on a rajouté les actions à distance (les poids en particulier) peut être d'une grande utilité. En effet, dans le dessin du graphe, tout trait qui traverse la frontière d'isolement correspond à une action mécanique extérieure.

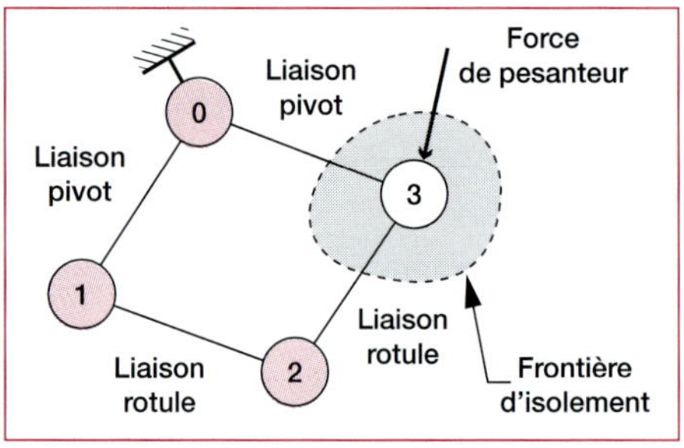

Figure 7.17 Graphe de liaison et frontière d'isolement

- *Énoncé du principe fondamental de la statique*

La condition nécessaire et suffisante pour qu'un solide ou un ensemble de solides soit en équilibre dans un repère galiléen est que le torseur associé au système d'actions mécaniques extérieures à S, soit nul.

$$\{\mathcal{T}_{\bar{S} \to S}\} = \{0\}$$

- *Expression vectorielle (théorèmes généraux de la statique)*

La relation précédente se traduit par $\left\{ \begin{matrix} \overrightarrow{\mathcal{R}_{\bar{S} \to S}} \\ \overrightarrow{\mathcal{M}_{A, \bar{S} \to S}} \end{matrix} \right\}_A = \{0\}$, soit :

$$\overrightarrow{\mathcal{R}_{\bar{S} \to S}} = \vec{0} \quad \text{et} \quad \overrightarrow{\mathcal{M}_{A, \bar{S} \to S}} = \vec{0}$$

La projection des relations précédentes dans une base R donne les expressions scalaires suivantes :

$$\overrightarrow{\mathcal{R}_{\bar{S} \to S}} = \vec{0} \Rightarrow \begin{cases} \overrightarrow{\mathcal{R}_{\bar{S} \to S}} \cdot \vec{x} = 0 \\ \overrightarrow{\mathcal{R}_{\bar{S} \to S}} \cdot \vec{y} = 0 \\ \overrightarrow{\mathcal{R}_{\bar{S} \to S}} \cdot \vec{z} = 0 \end{cases} \quad \text{et} \quad \overrightarrow{\mathcal{M}_{A, \bar{S} \to S}} = \vec{0} \Rightarrow \begin{cases} \overrightarrow{\mathcal{M}_{A, \bar{S} \to S}} \cdot \vec{x} = 0 \\ \overrightarrow{\mathcal{M}_{A, \bar{S} \to S}} \cdot \vec{y} = 0 \\ \overrightarrow{\mathcal{M}_{A, \bar{S} \to S}} \cdot \vec{z} = 0 \end{cases}$$

Ce système de 6 équations scalaires indépendantes traduit l'équilibre du solide S dans le cas général d'un problème spatial.

Lorsque le problème est plan, c'est-à-dire lorsque toutes les actions mécaniques sont des glisseurs contenus dans un même plan et/ou des couples purs perpendiculaires à ce plan, ce système se ramène à 3 équations scalaires indépendantes.

exemple

Les glisseurs sont contenus dans le plan $(O, \vec{x}, \vec{y})$. Alors :

$$\overrightarrow{\mathcal{R}_{\bar{S} \to S}} = X_{1 \to 2}\,\vec{x} + Y_{1 \to 2}\,\vec{y} = \vec{0} \Rightarrow \begin{cases} \overrightarrow{\mathcal{R}_{\bar{S} \to S}} \cdot \vec{x} = 0 \\ \overrightarrow{\mathcal{R}_{\bar{S} \to S}} \cdot \vec{y} = 0 \end{cases} \text{ et}$$

$$\overrightarrow{\mathcal{M}_{A, \bar{S} \to S}} = N_{1 \to 2}\,\vec{z} = \vec{0} \Rightarrow \left\{ \overrightarrow{\mathcal{M}_{A, \bar{S} \to S}} \cdot \vec{z} = 0 \right.$$

••••••

2.2.6 Méthode de résolution d'un problème : l'ouvre-porte

- *Étape 1. Préciser le problème*

Un problème de statique consiste généralement à déterminer les caractéristiques des actions inconnues d'un système mécanique afin d'en dimensionner les constituants ou d'en calculer les performances.

exemple

On veut déterminer le torseur des efforts transmissibles dans la liaison rotule de centre B entre la manivelle 1 et la bielle 2 (fig. 7.15), sachant que, pour des raisons de sécurité, la porte ne doit pas exercer un effort F supérieur à 10 N à son extrémité lors de la fermeture.

••••••

- *Étape 2. Analyser le dessin (partir du réel)*

Le système mécanique étant représenté par un dessin d'ensemble, l'analyse des formes des constituants permet de valider le modèle (schéma) proposé, s'il existe.

exemple

Dans le dessin d'ensemble du bras de l'ouvre-porte (fig. 7.9), les deux tiges 2' et 2" étant assemblées de façon identique, on peut donc les assimiler à un seul et même solide qui est la bielle 2. De même, la liaison entre les deux tiges et la potence 9 liée à la porte 3, par l'intermédiaire de la chape double 11 est assimilable, grâce au jeu important entre 10 et 11, à une liaison rotule de centre C.

••••••

- *Étape 3. Analyser le modèle (schéma) et les hypothèses*

L'analyse du modèle en relation avec le réel a pour but d'émettre des hypothèses afin de simplifier le problème :
- symétries, problème plan, etc. ;
- frottements négligés ou non, liaisons parfaites ;
- actions mécaniques négligeables devant d'autres.

Pour une résolution analytique, il est nécessaire d'avoir un schéma paramétré.

exemple

Le schéma spatial (fig. 7.8) du mécanisme à 4 barres de l'ouvre-porte (solides 0 à 3), peut être ramené à un schéma plan (fig. 7.18) en vue de dessus. Les liaisons rotules ont été remplacées par des liaisons pivots car, dans le plan, le comportement est le même (la rotation possible de la bielle 2 autour de l'axe BC n'exite pas dans le plan).

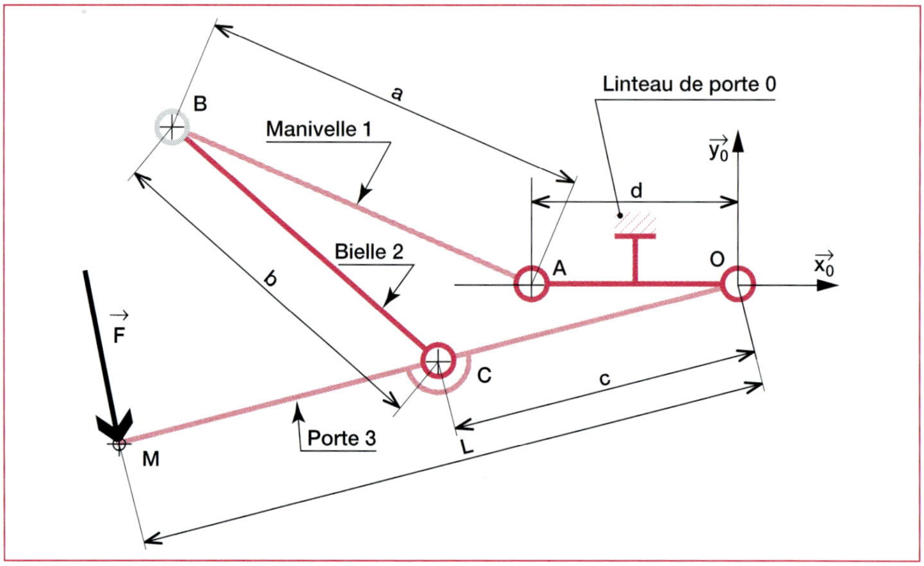

Figure 7.18 Schéma plan du bras de l'ouvre-porte en vue de dessus

• *Étape 4. Isoler les différents solides et faire le bilan des actions extérieures appliquées à chaque solide*

Afin de résoudre le problème posé, il faut isoler des solides (ou des ensembles de solides) pour répertorier toutes les actions mécaniques connues ou inconnues.

exemple

Isolements des solides du mécanisme à 4 barres et bilan des actions (fig. 7.19 à 7.21).

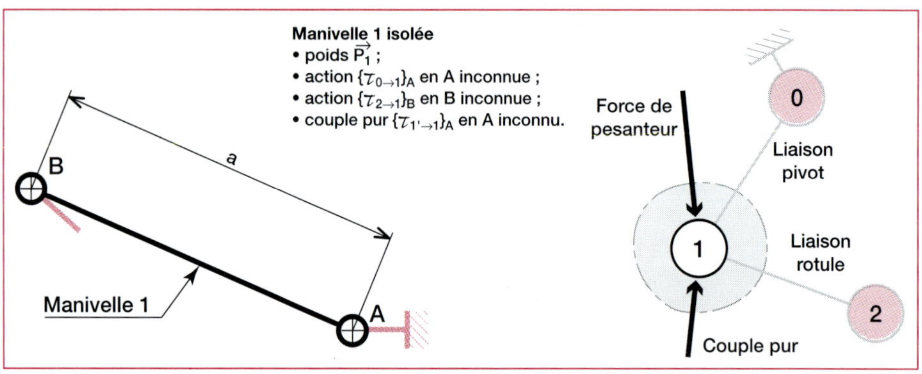

Figure 7.19 Isolement de la manivelle 1 et bilan des actions extérieures

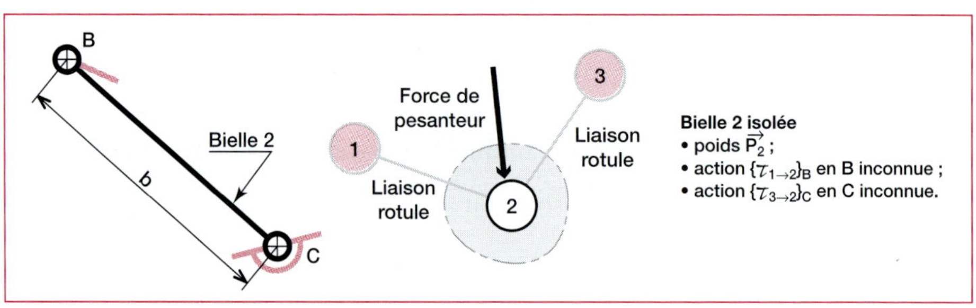

Figure 7.20 Isolement de la bielle 2 et bilan des actions extérieures

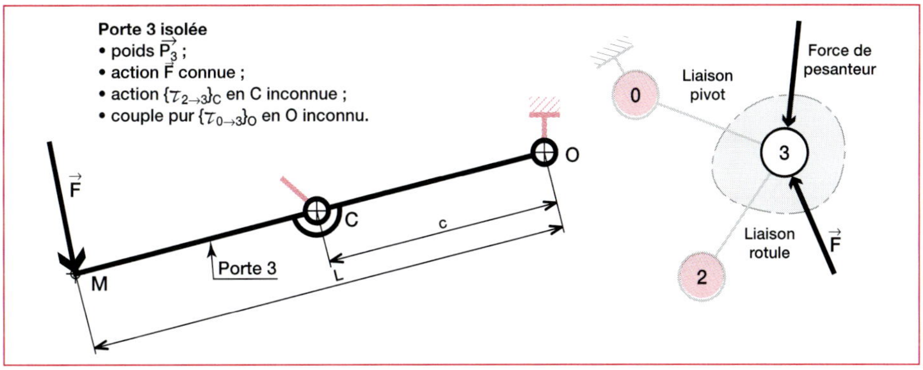

Figure 7.21 Isolement de la porte 3 et bilan des actions extérieures

• *Étape 5. Méthode de résolution*

– *Sans logiciel.* Il faut résoudre les équilibres de proche en proche en commençant par les solides (ou les ensembles de solides) soumis au minimum d'action : on isole d'abord les solides soumis à l'action de 2 forces, puis ceux soumis à l'action de 3 forces, etc. La résolution peut être analytique ou graphique.

– *Avec logiciel de simulation mécanique.* Cette méthode permet, en plus de l'extraction des résultats, de visualiser les actions et d'animer le mécanisme.

Suivant le cas, la résolution permet d'obtenir des résultats littéraux (expression mathématique pour une position quelconque du mécanisme) ou numériques (pour la position définie par le dessin ou le schéma à l'échelle).

Le tableau 7.2 récapitule les différentes possibilités.

Résultats obtenus	Sans logiciel		Avec logiciel
	Analytiquement	Graphiquement	
Littéraux	Oui	Non	Non
Numériques	Oui	Oui, pour la position de la figure	Oui, pour toutes les positions définies
Courbes résultats	Oui	Non	Oui
Visualisation des actions	Non	Oui	Oui
Animation	–	–	Oui

Tableau 7.2 Récapitulation des résultats obtenus suivant la méthode de résolution

Étape 6. Analyse des résultats et retour au réel

Lorsque les résultats recherchés sont obtenus, il convient d'en vérifier la cohérence vis-à-vis des ordres de grandeur attendus et de la géométrie du système (retour au dessin).

2.2.7 Cas des solides soumis à 2 forces (glisseurs)

C'est le cas de la bielle 2. En négligeant le poids devant les autres actions mises en jeu, l'application du principe fondamental conduit à :

$$\{\mathcal{T}_{1\to2}\}_B + \{\mathcal{T}_{3\to2}\}_C = \{0\} \Leftrightarrow \{\mathcal{T}_{1\to2}\}_B = -\{\mathcal{T}_{3\to2}\}_C$$

Lorsqu'un solide est en équilibre sous l'action de 2 glisseurs, ces glisseurs sont égaux et opposés. Leurs résultantes sont portées par la même direction (ici la droite BC).

La connaissance de cette direction permet d'enlever une inconnue dans l'isolement de la porte 3.

2.2.8 Cas des solides soumis à 3 forces (glisseurs)

C'est le cas de la manivelle 3. En négligeant le poids devant les autres actions mises en jeu, l'application du principe fondamental conduit à :

$$\begin{Bmatrix} \vec{F} \\ \vec{0} \end{Bmatrix} + \begin{Bmatrix} \overrightarrow{\mathcal{R}_{0\to 3}} \\ \vec{0} \end{Bmatrix}_O + \begin{Bmatrix} \overrightarrow{\mathcal{R}_{2\to 3}} \\ \vec{0} \end{Bmatrix}_C = \{0\}$$

Réduisons cette somme des 3 glisseurs au point O. On obtient les deux équations.

$$\vec{F} + \overrightarrow{\mathcal{R}_{0\to 3}} + \overrightarrow{\mathcal{R}_{2\to 3}} = \vec{0} \quad (7.1)$$

$$\overrightarrow{OD} \wedge \vec{F} + \overrightarrow{OC} \wedge \overrightarrow{\mathcal{R}_{2\to 3}} = \vec{0} \Rightarrow \overrightarrow{OD} \wedge \vec{F} = -\overrightarrow{OC} \wedge \overrightarrow{\mathcal{R}_{2\to 3}} = \vec{X} \quad (7.2)$$

L'équation 7.1 traduit la nullité de la somme vectorielle des résultantes.

L'équation 7.2 traduit l'égalité des moments par rapport au point O des actions $\vec{F}$ et $\overrightarrow{\mathcal{R}_{2\to 3}}$. Le vecteur $\vec{X}$ étant simultanément perpendiculaire aux vecteurs $\overrightarrow{OD}$ et $\vec{F}$ d'une part, $\overrightarrow{OC}$ et $\overrightarrow{\mathcal{R}_{2\to 3}}$ d'autre part, la conséquence est que les deux actions sont contenues dans le plan (O, C, D).

En revenant à l'équation 7.1, on en déduit donc que les trois *glisseurs* sont *coplanaires*.

Transférons maintenant la somme des torseurs au point K, intersection entre le support de $\vec{F}$ et la direction BC, support de l'action $\overrightarrow{\mathcal{R}_{2\to 3}}$ (fig. 7.22). L'équation 7.2 devient :

$\overrightarrow{KD} \wedge \vec{F} + \overrightarrow{KO} \wedge \overrightarrow{\mathcal{R}_{0\to 3}} + \overrightarrow{KC} + \overrightarrow{\mathcal{R}_{2\to 3}} = \vec{0} \Rightarrow \overrightarrow{KO} \wedge \overrightarrow{\mathcal{R}_{0\to 3}} = \vec{0}$, ce qui traduit le fait que l'action $\overrightarrow{\mathcal{R}_{0\to 3}}$ passe aussi par le point K.

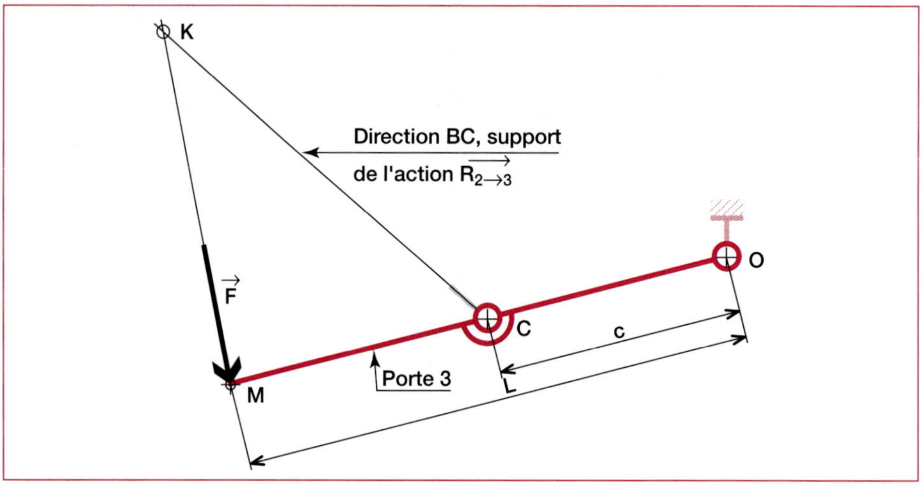

Figure 7.22 Équilibre de 3

Lorsqu'un solide est en équilibre sous l'action de 3 glisseurs, ces glisseurs sont coplanaires et concourants ou parallèles.

Si les 2 directions connues sont parallèles, le point K est rejeté à l'infini et la troisième direction est parallèle aux deux premières.

2.3 Transmission des mouvements – Cinématique des mécanismes

La cinématique est la partie de la mécanique qui permet de décrire les mouvements des solides indépendamment des causes qui les provoquent. Les grandeurs qui interviennent sont donc le temps (T) et les longueurs (L) (dimensions linéaires et angulaires).

Dans une étude cinématique, il est nécessaire de définir un solide de référence (généralement la pièce fixe) auquel on attache un référentiel défini par un repère d'espace $R_0\left\{O, \vec{x_0}, \vec{y_0}, \vec{z_0}\right\}$ et un repère de temps.

Les solides pris en compte dans ce paragraphe sont considérés comme *indéformables*.

2.3.1 Graphe des liaisons, ou graphe de structure (du réel au graphe)

Le graphe de structure est une représentation d'un mécanisme fondée sur la description des pièces (ou groupes de pièces cinématiquement liées) et de leur liaison.

Le graphe de structure (fig. 7.23) est représenté par :

- des « sommets » dont les cercles contiennent les *repères des pièces* ;
- des « arcs » qui concrétisent les *liaisons entre les pièces*.

L'élaboration du graphe des liaisons est une étape préliminaire au tracé du schéma cinématique.

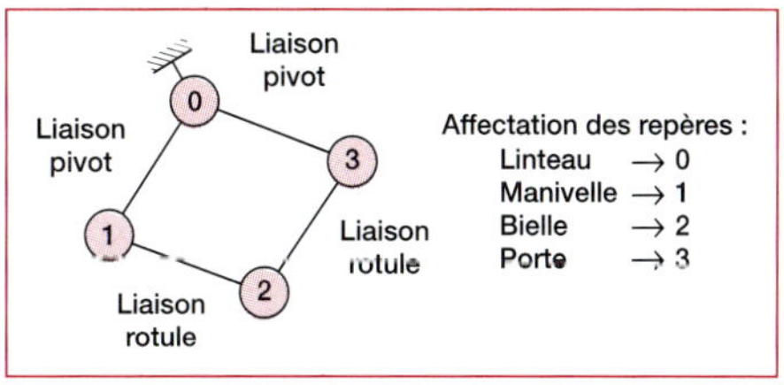

Figure 7.23 Graphe des liaisons, ou graphe de structure

exemple

Pour le mécanisme à 4 barres de l'ouvre-porte, le décodage du dessin figure 7.9 permet, avec les hypothèses émises d'obtenir le graphe figure 7.23.

De plus, le graphe des liaisons est très pratique à utiliser dans le cadre de la statique pour réaliser le bilan des actions.

••••••

2.3.2 Schéma cinématique et paramétrage

Le schéma cinématique est une représentation géométrique simplifiée des pièces (ou groupes de pièces cinématiquement liées) et leur liaison.

Les schémas (fig. 7.8 et 7.24) mettent en évidence la cinématique du mécanisme.

La représentation d'un schéma cinématique répond aux règles suivantes :

- toutes les pièces cinématiquement liées sont représentées sous un même trait sans respecter ni les formes ni les dimensions ; toutefois, si le schéma est utilisé pour résoudre graphiquement un problème, l'échelle est respectée ;
- les liaisons sont représentées suivant la norme NF E 04-15 (fiche 3) ;
- les propriétés géométriques sont respectées (parallélismes, perpendicularités, positions relatives, etc.).

L'utilisation, chaque fois que cela est possible, de liaisons cinématiquement équivalentes, permet de représenter des schémas cinématiques minimaux.

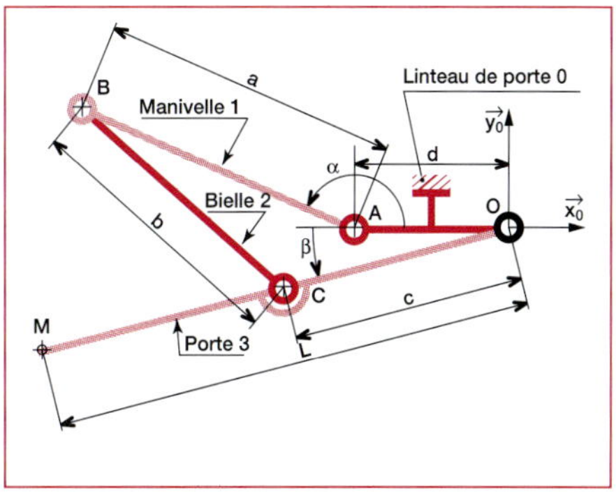

Figure 7.24 Schéma cinématique paramétré

Pour étudier le comportement du mécanisme, il est nécessaire de prendre en compte les dimensions caractéristiques des solides *(paramètres dimensionnels)* ainsi que leur position relative *(paramètres de position)* (fig. 7.24).

Parmi les paramètres mis en évidence, il faut distinguer ceux qui sont *constants* dans le temps (exemple « a », « b », « d ») et ceux dont la valeur dépend du temps (exemple « α »).

Le paramètre d'entrée est le paramètre angulaire de position de la manivelle 1 par rapport au linteau 0. Il est noté $\theta_{z,\,1/0} = \alpha$.

Le paramètre de sortie est le paramètre angulaire de position de la porte 3 par rapport au linteau 0. Il est noté $\theta_{z,\,3/0} = \beta$.

2.3.3 Description du mouvement

- *Vecteur position* et *vecteur vitesse linéaire*

Lorsqu'un point matériel M est mobile par rapport à un repère R_0, considéré comme fixe, on peut caractériser sa position par son vecteur position noté :

$$\overrightarrow{OM} = x\,\vec{x_0} + y\,\vec{y_0} + z\,\vec{z_0}$$

Les scalaires x, y et z sont les coordonnées du point M dans le repère R_0.

exemple

Figure 7.25, $\overrightarrow{OM} = x\,\vec{x_0} + y\,\vec{y_0} + z\,\vec{z_0} = -L\vec{x_3}$ est le vecteur position du point M appartenant à la porte 3.

••••••

On appelle vecteur vitesse du point M par rapport au repère R_0, la dérivée par rapport au temps du vecteur position défini dans le repère R_0 :

$$\overrightarrow{V_{M/R_0}} = \left[\frac{d\overrightarrow{OM}}{dt}\right]_{R_0}$$

Pour un point M appartenant à un solide S en mouvement par rapport à un repère R quelconque, la vitesse sera notée $\overrightarrow{V_{M,\,S/R}}$.

La vitesse d'un point peut être représentée graphiquement par un vecteur dont :
- le point d'application est le point considéré du solide ;
- la direction est la tangente à la trajectoire ;
- le sens est celui du mouvement ;
- la norme est proportionnelle à la valeur de la vitesse.

L'unité de la norme de la vitesse est le mètre par seconde ($m \cdot s^{-1}$).

Le tracé graphique des vitesses pour plusieurs points d'un solide permet d'obtenir une représentation du *champ des vitesses* de ce solide et permet de résoudre graphiquement des problèmes de détermination de vitesses initialement inconnues.

Le paramètre temps t étant fixé, on appelle champ des vitesses d'un solide S à l'instant t le champ qui, à tout point M du solide associe le vecteur vitesse $\overrightarrow{V_{M,\,S/R}}$.

exemple

Selon la figure 7.25, $\overrightarrow{V_{M,\,3/0}}$ est le vecteur vitesse du point M appartenant à la porte 3 par rapport au linteau 0. Si on trace les vitesses de tous les points sur le segment $\overrightarrow{OM}$, on visualise le champ des vitesses.

••••••

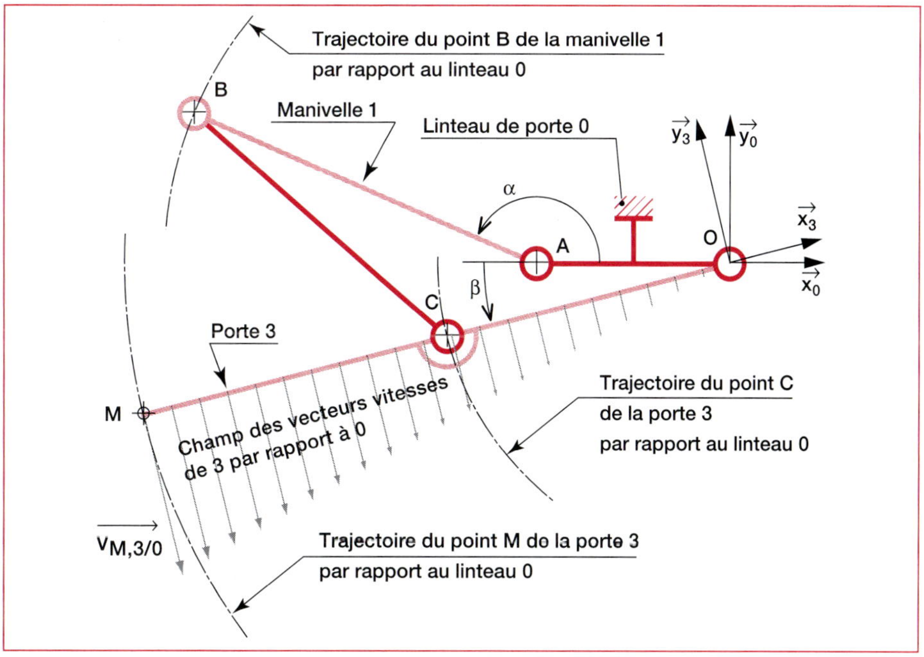

Figure 7.25 Description du mouvement

- *Position angulaire* et *vecteur vitesse de rotation*

La position angulaire d'un solide S par rapport à un repère R étant définie par les angles θ_i, on appelle vecteur vitesse angulaire le vecteur caractéristique de la rotation de S par rapport à R tel que :

$\overrightarrow{\Omega_{S/R}} = \dot{\theta}_x\vec{x} + \dot{\theta}_y\vec{y} + \dot{\theta}_z\vec{z}$ où les $\dot{\theta}_i$ représentent les taux de rotation, ou vitesses angulaires, qui sont les dérivées par rapport au temps des angles θ_i. Par exemple, on pourrait noter ici $\overrightarrow{\Omega_{3/0}} = \dot{\beta}\,\vec{z}$.

L'unité du taux de rotation est le radian par seconde ($rd \cdot s^{-1}$).

- *Trajectoire*

On appelle trajectoire l'ensemble des positions successives occupées, au cours du temps, par un point mobile dans le repère R.

Une trajectoire peut être un segment de droite, un cercle, une courbe quelconque, etc.

exemple

Dans la figure 7.25, on remarque que la trajectoire du point B appartenant à la manivelle 1 dans son mouvement par rapport au linteau 0 est un cercle de centre A et de rayon AB = a.

- *Notion de mouvement*

La notion de mouvement associe à la fois la nature de la trajectoire et la façon dont le point se déplace sur cette trajectoire.

Un mouvement peut être circulaire, rectiligne, quelconque, uniforme, uniformément varié, etc.

exemple

Le mouvement de la manivelle 1 par rapport au linteau 0 est un mouvement de rotation uniforme. En effet, la manivelle tourne autour de l'axe $(A, \vec{z_0})$ à la fréquence angulaire $\alpha = 5\ tr{\cdot}min^{-1}$ (tour par minute).

Le mouvement d'un solide indéformable est entièrement défini si l'on connaît son torseur cinématique qui a pour expression :

$$\{V_{S/R}\}_M = \begin{Bmatrix} \overrightarrow{\Omega_{S/R}} \\ \overrightarrow{V_{M,\,S/R}} \end{Bmatrix}_M$$

où $\overrightarrow{\Omega_{S/R}}$ est le vecteur rotation du solide S par rapport à R et $\overrightarrow{V_{M,\,S/R}}$ est la vitesse du point M de S par rapport à R.

Le torseur cinématique définit le mouvement du solide à chaque instant.

Il n'est pas nécessaire que le point A soit physiquement sur le solide S. Il suffit qu'il soit fixe dans tout repère lié à S.

Toutes les opérations sur les torseurs sont applicables au torseur cinématique.

2.3.4 Mouvements particuliers

Dans les parties opératives de systèmes, les pièces, grâce à leurs liaisons, sont très souvent animées de mouvements particuliers. Les tableaux 7.3 et 7.4 récapitulent les principaux mouvements qui résultent de la particularité des liaisons ainsi que leurs caractéristiques.

Nature du mouvement	Exemple et illustration	Trajectoire des points	Torseur cinématique
Mouvement plan	Mouvement de 2 par rapport à 0 contenu dans le plan $(O, \vec{x}_0, \vec{y}_0)$: 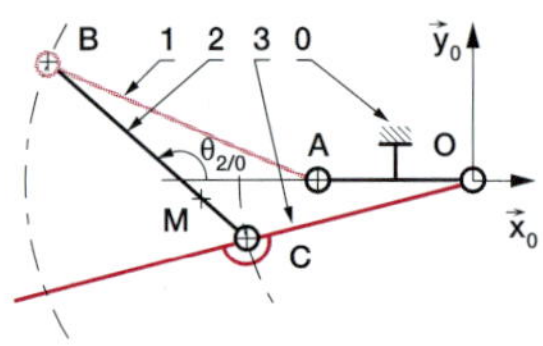	• Point B ∈ 2 : cercle (A, AB) • Point C ∈ 2 : cercle (0, 0C) • Point M ∈ 2 : courbe contenue dans le plan $(O, \vec{x}_0, \vec{y}_0)$	$\begin{Bmatrix} \vec{\Omega}_{2/0} = \dot{\theta}_{2/0}\vec{z}_0 \\ \vec{V}_{M,\,2/0} = u_{2/0}\vec{x}_0 + v_{2/0}\vec{y}_0 \end{Bmatrix}_M$
Rotation autour d'un axe fixe	Mouvement de 1 par rapport à 0 autour de l'axe $\vec{z}_0$: 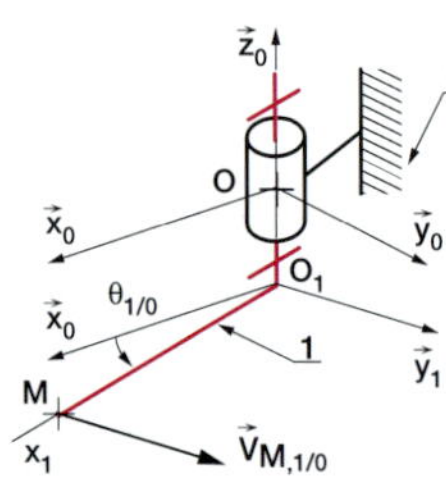	• Point 0_1 ∈ 1 : immobile • Point M ∈ 1 : cercle (0_1, R = 0_1M)	$\begin{Bmatrix} \vec{\Omega}_{1/0} = \dot{\theta}_{1/0}\vec{z}_0 \\ \vec{V}_{M,\,1/0} = R\dot{\theta}_{1/0}\vec{y}_1 \end{Bmatrix}_M$
Translation rectiligne	Mouvement de 1 par rapport à 0 le long de l'axe $\vec{x}_0$: 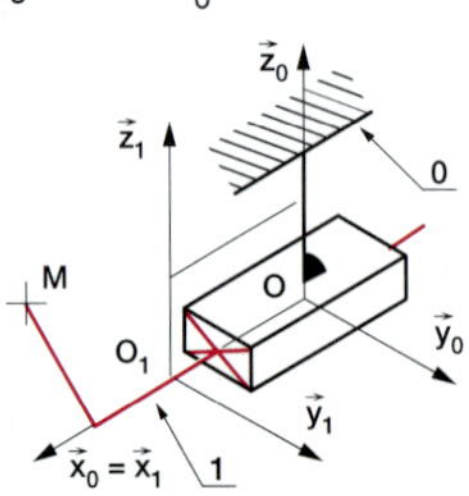	• Point 0_1 ∈ 1 : axe $(O, \vec{x}_0)$ • Point M ∈ 1 : droite parallèle à l'axe $(O, \vec{x}_0)$	$\begin{Bmatrix} \vec{\Omega}_{1/0} = \vec{0} \\ \vec{V}_{M,\,1/0} = u_{1/0}\vec{x}_0 \end{Bmatrix}_M$ Remarque : Le champ des vitesses est uniforme.

Tableau 7.3 Caractéristiques de mouvements particuliers

Nature du mouvement	Exemple et illustration	Trajectoire des points	Torseur cinématique
Mouvement hélicoïdal	Mouvement de 1 par rapport à 0 autour de l'axe $\vec{x}_0$: 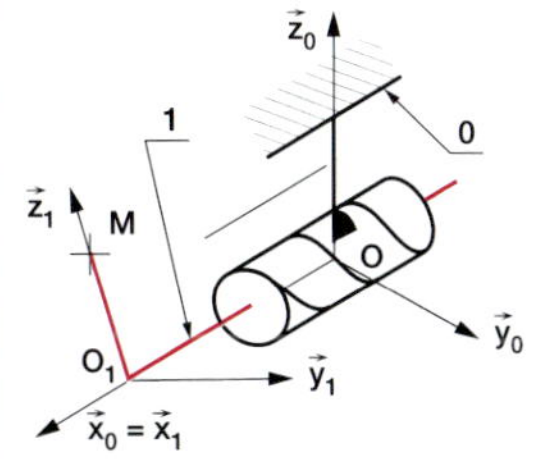	• Point $O_1 \in 1$: axe $(O, \vec{x}_0)$ • Point $M \in 1$: hélice d'axe $(O, \vec{x}_0)$	$\left\{ \begin{array}{l} \vec{\Omega}_{1/0} = \dot{\theta}_{1/0}\vec{x}_0 \\ \vec{V}_{M,1/0} = \mu\dot{\theta}_{1/0}\vec{x}_1 - R\dot{\theta}_{1/0}\vec{y}_1 \end{array} \right\}_M$ avec μ = pas réduit = $\dfrac{\text{pas de l'hélice}}{2\pi}$

Tableau 7.4 Caractéristiques de mouvements particuliers *(suite)*

3 La chaîne énergétique électrique

L'ouvre-porte C-Zam est alimenté à partir du réseau électrique, l'énergie prélevée est caractérisée par une tension alternative de 230 V et une fréquence de 50 Hz (fig. 7.26).

L'actionneur électrique utilisé est un moteur à courant continu. Le chapitre 2 décrit le comportement de ce moteur et les grandeurs caractéristiques de cet actionneur.

Lors de la présentation de l'ouvre-porte et des fonctions de service (en 1.1), la figure 7.4 mettait en évidence deux fonctions (FP4 et FC3) liées à la nature de l'énergie utilisée. La figure 7.26 rappelle les différentes fonctions de chaîne énergétique électrique.

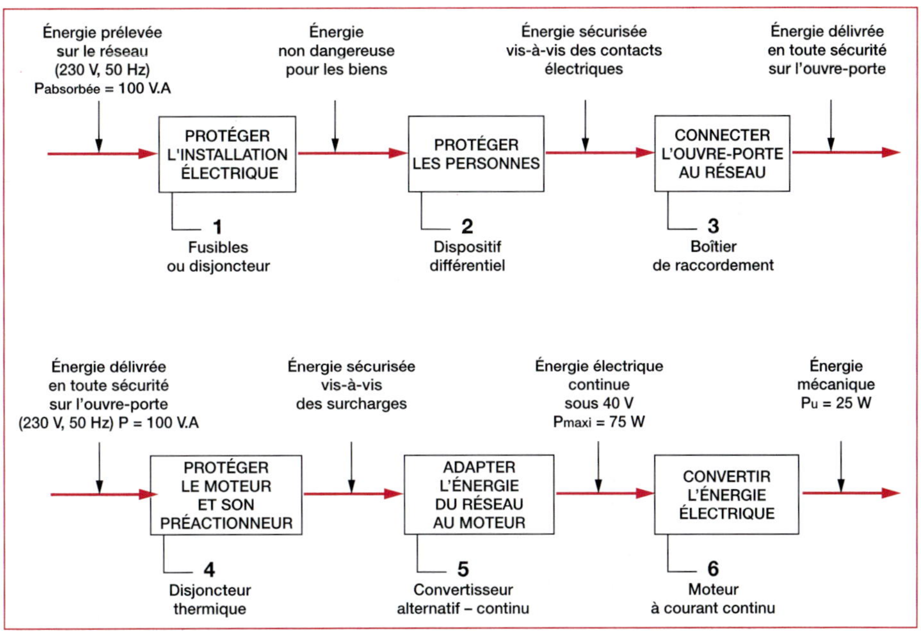

Figure 7.26 Décomposition de la chaîne de conversion de l'énergie électrique

3.1 Fonction : relier l'ouvre-porte au réseau électrique

L'ouvre-porte est connecté au réseau par un boîtier de raccordement (repère 3) lequel est alimenté par le réseau *via* un circuit électrique équipé de dispositifs de protection contre les surcharges et les courts-circuits (repère 1), une protection spécifique du moteur et de son préactionneur est incluse dans l'ouvre-porte (repère 4).

3.2 Fonction : assurer la sécurité de l'usager vis-à-vis du réseau électrique

Le circuit d'alimentation est équipé d'un dispositif de protection des personnes vis-à-vis du risque électrique (repère 2).

3.3 Fonction : adapter l'énergie au mécanisme

L'ouvre-porte utilise une énergie mécanique fournie par conversion de l'énergie électrique. Cette conversion est assurée par le moteur à courant continu (repère 6) ; ce moteur exige l'usage d'un convertisseur alternatif-continu (repère 5) afin de transformer l'énergie alternative du réseau en une énergie électrique continue sous 40 V.

4 Sécurité électrique

Les installations électriques d'une tension inférieure à 1 000 V (entre phases) appelées *installations basse tension* sont régies par la *norme NF-C 15-100* à l'intérieur de deux domaines :
- la protection des biens (matériels) ;
- la protection des personnes (travailleurs ou utilisateurs).

4.1 Fonction : protection des biens

Le premier domaine inclut essentiellement la protection vis-à-vis de la destruction, d'une part, de l'équipement électrique lui-même par un effet Joule excessif, et, d'autre part, du matériel environnant par la propagation d'un incendie.

4.1.1 Les surcharges

Lorsque le courant prend une valeur supérieure à la valeur nominale, on parle de *surcharge*, cette faible surintensité est dangereuse si elle persiste car elle provoque un échauffement des conducteurs ou des bobinages. Le temps de coupure sera inversement proportionnel à la valeur de la surcharge. Pour ce faire, on utilise un *relais thermique* ou un *disjoncteur thermique*.

exemple

Temps de déclenchement d'un relais thermique réglé pour un courant nominal In. Pour une surcharge de 1,1.In le relais déclenchera en 1 h. Pour une surcharge de 1,5.In le relais déclenchera en 1 min. Pour une surcharge de 4.In le relais déclenchera en 10 s.

••••••

4.1.2 Les courts-circuits

Lorsque le courant prend une valeur très supérieure à la valeur nominale, on parle de *court-circuit*, cette forte surintensité doit être instantanément éliminée. Le temps de coupure est très court (quelques ms). Pour ce faire, on utilise un *relais magnétique* ou un *disjoncteur magnétique* (fig. 7.27) ou des *fusibles* à haut pouvoir de coupure.

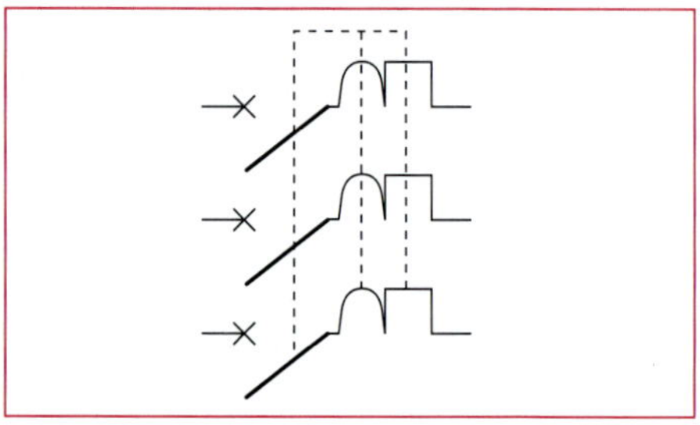

Figure 7.27 Disjoncteur magnéto-thermique pour moteur triphasé

exemple Sur une installation dont le courant nominal est inférieur à 50 A, un court-circuit peut atteindre plusieurs kA. Un disjoncteur magnétique déclenchera par exemple en 50 ms pour un courant de 5.In, et en moins de 10 ms pour un courant de 10.In et plus.

••••••

4.2 Solution : les disjoncteurs magnéto-thermiques

Pour une bonne connaissance des temps de déclenchement, seules les courbes des constructeurs sont à prendre en compte.

La figure 7.28 montre la complémentarité des protections assurées par les deux déclencheurs thermique et magnétique d'un disjoncteur magnéto-thermique. Sur cette courbe, les seuils (I_{th} et I_{mag}) des déclencheurs thermique et magnétique sont repérés.

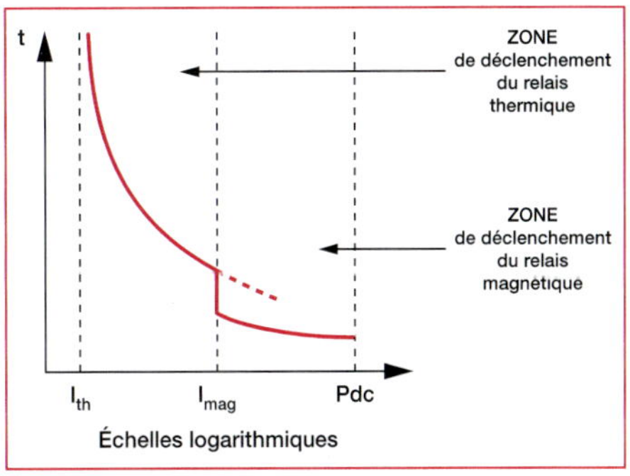

Figure 7.28 Courbes de déclenchement d'un disjoncteur magnéto-thermique

exemple Le système « module de pose de ruban adhésif » décrit en sixième partie de l'ouvrage utilise un moteur asynchrone. Son schéma de puissance du moto-réducteur M1 peut être modifié comme sur la figure 7.29 où un disjoncteur magnéto-thermique remplace le sectionneur Q1, ses fusibles et le relais thermique F1.

••••••

Les *protections* contre les surcharges et les courts-circuits sont parfois assurées par un disjoncteur électronique. Ce disjoncteur utilise une image du courant pour assurer des fonctions équivalentes à celles d'un disjoncteur magnéto-thermique. Cette solution, utilisée par le sécateur électrique, est représentée par la figure 10.8.

Ces équipements de protection et leur représentation normalisée sont décrits (voir chapitre 10).

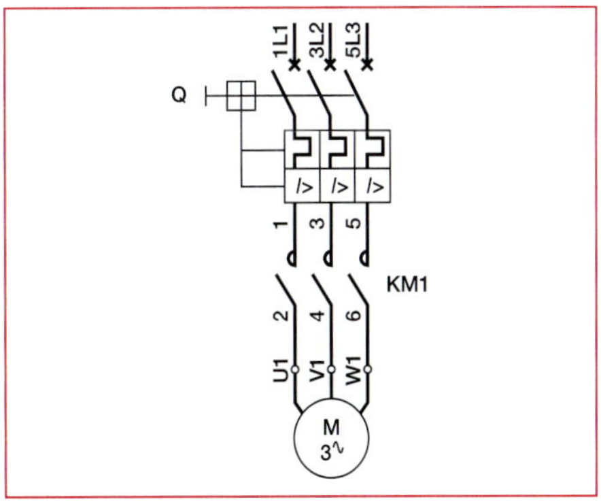

Figure 7.29 Schéma d'un moteur protégé par un disjoncteur magnéto-thermique

4.3 Fonction : protection des personnes

4.3.1 Les effets du courant électrique

Les effets pathophysiologiques du courant électrique sur le corps humain sont, par ordre de gravité : les brûlures plus ou moins graves selon l'intensité du courant, la tétanisation des muscles pouvant entraîner l'asphyxie et la fibrillation ventriculaire (souvent mortelle) provoquant un fonctionnement anarchique du cœur.

Le second domaine de la norme NF-C 15-100 prend en compte les risques électriques engendrés par un contact direct ou indirect (fig. 7.30 et 7.31).

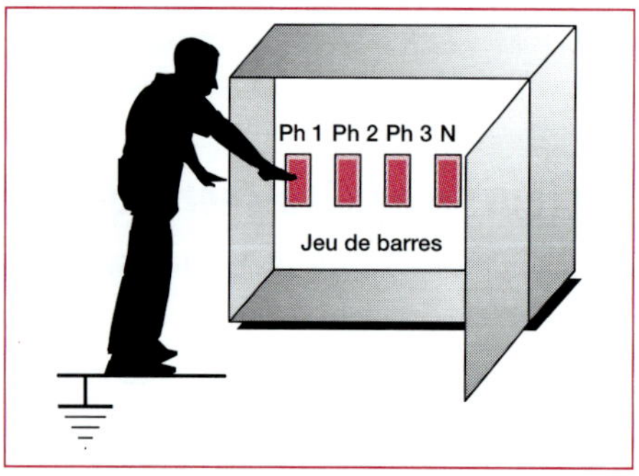

Figure 7.30 Illustration d'un contact direct

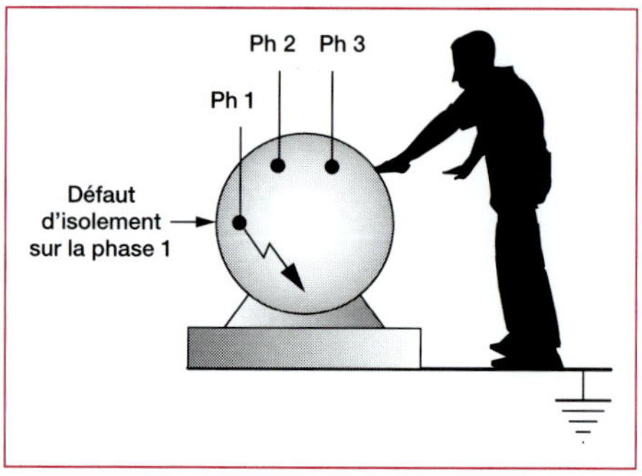

Figure 7.31 Illustration d'un contact indirect

4.3.2 Le contact direct

Le *contact direct* est défini par le contact (le plus souvent par maladresse) d'une partie du corps humain avec un conducteur actif ou une pièce conductrice normalement sous tension. Un conducteur actif est un conducteur affecté à la transmission de l'énergie électrique.

exemple

– L'électrocution lors du changement d'une lampe.
– L'enfant qui met un objet conducteur dans une prise de courant.

••••••

4.3.3 Le contact indirect

Le *contact indirect* est défini par le contact entre le corps humain et une masse métallique normalement isolée mais accidentellement mise sous tension à la suite d'un défaut d'isolement.

exemple

– La carcasse métallique d'une machine à laver est sous tension suite à une fuite d'eau sur un connecteur.
– L'enveloppe métallique d'un convecteur électrique est sous tension suite à la déconnexion d'un conducteur.

••••••

4.4 Solutions techniques

4.4.1 Les mesures de protection

Les *mesures préventives* assurant la protection contre les contacts directs sont :
– l'éloignement (lignes aériennes…) ;
– l'usage d'enveloppes ou d'obstacles (armoire, grillage, écran…) ;
– l'isolation des conducteurs (vernis, gaines plastiques…).

Pour la protection contre les contacts indirects, deux types de mesure existent :
– les *mesures* préventives ou *passives*, c'est-à-dire sans coupure de courant ;
– les *mesures* dites *actives* telles que l'installation de dispositifs de coupure automatique du courant en cas de défaut d'isolement.

Les deux principales mesures préventives contre les risques liés aux contacts indirects sont l'emploi de matériel de classe 2, c'est-à-dire à double isolation (fig. 7.32) et l'emploi d'une très basse tension (TBT), par exemple l'alimentation sous une tension alternative de 24 V pour les circuits de commande.

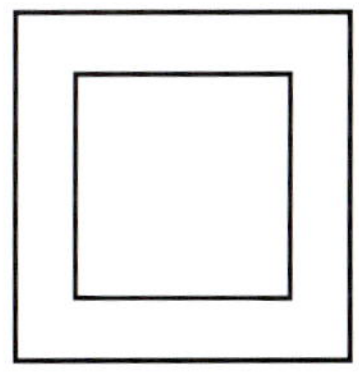

Figure 7.32 Symbole de la double isolation

exemple La figure 2.4 du chapitre 2 montre l'usage d'un transformateur (repère T) pour assurer une alimentation en TBT.

4.4.2 Les dispositifs différentiels

Le dispositif différentiel, appelé aussi *dispositif différentiel résiduel* (DDR), est une application de l'électromagnétisme (fig. 7.33).

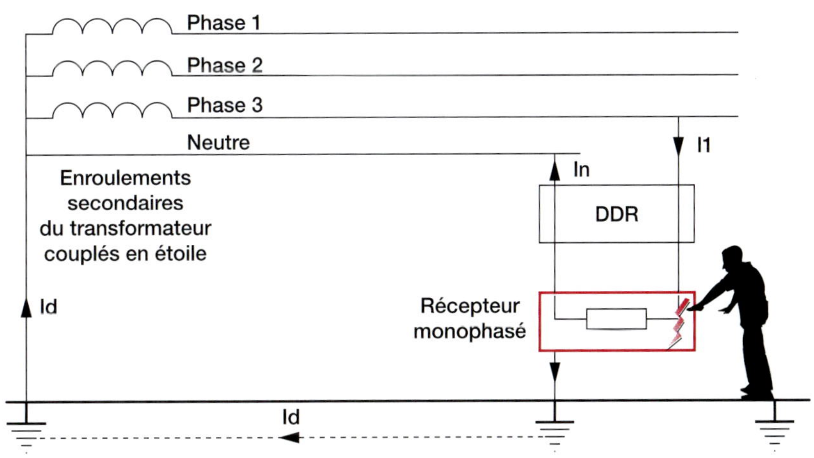

Câblage d'un différentiel bipolaire protégeant une installation monophasée. À l'endroit du défaut, la loi des nœuds permet d'écrire : I1 = In + Id. Si la différence I1 – In n'est pas nulle, le dispositif différenciel déclenche, le circuit est coupé.

Figure 7.33 Circulation du courant de défaut

La figure 7.34 indique trois dispositifs différentiels :
- une *installation monophasée*, alimentée entre une phase et le neutre est protégée par un disjoncteur différentiel bipolaire (circuit de prises dans un atelier…) ;
- une *installation triphasée trois fils* (les trois phases sans le neutre) est protégée par un disjoncteur différentiel tripolaire (départ alimentant un moteur triphasé…) ;
- une *installation triphasée quatre fils* (les trois phases avec le neutre) est protégée par un disjoncteur différentiel tétrapolaire (disjoncteur général alimentant un local équipé d'appareils monophasés et triphasés…).

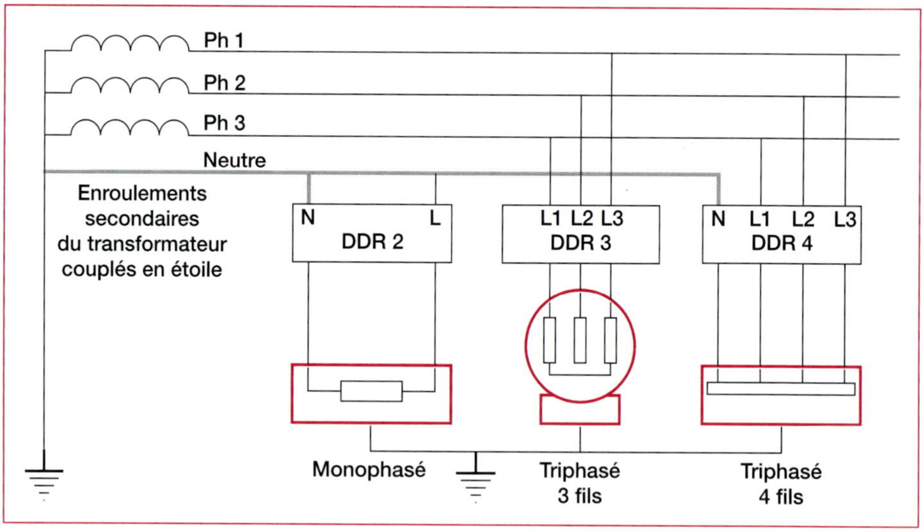

Figure 7.34 Câblages des dispositifs différentiels

4.4.3 Différence entre interrupteur et disjoncteur différentiel

L'interrupteur différentiel n'assure qu'une protection des personnes vis-à-vis des contacts électriques, tandis que le disjoncteur différentiel assure en plus de cette protection des personnes, deux fonctions complémentaires par son dispositif magnéto-thermique, à savoir une protection contre les surcharges et une protection contre les courts-circuits.

Les représentations d'un interrupteur différentiel triphasé et d'un disjoncteur différentiel monophasé sont présentées (fig. 7.35).

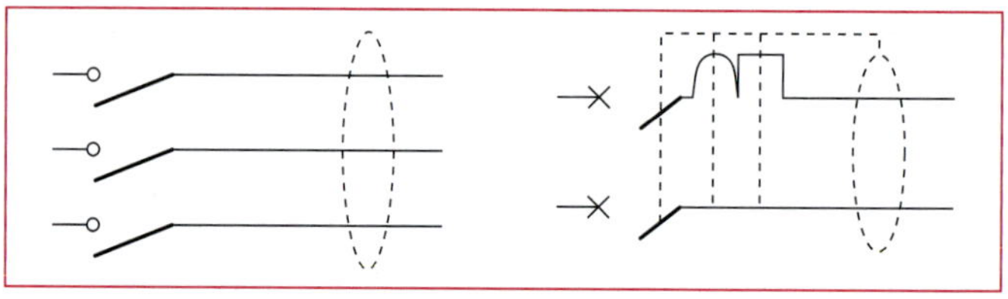

Figure 7.35 Interrupteur différentiel triphasé et disjoncteur différentiel monophasé

Le *disjoncteur magnéto-thermique et différentiel* assure trois types de protection :
- une protection contre les surcharges par son déclencheur thermique ;
- une protection contre les courts-circuits par son déclencheur magnétique ;
- une protection contre les contacts directs et les défauts d'isolement par son dispositif différentiel.

Un disjoncteur magnéto-thermique est utilisé, par exemple, pour les moteurs (fig. 7.36).

Figure 7.36 Disjoncteur magnéto-thermique

4.4.4 Schéma des liaisons à la terre TT (régime de neutre)

Afin d'obtenir une possibilité de coupure automatique dès l'apparition du premier défaut, le neutre du secondaire du transformateur doit être relié à la terre et toutes les masses doivent être mises à la terre. Le conducteur de protection (PE) est un *conducteur bicolore vert et jaune*.

Cette solution caractérise le régime de neutre TT, c'est le régime utilisé par excellence dans les installations domestiques et tertiaires.

5 Les transformateurs

Produite en 20 kV, transportée sur de longues distances en 400 kV et distribuée en 20 kV ou 400 V, l'énergie électrique change ainsi d'amplitude tout en conservant sa forme sinusoïdale et sa fréquence. Cette nécessaire conversion est assurée par des *transformateurs triphasés* (élévateurs ou abaisseurs de tension selon le besoin) ; au rendement près, il y a conservation de la puissance.

L'énergie électrique lors de son usage en monophasé est parfois (pour des raisons de sécurité des personnes) utilisée en 24 V, l'usage d'un transformateur monophasé (fig. 7.37) est alors nécessaire.

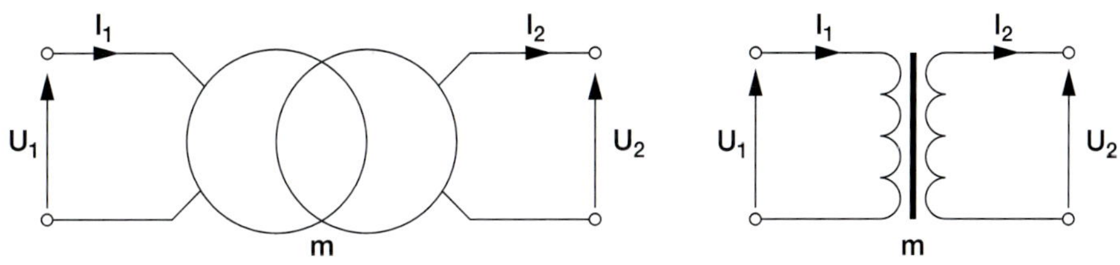

Puissance au primaire : $P_1 = U_1.I_1.\cos \varphi_1$
Puissance au secondaire : $P_2 = U_2.I_2.\cos \varphi_2$

Rendement : $\eta = P_2/P_1$
Rapport de transformation : $m = U_2/U_1$

Figure 7.37 Représentations d'un transformateur monophasé

L'usage de ces transformateurs dans les circuits de commande est décrit par la figure 2.3 du chapitre 2 et la figure 10.3 du chapitre 10.

6 Modulation de l'énergie électrique

Les contraintes d'exploitation des systèmes demandent à leurs actionneurs une puissance variable, les solutions modulant l'énergie mécanique (réducteur, boîte de vitesses…) fournie par le moteur ont un mauvais rendement. Par contre, une modulation de l'énergie électrique, en amont du moteur, obtenue à l'aide de *semi-conducteurs* s'effectue avec un bon rendement (voisin de 95 %).

exemple

Ce besoin de modulation de l'énergie est mis en évidence à partir de deux exemples traités dans le chapitre 2 : le contrôle de la vitesse de déplacement de la cabine pour le téléphérique et le maintien de la pression quel que soit le débit pour la station de distribution d'eau (tableau 7.5).

Description des solutions

Équipements	Actionneurs	Préactionneurs	Contraintes d'exploitations	Paramètres de régulation
Téléphérique	Moteur à courant continu	Pont triphasé à thyristors	Le profil (trapézoïdal) de la courbe de vitesse est imposé	Tension moyenne appliquée à l'induit
Station de distribution d'eau	Moteur asynchrone triphasé	Convertisseur de fréquence de type MLI	Pression constante de 8 bars	Fréquence de la tension délivrée au moteur

Pour les actionneurs, voir paragraphes 2.2 et 2.3 du chapitre 2 les paramètres de régulation.

Tableau 7.5 Description des solutions retenues pour le téléphérique et la station de distribution

Exemple de modulation de l'énergie électrique d'une source continue (cabine de téléphérique)

Le profil de la vitesse en fonction du temps pour un déplacement de la cabine est décomposé en trois zones (fig. 7.38).

Partie 1 : l'accélération est maîtrisée, la vitesse croît lentement.

Partie 2 : l'accélération est nulle, la vitesse est constante.

Partie 3 : la décélération est contrôlée, la vitesse diminue progressivement.

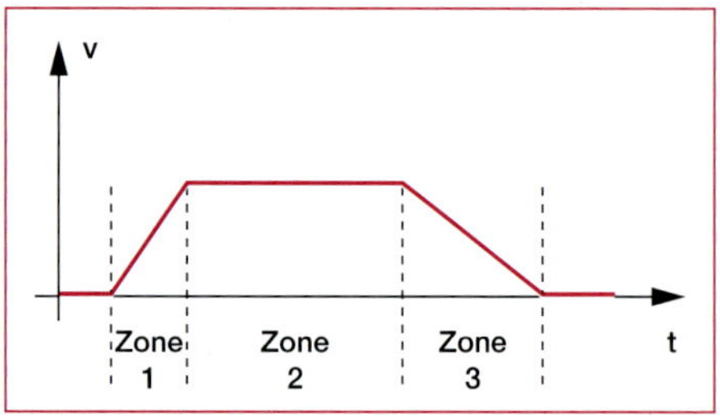

Figure 7.38 Profil de la vitesse

La variation de vitesse du moteur à courant continu est obtenue par la modification de la tension moyenne appliquée à son induit, cette tension est obtenue à partir du réseau triphasé à l'aide d'un *pont redresseur à thyristors* (fig. 7.39). Le *thyristor* est un semi-conducteur se comportant comme une diode nécessitant pour sa mise en conduction une impulsion sur sa gâchette.

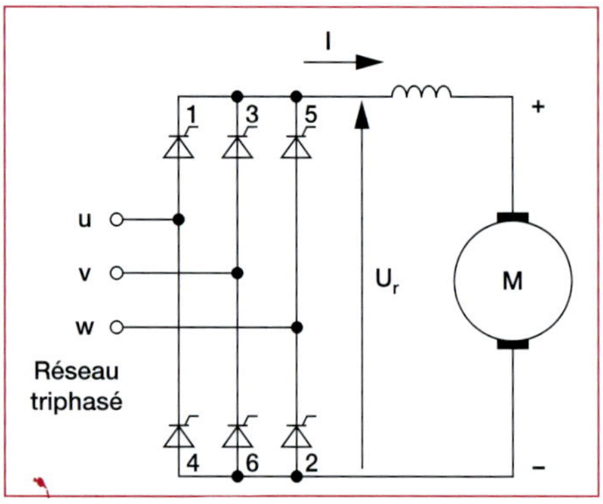

Figure 7.39 Pont triphasé alimentant le moteur

La tension moyenne est fonction de l'angle de commande α des thyristors (α : angle de retard entre le passage à la valeur zéro de la tension et l'instant de commande du thyristor concerné) (fig. 7.40). Au fur et à mesure que l'angle α diminue, la vitesse augmente (cas de la zone 1). Zone 2, l'angle α reste constant et zone 3, le ralentissement est obtenu en augmentant α.

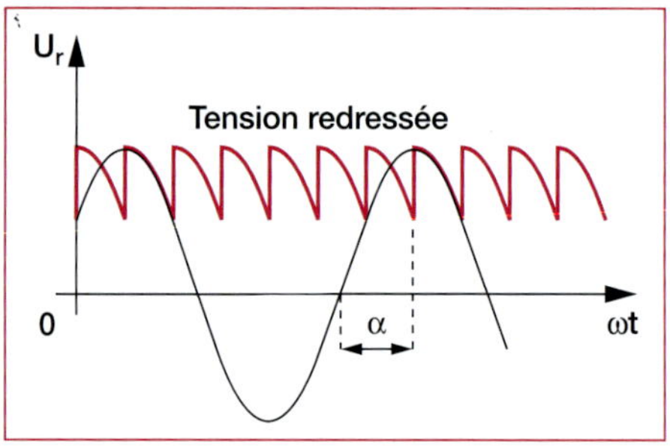

Figure 7.40 Tension appliquée au moteur

Exemple de modulation de l'énergie électrique d'une source alternative (station de distribution)

Pour maintenir la pression dans la station de distribution d'eau, la vitesse du moteur est en permanence modifiée en fonction du débit. Le convertisseur de fréquence produit une tension alternative de fréquence variable, la vitesse du moteur est alors fonction de cette fréquence (fig. 7.41).

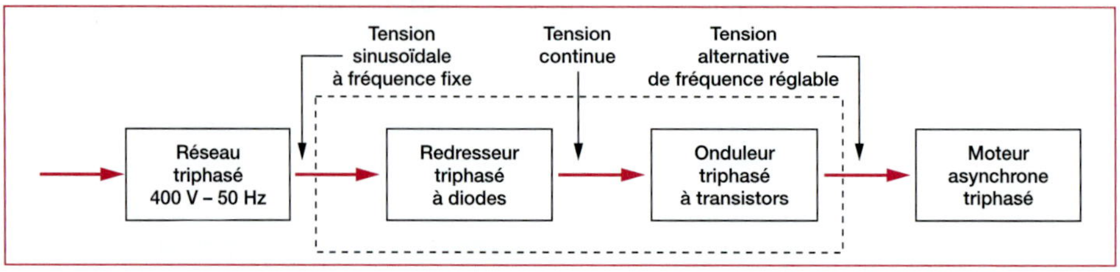

Figure 7.41 Principe du convertisseur de fréquence

La *tension alternative* est produite par un *onduleur* à partir de la tension fournie par le *redresseur* (fig. 7.42).

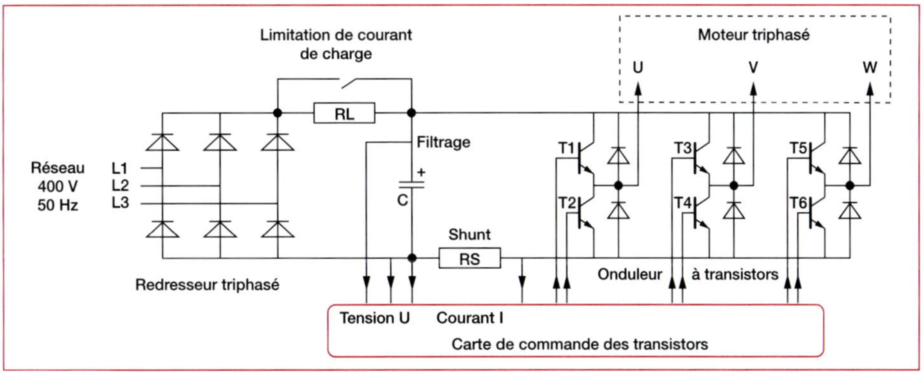

Figure 7.42 Structure simplifiée du convertisseur MLI

La tension appliquée au moteur est une onde carrée découpée en impulsions de largeur variable (fig. 7.43).

Le courant prend alors une allure globalement sinusoïdale. Ce convertisseur de fréquence porte le nom de *convertisseur à modulation* de largeur d'impulsions (MLI).

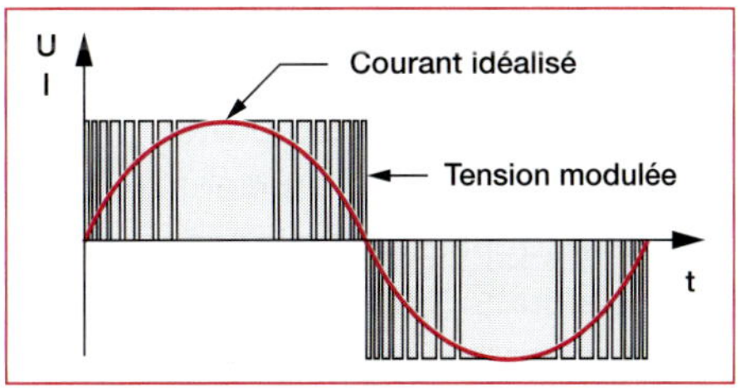

Figure 7.43 Tension appliquée au moteur et courant

L'ESSENTIEL

Dans la partie opérative d'un système, la chaîne énergétique mécanique est constituée par les actionneurs, les transmetteurs et les effecteurs.

L'étude statique, au travers de l'application du principe fondamental de la statique, permet de calculer les actions mécaniques qui s'exercent dans les différentes liaisons de la chaîne énergétique.

L'étude cinématique de tout ou partie de ces constituants permet de voir comment se comporte cette chaîne notamment en établissant le graphe des liaisons ou le schéma cinématique, en mettant en évidence les trajectoires de points particuliers, en calculant leurs vitesses.

La connaissance des torseurs cinématique et statique pour chacune des liaisons élémentaires est primordiale pour réaliser ces études.

Dans une installation électrique, les protections contre les surcharges sont confiées à des dispositifs thermiques, les protections contre les courts-circuits à des dispositifs magnétiques et les protections contre les défauts d'isolement à des dispositifs différentiels.

Dans un équipement de force motrice, les mises en marche ou à l'arrêt sont assurées par des contacteurs. Un relais thermique assure une protection spécifique des actionneurs.

Les transformateurs sont des convertisseurs d'énergie (électrique) caractérisés par leur bon rendement, il y a conservation de la puissance : leur principale caractéristique est leur rapport de transformation.

Les paramètres de l'énergie électrique qui sont modifiés par un transformateur sont la tension et l'intensité du courant.

Les paramètres de l'énergie électrique qui ne sont pas modifiés par un transformateur sont la fréquence et (au rendement près) la puissance.

La variation de la fréquence de rotation des moteurs asynchrones est obtenue par variation de la fréquence d'alimentation, celle des moteurs à courant continu par variation de la tension d'induit.

Mots clés : *action mécanique, chaîne énergétique électrique, chaîne énergétique magnétique, cinématique, contact direct ou indirect, convertisseur, couple, court-circuit, défaut d'isolement, degrés de liberté, disjoncteur, frontière d'isolement, liaison, liaison rotule ou liaison pivot, moment résultant, onduleur, paramètres dimensionnels ou de position, redresseur, réseau triphasé, résultante des actions, rotation, solide, statique, surcharge, thyristor, torseur, trajectoire, transformateur, translation, vecteur.*

exercices

EXERCICE 1

Un module de pose de ruban adhésif, dont le dossier est donné dans l'exercice de synthèse E1, est équipé d'un dérouleur supérieur décrit par la figure E 1.12.

1. Donner la nature des mouvements suivants : galet 2 / levier avant ; levier avant / bâti ; levier arrière / bâti ; biellette de liaison / levier avant ; biellette de liaison / levier arrière ; biellette de liaison / bâti ; carton / bâti.

2. L'analyse cinématique du mécanisme peut-elle être ramenée dans le plan de la figure ? Si oui, à quelles conditions ?

3. Représenter le graphe des liaisons limité aux solides évoqués précédemment.

4. La figure 7.44 donne la position du levier avant lors du passage d'un carton. Dessiner, sur cette figure, la silhouette de la biellette de liaison et celle du levier arrière dans leur nouvelle position. Les dimensions utiles seront relevées sur le schéma de la figure E 1.12 de l'entrainement 1 en vérifiant l'échelle.

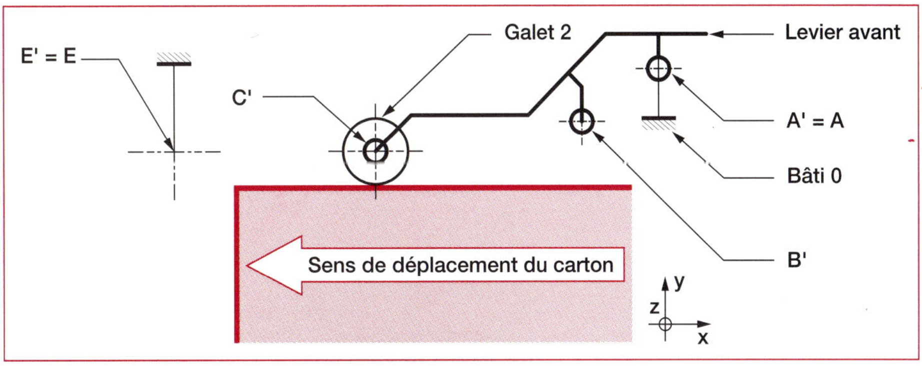

Figure 7.44 Mécanisme en position de passage d'un carton

5. Vérifier, en dessinant la silhouette du galet du levier arrière, si le carton peut passer sans le toucher.

EXERCICE 2

La liaison pivot entre la porte 3 et le linteau 0 (fig. 7.8 et 7.18) est réalisée à l'aide de deux couples paumelle/gond. Cette structure peut être représentée par le schéma plan de la figure 7.45.

1. À l'aide de la fiche 3, identifier sur cette figure les deux liaisons représentées.

2. Écrire, en projection dans le repère donné, les torseurs d'efforts transmissibles associés à ces deux liaisons.

3. L'axe $\vec{z_0}$ est vertical ascendant. Le poids P de la porte est appliqué en G. En appliquant le principe fondamental de la statique, déterminer complètement les actions en O et O' en fonction de P, e et h.

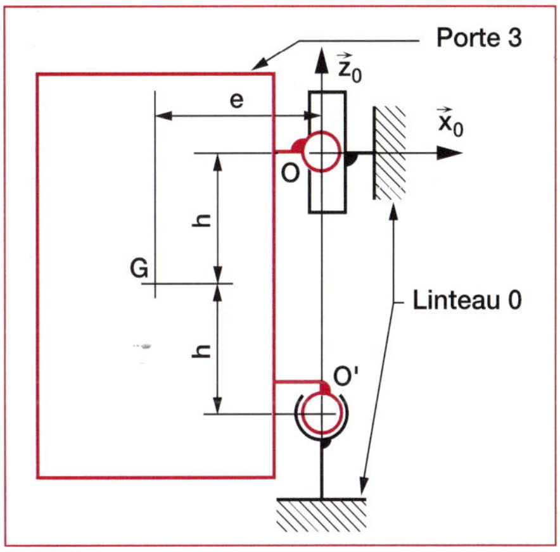

Figure 7.45 Détail de la liaison porte/linteau

EXERCICE 3

Protections mises en place dans les circuits électriques.

- À partir du schéma de la figure 2.4 et de la figure 10.3, lister les matériels qui concourent à la protection des biens, lister les matériels qui concourent à la protection des personnes et repérer ce qui concoure à la protection côté court-circuit.

EXERCICE 4

Grandeur permettant le réglage de la vitesse d'un moteur asynchrone. Un moteur asynchrone triphasé est alimenté par un convertisseur de fréquence MLI. Lorsqu'il tourne à 1 480 tr/min son courant efficace vaut 25 A et sa fréquence est de 50 Hz, et lorsqu'il tourne à 890 tr/min, son courant efficace vaut 15 A.

- Dessiner dans un même repère les allures du courant dans le moteur pour ces deux vitesses.

8 La chaîne d'information

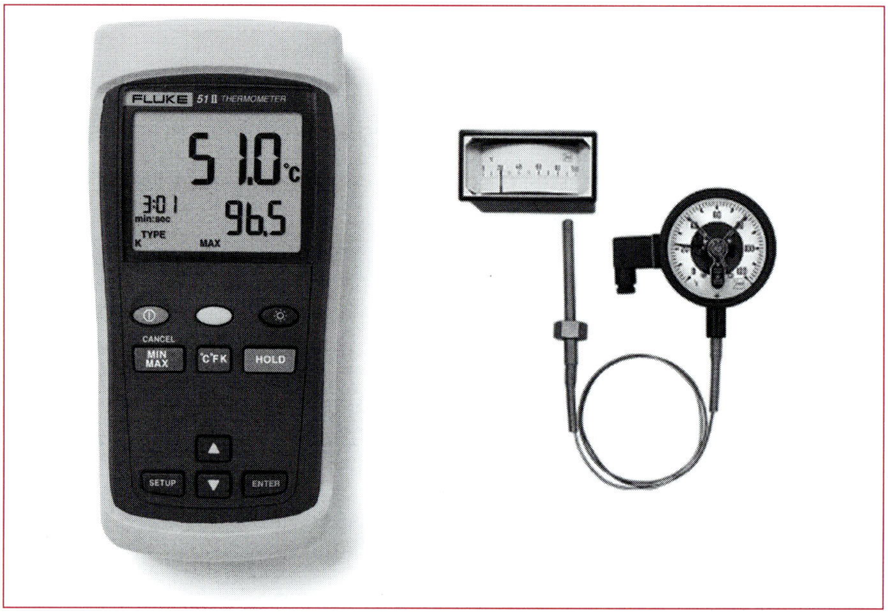

Figure 8.1 Thermomètre numérique et thermomètre analogique

Télévision numérique par satellite, téléphonie et réseaux de communication, multimédia (appareil photo, caméscope, scanner...), commande des systèmes automatisés de production, régulation industrielle de grandeurs physiques (température, pression, débit, vitesse...), traite une multitude d'informations physiques.

Ces systèmes d'information et de communication occupent une place de plus en plus grande dans notre environnement et les systèmes analogiques sont progressivement remplacés par les systèmes numériques.

Compétences

Un système de traitement intégré à une chaîne d'information étant disponible sous forme matérielle et/ou, défini par son dossier :

- Lister et caractériser entrées et sorties.
- Identifier les opérateurs logiques et arithmétiques utilisés.

Pour une application donnée sur un système mis à disposition et/ou défini par un dossier, le cahier des charges et les frontières de l'étude étant précisés et le grafcet fourni :

- Analyser et interpréter le grafcet fourni en décrivant depuis une situation donnée, la suite des situations atteintes au cours de l'évolution.
- Vérifier le respect de certaines contraintes formulées dans le cahier des charges (temporelles, de sécurité).

1 Information source et signal image

1.1 Information analogique

La figure 8.2 présente des exemples de représentation de signaux analogiques.

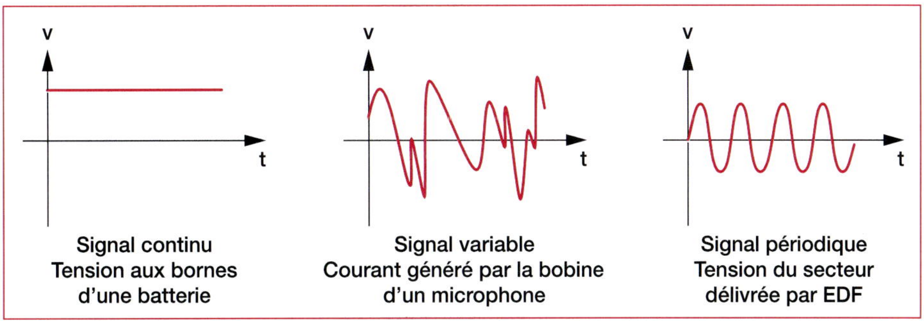

Figure 8.2 Exemple de signaux analogiques

Une information est la représentation d'une grandeur physique. Elle est dite analogique si elle peut prendre une infinité de valeurs dans un intervalle donné.

1.2 Signal numérique

Un signal numérique est un ensemble codé d'informations binaires qui représentent à un instant t une information analogique.

Pour numériser une information analogique source, on traduit sa valeur instantanée en signal numérique image. Le temps écoulé entre deux transductions est appelé *période d'échantillonnage* (fig. 8.3). Le composant électronique qui réalise cette numérisation est un *convertisseur analogique numérique*, CAN.

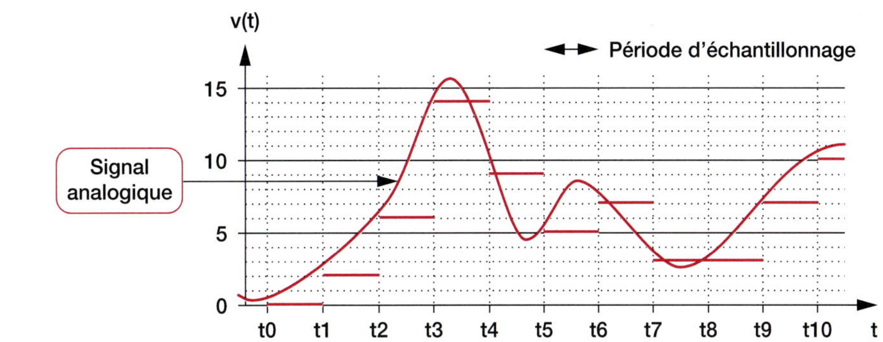

Valeur numérique		t0	t1	t2	t3	t4	t5	t6	t7	t8	t9	t10
	Décimale	0	2	6	14	9	5	7	3	3	7	10
	Binaire	0000	0010	0110	1110	1001	0101	0111	0011	0011	0111	1010

Figure 8.3 Numérisation d'un signal analogique

exemple

La grande majorité des grandeurs physiques intervenant dans le fonctionnement d'un système et issues de son environnement, est analogique. Le rôle d'un capteur (voir chapitre 4) est de rendre exploitable par les fonctions de traitement du système (de plus en plus numériques) ces grandeurs physiques.

Capteurs actifs : effets physiques mis en jeu. Un capteur actif est fondé dans son principe sur un effet physique (tableau 8.1) qui assure la conversion électrique de l'énergie propre à la grandeur mesurée.

Mesurande (grandeur mesurée)	Effet utilisé	Grandeur électrique de sortie	Application
Température	Thermoélectricité	Tension	
Flux de rayonnement lumineux	Effets photoélectriques	Tension ou courant	Capteurs solaires destinés pour l'entretien des batteries d'accumulateurs
Force, pression, accélération	Piézoélectricité	Charge	Pèse-personnes, bascules de pesage
Vitesse	Induction électromagnétique	Tension	
Position (aimant)	Effet « Hall »	Tension	

Tableau 8.1 Principaux effets physiques mis en jeu sur les capteurs actifs

Capteurs passifs : effets physiques mis en jeu. Un capteur passif doit être intégré dans un ensemble électrique (montage potentiométrique, circuit oscillant, amplificateur). Le principe de ces capteurs repose sur la variation de l'élément sensible en fonction du mesurande (tableau 8.2).

Mesurande (grandeur mesurée)	Caractéristique de l'élément sensible	Type de matériaux utilisés
Température	Résistivité	Platine, nickel, cuivre, semi-conducteurs
Très basse température	Constante diélectrique	Verres
Déformation	Résistivité	Alliages de nickel, silicium dopé
	Perméabilité magnétique	Alliages ferromagnétiques
Position (aimant)	Résistivité	Matériaux magnéto-résistants tels que le bismuth
Humidité	Résistivité	Chlorure de lithium
	Constante diélectrique	Alumine, polymères
Niveau	Constante diélectrique	Liquides isolants

Tableau 8.2 Principaux éléments sensibles dans les capteurs actifs

2 Information logique

2.1 Variables logiques et propositions logiques

Une variable logique binaire ne peut prendre que deux états : tout ou rien ; Présent ou absent ; vrai ou faux ; 1 ou 0. Une proposition logique est une combinaison de variables logiques.

exemple

Système de remplissage d'une cuve. La proposition logique traduisant un niveau normal de liquide dans la cuve est (fig. 8.4) :

Si le capteur « b » est actionné et si le capteur « h » n'est pas actionné, alors le niveau est normal.

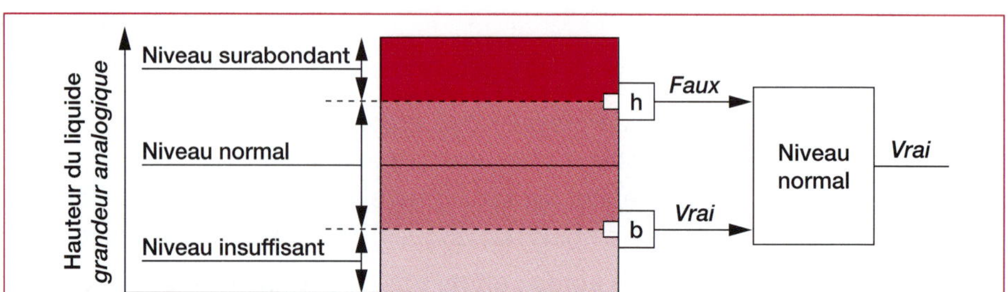

Figure 8.4 Variable logique et proposition logique

2.2 Systèmes de numération binaire et hexadécimale

2.2.1 Chiffres dans une base de numération

Pour traduire une valeur numérique, on écrit un nombre en utilisant des caractères appelés « chiffres ». La base est le nombre de caractères dont on dispose pour écrire ce nombre (tableau 8.3).

Base « b »	Caractères numériques utilisés ou chiffres															
Base 10 ou décimal	0	1	2	3	4	5	6	7	8	9						
Base 2 ou binaire	0	1														
Base 16 ou hexadécimal	0	1	2	3	4	5	6	7	8	9	A	B	C	D	E	F

Tableau 8.3 Traduction d'une valeur numérique en bases 2, 10, ou 16

2.2.2 Changement de base d'un nombre

Pour convertir un nombre binaire en décimal, on additionne les chiffres binaires affectés de leurs poids respectifs (puissance de 2).

exemple

101110 en base 2 = $101110_2 = 1 \times 2^5 + 0 \times 2^4 + 1 \times 2^3 + 1 \times 2^2 + 1 \times 2^1 + 0 \times 2^0 = 46$

Les nombres hexadécimaux permettent à l'homme une visualisation facile des informations numériques binaires traitées dans le système en regroupant les bits du nombre par quatre (tableau 8.4).

Binaire	Hexadécimal	Binaire	Hexadécimal	Binaire	Hexadécimal
0000	0	0110	6	1011	B
0001	1	0111	7	1100	C
0010	2	1000	8	1101	D
0011	3	1011	9	1110	E
0100	4	1010	A	1111	F
0101	5				

Tableau 8.4 Informations numériques binaire traduites en nombres hexadécimaux

Pour convertir un nombre hexadécimal en décimal, on additionne les valeurs décimales des chiffres hexadécimaux multipliés par leurs poids respectifs (puissance de 16).

exemple

2E en base 16 = $2E_{16} = 2_{16} \times 16^1 + E^{16} \times 16^0 = 2 \times 16^1 + 14 \times 16^0 = 46$

Pour convertir un nombre décimal en binaire, on écrit en partant de la droite les restes successifs de la division de ce nombre par 2.

exemple

Convertir 46 de décimal en binaire

46 : 2 = 23	reste	**0**	5 : 2 = 2	reste	**1**
23 : 2 = 11	reste	**1**	2 : 2 = 1	reste	**0**
11 : 2 = 5	reste	**1**	1 : 2 = 0	reste	**1**

soit $46_{10} = 1\,0\,1\,1\,1\,0_2$

Pour convertir un nombre décimal en hexadécimal, on écrit en partant de la droite les restes successifs de la division de ce nombre par la base 16.

exemple

Convertir 46 de décimal en hexadécimal

46 : 16 = 2 reste $14_{10} = E_{16}$ 2 : 16 = 0 reste $2_{10} = 2_{16}$

soit $46_{10} = 2E_{16}$

••••••

Pour convertir un nombre hexadécimal en binaire, on convertit chaque symbole hexadécimal en binaire. La concaténation de l'ensemble converti donne le nombre binaire.

exemple

Conversion du nombre hexadécimal 2E en binaire

Les symboles hexadécimaux 2, E ont pour valeurs binaires 10, 1110.

On peut donc écrire que $2E_{16} = 10\ 1110_2$

••••••

Pour convertir un nombre binaire en hexadécimal, on regroupe les bits par quatre en partant des poids faibles, puis on convertit chaque groupe en écrivant son symbole hexadécimal.

exemple

Conversion du nombre binaire 10 1110 en décimal

Les valeurs de 10, 1110 sont respectivement en décimal 2,14 ou 2, E en hexadécimal.

On peut donc écrire que : $10\ 1110_2 = 2E_{16}$.

••••••

2.2.3 Format numérique

Le format d'une information binaire est généralement de 8 bits (octet), de 16 bits (mot), de 32 bits (double mot).

exemple

Si le format est un mot de 16 bits, la valeur positive maximale traitée est :

$1111\ 1111\ 1111\ 1111_2 = FFFF_{16} = 65535_{10}$

••••••

2.3 Opérations logiques et arithmétiques

Un *opérateur* transforme un signal d'entrée ou une combinaison de signaux d'*entrée* en un signal de *sortie* (fig. 8.5).

L'opérateur complément transforme un signal « vrai » en un signal « faux » et inversement un signal « faux » en un signal « vrai ». On le note « $\overline{...}$ ».

L'opérateur « ET » donne un signal de sortie « Vrai » si et seulement si tous les signaux d'entrées sont « vrais ». On le note « ... • ... ».

L'opérateur « OU » inclusif donne un signal de sortie « Vrai » si un au moins des signaux d'entrées est vrai. On le note « ... + ... ».

L'opérateur « OU » exclusif donne un signal de sortie « Vrai » si un nombre impair de signaux d'entrées sont vrais. On le note « ... ⊕ ... ».

Le tableau 8.5 donne les propriétés des *opérateurs logiques*.

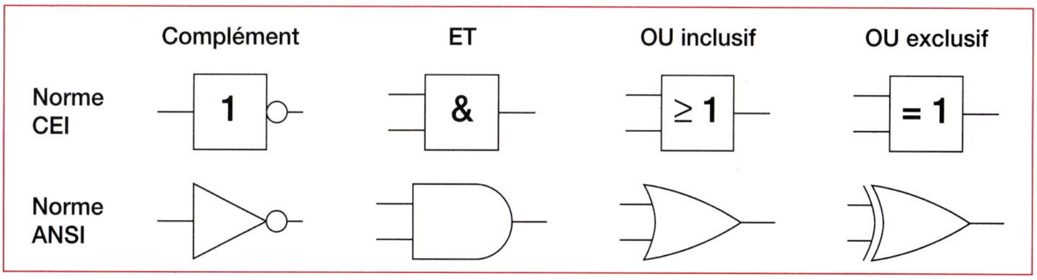

Figure 8.5 Symboles graphiques des opérateurs NON, ET, OU inclusif, OU exclusif

Propriétés et relations	
Commutativité du ET et du OU : $a \cdot b = b \cdot a$ $a + b = b + a$	Associativité du ET et du OU : $a + (b + c) = (a + b) + c = a + b + c$ $a \cdot (b \cdot c) = (a \cdot b) \cdot c = a \cdot b \cdot c$
Distributivité du ET par rapport au OU et du OU par rapport au ET : $a + (b \cdot c) - (a + b) \cdot (a + c)$ $a \cdot (b + c) = (a \cdot b) + (a \cdot c)$	De Morgan: $\overline{(a + b)} = \bar{a} \cdot \bar{b}$ $\overline{(a \cdot b)} = \bar{a} + \bar{b}$
Éléments neutres du ET et du OU : $a \cdot 1 = a$ $a + 0 = a$	Complémentation du ET et du OU : $a \cdot \bar{a} = 0$ $a + \bar{a} = 1$
Idempotence du ET et du OU : $a \cdot a = a$ $a + a = a$	Involution : $\bar{\bar{a}} = a$
Antisymétriques du ET et du OU : $a \cdot 0 = 0$ $a + 1 = 1$	Absorption : $a + a \cdot b = a$ $a + \bar{a} \cdot b = a + b$

Tableau 8.5 Propriétés des opérateurs logiques

3 Logigramme et chronogramme

3.1 Logigramme et schéma à contacts

Le *logigramme* ou le *schéma à contacts* sont des écritures graphiques d'une expression logique. Cette représentation est très utilisée pour la programmation des automates programmables.

exemple

La figure 8.6 représente les logigrammes et les schémas à contacts de la fonction $F = a \cdot b \cdot c + \bar{a} \cdot b \cdot \bar{c} + \bar{a} \cdot b \cdot c + \bar{a} \cdot \bar{b} \cdot c$ simplifiée sous forme polynôme Fp et factorisée Ff.

$$F_p = \bar{a} \cdot c + \bar{a} \cdot b + b \cdot c \qquad F_f = (\bar{a} + c) \cdot (\bar{a} + b) \cdot (b + c)$$

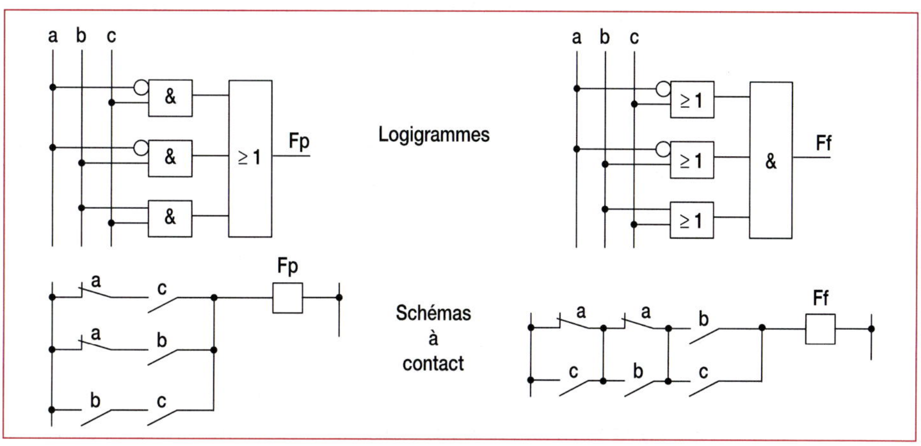

Figure 8.6 Logigrammes et schémas à contacts des fonctions Fp et Ff

3.2 Chronogramme

Le chronogramme est un graphe qui permet de définir l'état des variables de sorties à partir de l'état attendu des variables d'entrées définies chronologiquement.

exemple

La figure 8.7 représente un pas de pèlerin composé de deux vérins qui permettent d'avancer pas à pas une table transfert.

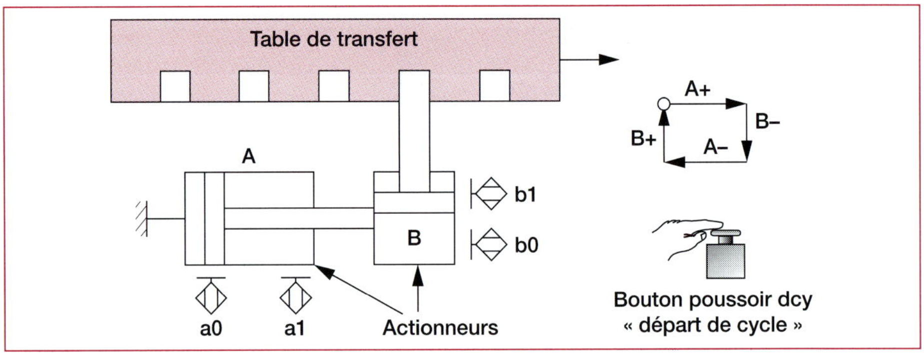

Figure 8.7 Synoptique du pas de pèlerin (actionneurs et table)

Le chronogramme de la figure 8.8 décrit l'état des sorties (mouvements) en fonction de l'état des entrées (capteurs et bouton poussoir) pour un cycle d'avance.

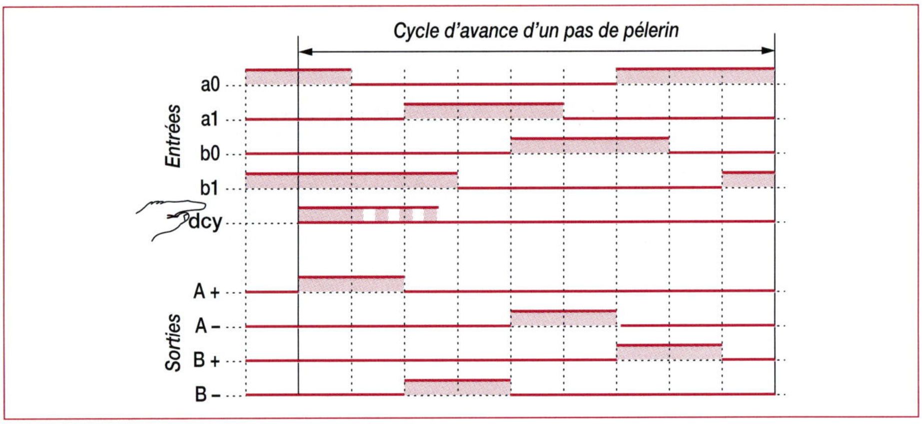

Figure 8.8 Chronogramme des signaux de point de vue partie opérative du pas de pèlerin

4 Le Grafcet : structures graphiques de base

4.1 Séquence

Une séquence est un ensemble ordonné tel que chaque étape n'est suivie que par une seule transition et chaque transition, par une seule étape.

Une *étape* caractérise le comportement invariant du système.

Une *transition* indique la possibilité d'évolution entre deux étapes.

Une *réceptivité* est une proposition logique indiquant la condition associée à la transition.

4.2 Divergence en OU

C'est l'entrée dans une structure de sélection qui permet l'évolution d'une étape vers une (ou plusieurs étapes) **suivant le choix indiqué** par les réceptivités associées aux transitions (fig. 8.9).

Habituellement, la divergence en OU est réservée à l'évolution d'une séquence vers une seule autre séquence. Dans ces conditions, les réceptivités associées aux transitions de la divergence en OU doivent être exclusives (une seule réceptivité vraie simultanément).

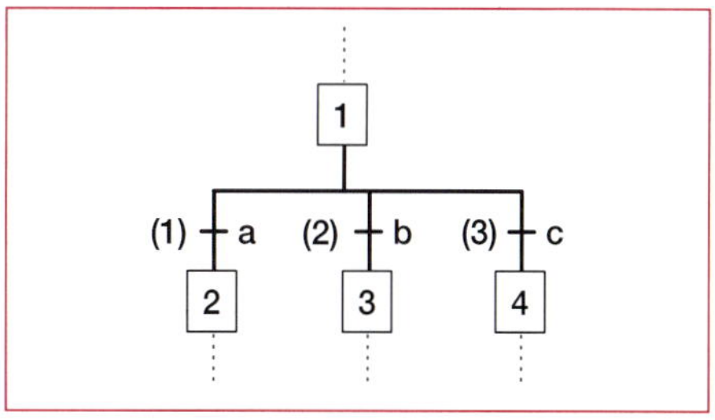

Figure 8.9 Divergence en OU

4.3 Convergence en OU

C'est la sortie de la « structure en OU » précédente qui permet l'évolution depuis plusieurs étapes vers une seule étape (fig. 8.10).

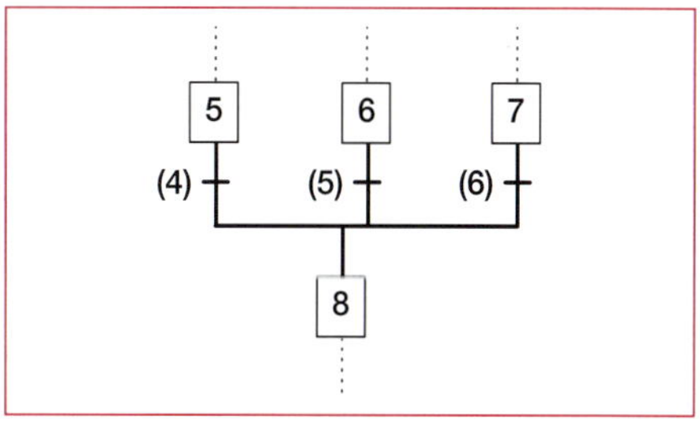

Figure 8.10 Convergence en OU

4.4 Divergence en ET

C'est l'entrée d'une structure qui permet l'évolution d'une étape vers plusieurs étapes simultanément.

Sur la figure 8.11, on constate que le franchissement de la transition (1) permet l'activation de toutes les étapes situées immédiatement en aval de la transition.

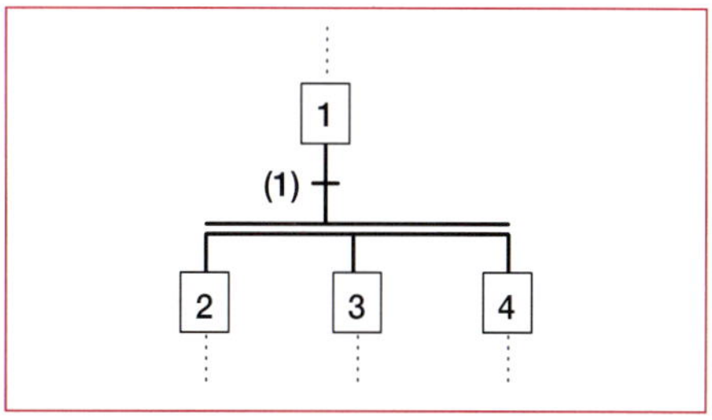

Figure 8.11 Divergence en ET

4.5 Convergence en ET

C'est la sortie de la « structure en ET » précédente qui permet l'évolution depuis plusieurs étapes vers une seule étape (fig. 8.12).

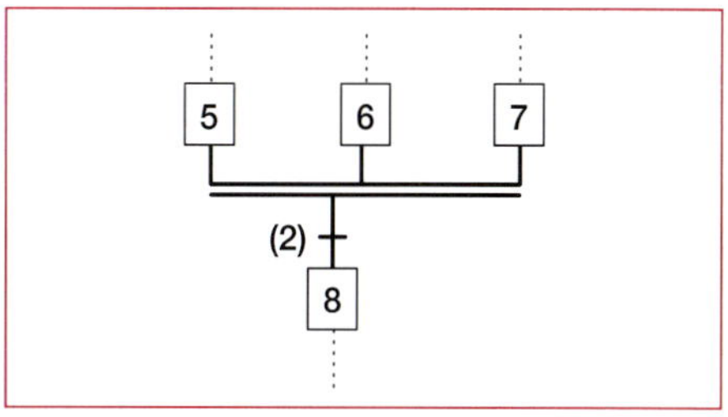

Figure 8.12 Convergence en ET

4.6 Saut de séquence

Le saut de séquence permet de faire ou de sauter une séquence suivant une condition donnée. C'est un cas particulier de la « structure en OU ».

Sur la figure 8.13, on constate que les transitions (1) et (2) étant validées, la séquence composée des étapes 2 à 5 est réalisée si la réceptivité « r1 » est vraie (« r2 » est fausse). Cette séquence est sautée si la réceptivité « r2 » est vraie (« r1 » est fausse).

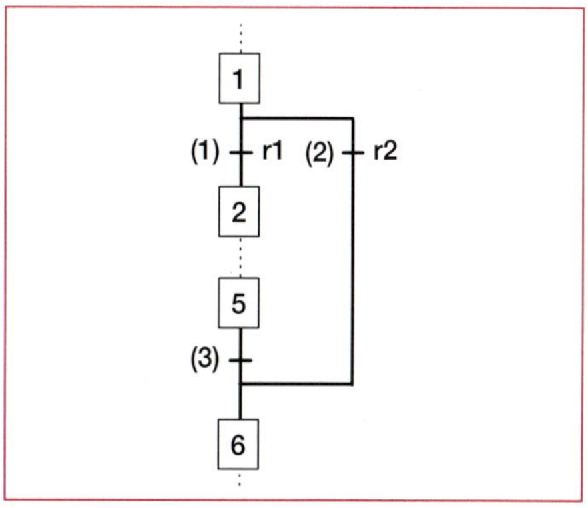

Figure 8.13 Saut de séquence

4.7 Reprise de séquence

La reprise de séquence permet de reprendre plusieurs fois une séquence dans un grafcet suivant une condition donnée.

Sur la figure 8.14, on constate que les transitions (2) et (3) étant validées, la séquence composée des étapes 2 à 5 est reprise si la réceptivité « r1 » est vraie (« r2 » est fausse). La séquence suivante est réalisée si la réceptivité « r2 » est vraie (« r1 » est fausse).

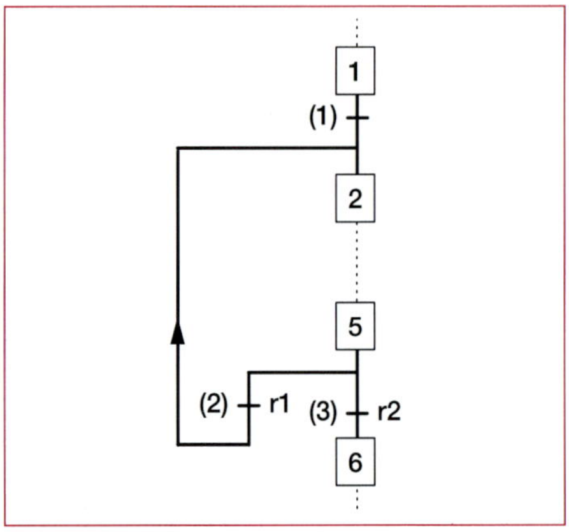

Figure 8.14 Reprise de séquence

5 Chaîne fonctionnelle et points de vue d'un grafcet

On distingue généralement trois phases dans la progression d'un projet ou d'une étude de système automatisé (fig. 8.15) : le point de vue système (procédé et processus) ; le point de vue partie opérative ; le point de vue partie commande.

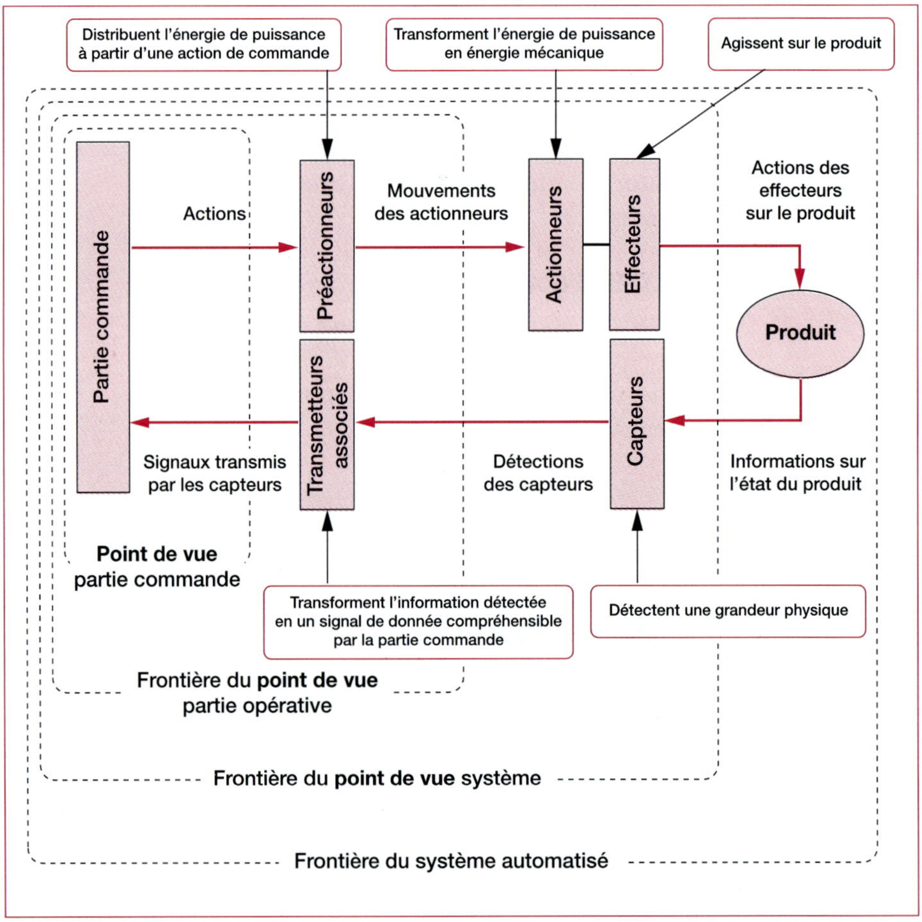

Figure 8.15 Chaîne fonctionnelle et notion de points de vue dans une spécification

Le *flux informationnel* qui traverse chacune des frontières définit les entrées et sorties de chaque spécification selon le point de vue recherché. La définition clairement exprimée des entrées et sorties de la partie commande d'un système est essentielle pour débuter une bonne analyse.

5.1 Point de vue système (procédé et processus)

Le point de vue système décrit le comportement du système (sans le produit) vis-à-vis du produit.

Le procédé est l'ensemble des fonctions successives exécutées sur un même produit au cours de sa fabrication.

Le processus est l'organisation du procédé. C'est la succession des fonctions simultanées réalisées sur tous les produits présents dans le système automatisé.

Le grafcet du point de vue système permet le dialogue entre le client et le concepteur pour la spécification du système automatisé (fig. 8.18). À ce stade de l'étude, les entrées et sorties de la partie commande correspondent au flux informationnel entre le produit et le système.

5.2 Point de vue partie opérative

Le point de vue partie opérative décrit les actions produites par les actionneurs à partir des informations acquises par les capteurs.

Le grafcet du point de vue partie opérative permet le dialogue entre le concepteur de la partie opérative et le concepteur de la partie commande (fig. 8.18).

5.3 Point de vue partie commande

À ce niveau de description, la distribution de l'énergie de puissance (électrique et pneumatique) est définie par un schéma de câblage et une nomenclature. Un schéma de partie commande définit le raccordement des transmetteurs, des préactionneurs et des composants de l'organe de dialogue (fig. 8.16).

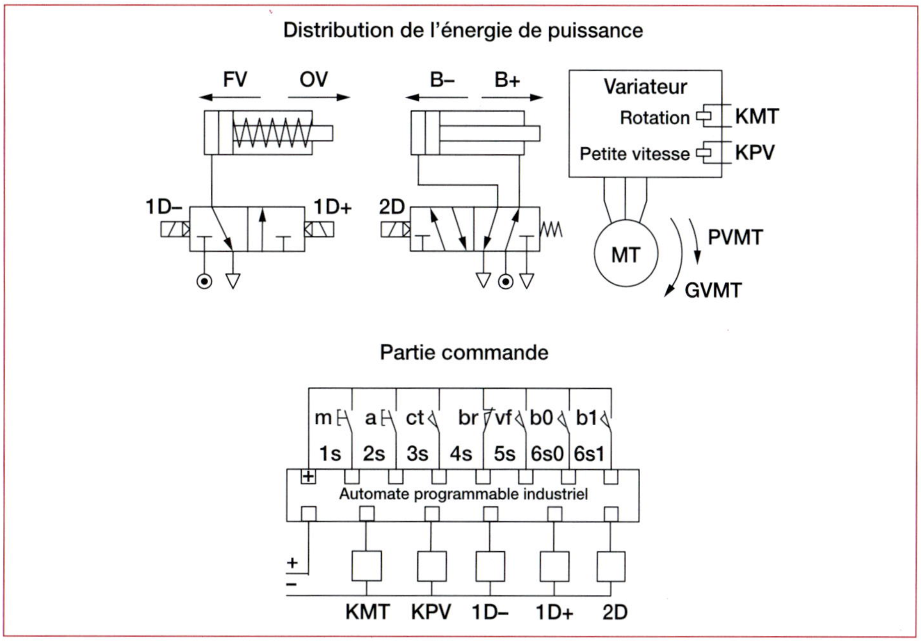

Figure 8.16 Schémas partiels de distribution de l'énergie et de la partie commande

Le grafcet du point de vue partie commande (fig. 8.18) décrit le fonctionnement de la partie commande (au sens strict) vis-à-vis du reste du système. La description terminée doit être complète : elle doit tenir compte des modes de marches et d'arrêts.

exemple

Chaîne d'embouteillage. Un système réalise les fonctions de remplissage, bouchage et transfert des bidons.

La partie alimentation en bidons et en bouchons du système n'est pas traitée dans cet exemple et se trouve donc extérieure au système isolé.

Le schéma synoptique de la figure 8.17 décrit la partie opérative du système.

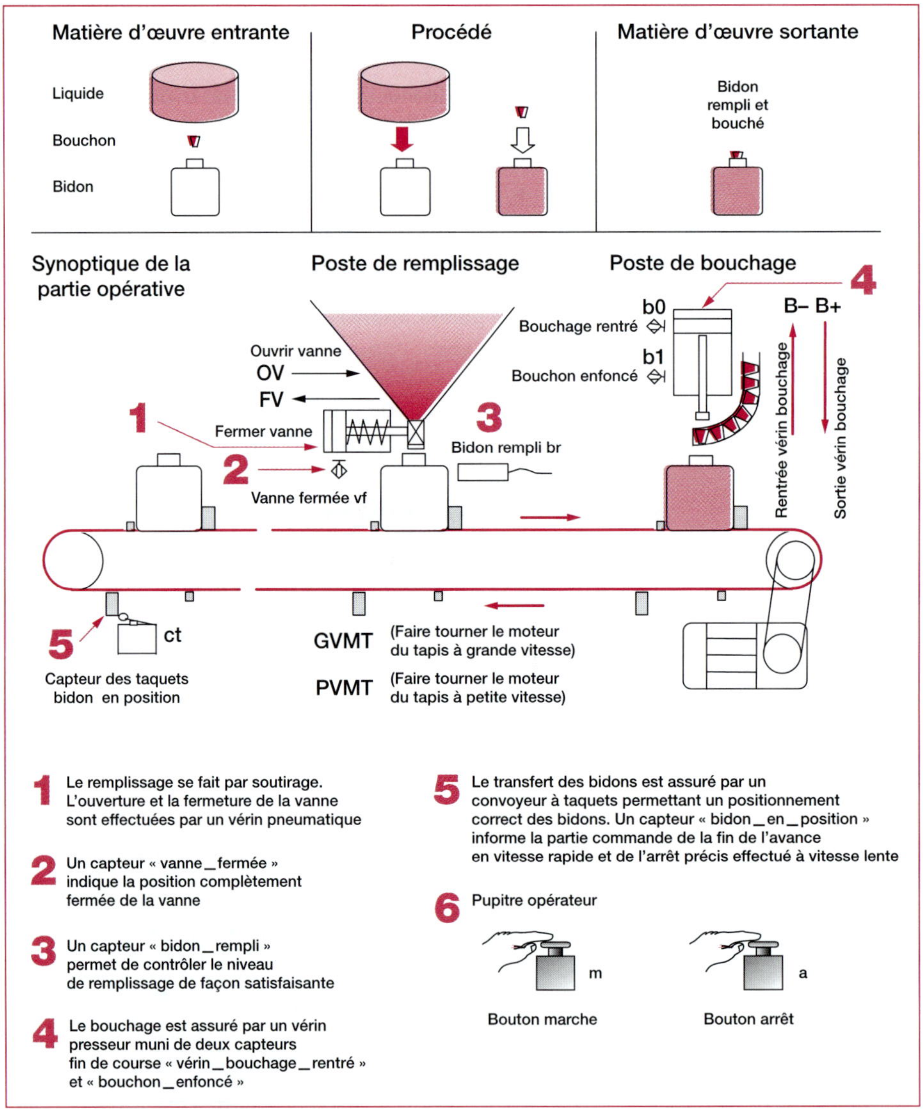

Figure 8.17 Système de remplissage et bouchage de bidons

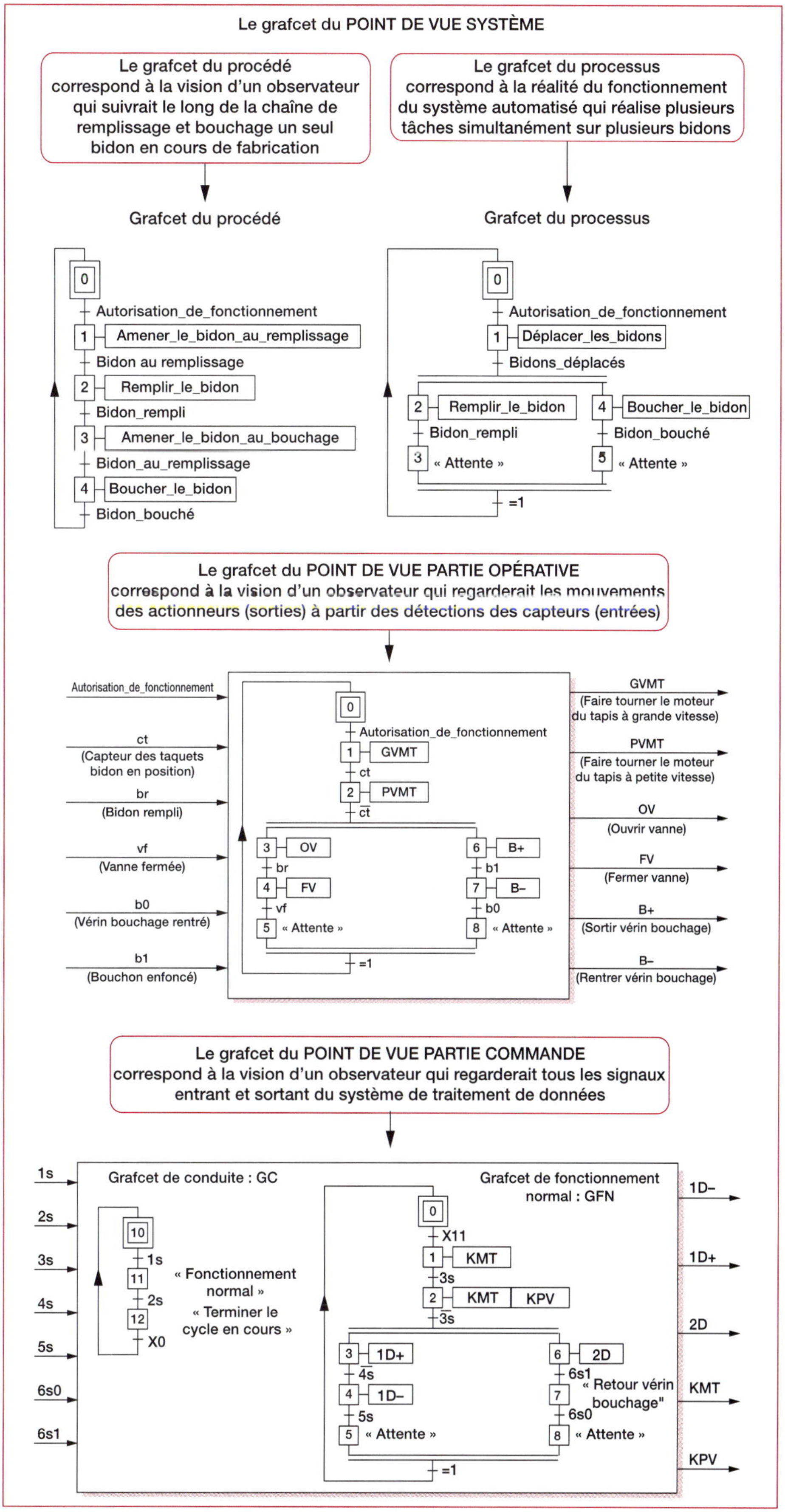

Figure 8.18 Grafcets des différents points de vue

Les grandeurs physiques analogiques sont traduites numériquement dans les systèmes modernes. Les informations binaires traitées peuvent être représentées dans différents codes (binaire, hexadécimal, décimal…) et formats (mots, doubles mots…).

Une fonction logique peut être représentée par une représentation graphique schématique (logigramme ou schéma à contacts) ; une représentation graphique temporelle (chronogramme).

Le Grafcet est un outil bien adapté à la description des systèmes séquentiels. Il est régi par des règles de syntaxe et des règles d'évolution.

Des structures graphiques de divergence et convergence en « OU » ou en « ET » se retrouvent dans la plupart des descriptions grafcet pour faire des choix de séquence, des sauts de séquence, des reprises de séquence.

Une frontière d'isolement claire et progressive de la partie commande permet d'en définir précisément les entrées et sorties :
– le point de vue système est une spécification fonctionnelle,
– le point de vue partie opérative est une description opérationnelle,
– le point de vue partie commande décrit les informations de commande.

Mots clés : *analogique, numérique, convertisseur numérique analogique CNA, logigramme, schéma à contacts, chronogramme, étape, transition, structure, interprétation, points de vue, système, procédé, processus, partie opérative, partie commande.*

exercices

EXERCICE 1

• Pour les systèmes suivants, identifier les informations suivant leur nature (analogique, numérique ou logique). Justifier la réponse.
– Signal entre deux modems. – Signal entre parabole et télévision. – Signal de mise en marche d'un lave-vaisselle. – Signal du capteur de vitesse d'un vélo. – Signal du détecteur de présence d'une alarme. – Signal entre antenne et télévision. – Signal sur le port parallèle d'un micro-ordinateur. – Signal entre une manette et une console de jeux.

EXERCICE 2

Un convertisseur analogique numérique délivre une valeur numérique de sortie N ($0 \leq N \leq 1023$) pour un signal d'entrée analogique A ($0 \leq A \leq 10$ volts).

1. Donner en binaire la valeur de sortie pour une tension de 4 volts.

2. Donner la tension d'entrée pour une valeur hexadécimale 2D A.

3. Déterminer le format du signal de sortie de ce convertisseur.

EXERCICE 3

1. Modifier le grafcet de la figure 8.19 pour faire une reprise de la séquence {1,2} après l'étape 2, si on a la condition « $c \cdot \bar{g}$ », et activer l'étape 3 si on donne la condition « $c \cdot g$ ».

2. Faire un saut de la séquence {4,5} si on a la condition « e » avant de commencer la séquence.

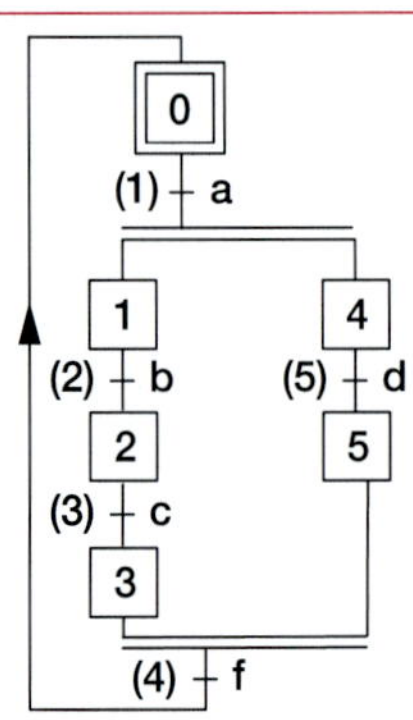

Figure 8.19 Établir une reprise et un saut de séquence

EXERCICE 4 **Le grafcet de la figure 8.20 est un grafcet global constitué de trois grafcets connexes.**

1. Donner les entrées, les sorties, et les variables internes de ce grafcet.

2. Lire ce grafcet et construire un seul grafcet connexe équivalent en supprimant les synchronisations par variables d'étapes X_i et en utilisant le parallélisme structural (divergence et convergence en ET).

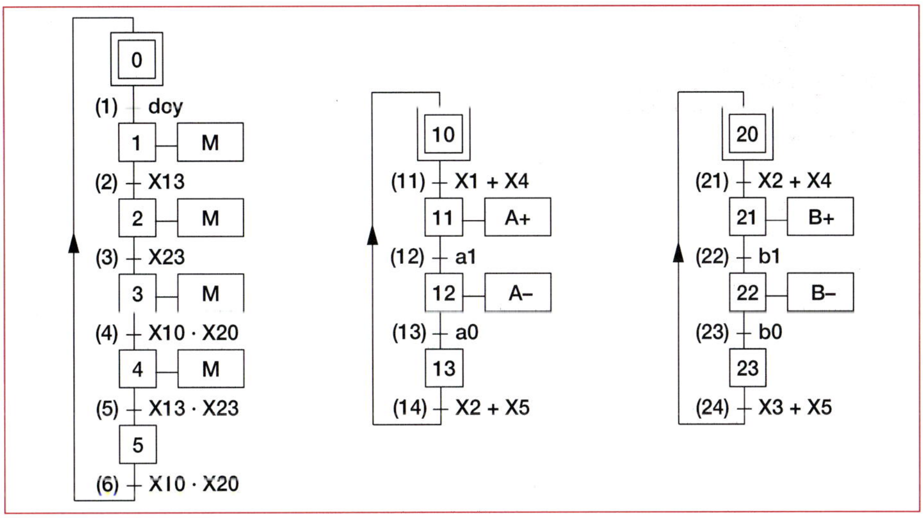

Figure 8.20 Établir une structure en ET

EXERCICE 5 **Le système de la figure 8.21 représente une scie automatisée de découpe de profilés légers posés sur des rouleaux et avancés par le système A, B. La scie actionnée par un moteur électrique M est déplacée par le vérin C.**

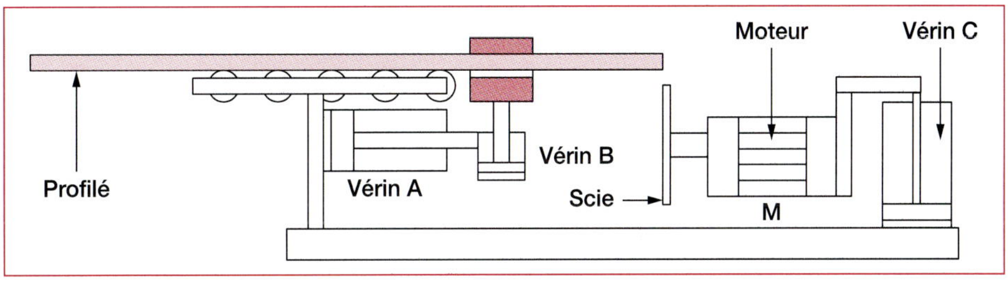

Figure 8.21 Scie automatisée

1. Établir le grafcet du point de vue système.

2. Établir le grafcet du point de vue partie opérative.

3. A, B, C sont des vérins à double effet, commandés par des distributeurs monostables. Deux boutons poussoirs m et a permettent la marche et l'arrêt du système. Faire le grafcet du point de vue partie commande.

4. Un sélecteur 1s permet de faire des séries de 10 pièces. Modifier le grafcet du point de vue partie commande pour générer un arrêt automatique de la machine après 10 pièces si 1s = 1.

5. Un sélecteur 2s permet de débiter des pièces de longueur double (deux cycles d'avance entre chaque sciage). Modifier le grafcet pour prendre en compte cette modification.

Représentation des produits pluritechniques

9 La représentation géométrique des produits

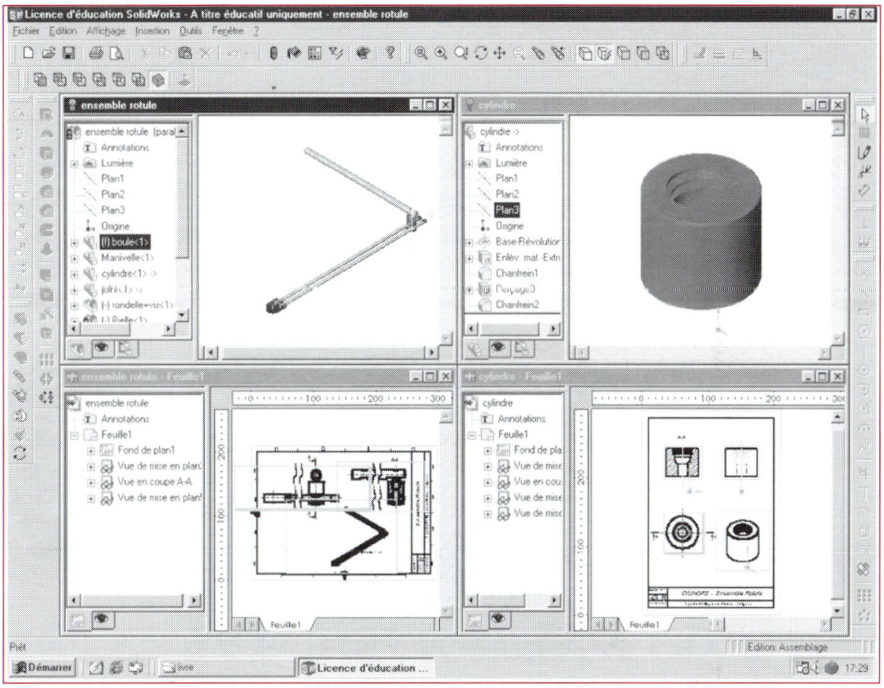

Figure 9.1 Fichier l'ouvre-porte

Lorsqu'un produit nouveau doit être créé, les différentes recherches et études aboutissent à l'élaboration de documents constituant le projet. Une communication s'établit alors entre les concepteurs et ceux qui vont réaliser le produit. Ils auront à élaborer et à lire des outils de communication adaptés.
Le modeleur volumique est un outil de représentation privilégié permettant de réaliser des maquettes numériques de systèmes.

Compétences

Un produit étant fourni sous forme réelle ou sous forme de représentation du réel :

- Identifier les différentes pièces constituant l'assemblage.
- Définir les contraintes d'assemblage.
- Analyser morphologiquement les pièces et identifier les volumes élémentaires et les dimensions associées.
- Représenter le produit à l'aide de l'outil adapté.

1 Modélisation 3D

Les logiciels de CAO (conception assistée par ordinateur) ne cessent d'évoluer et sont devenus indispensables à tout bureau d'études lors de la conception, de la modification et de la réalisation d'un produit. Ces logiciels, intégrant des modeleurs volumiques, permettent de construire des modèles virtuels du produit dans un espace à trois dimensions.

exemple

Maquette de l'ouvre-porte C-ZAM

Ce système a pour fonction d'ouvrir automatiquement des portes pivotantes.

La maquette de l'ouvre-porte « C-ZAM » est photographiée en position fermée (fig. 9.2).

La figure 9.3 est la modélisation 3D de cette maquette. Le réalisme de l'image obtenue permet une *représentation concrète* du produit. Une *rotation de l'image* peut être effectuée afin de visualiser le produit suivant différents points de vue. Il est possible de *modifier l'échelle* de l'image, de sélectionner un détail et de le zoomer, de cacher des pièces ou de les rendre transparentes. Toutes ces possibilités seront utilisées lors du décodage des modèles numériques.

Figure 9.2 Maquette de l'ouvre-porte

Figure 9.3 Modélisation 3D de la maquette

2 Méthode de lecture de la représentation virtuelle d'un système

La lecture de représentations virtuelles de système peut se faire selon le modèle d'une *analyse descendante*. Cela consiste à observer le mécanisme dans sa globalité, à analyser ensuite les assemblages réalisant les différentes fonctions puis démonter ces assemblages afin de définir la morphologie des pièces qui les composent.

La présence du système matériel conjointement à sa modélisation facilite l'initiation à la lecture de ces documents virtuels.

Appliquons cette méthode de lecture à l'ouvre-porte C-ZAM, présenté en exemple. Quatre phases s'y dégagent.

2.1 Phase d'analyse fonctionnelle globale

La première question que l'on doit se poser est celle-ci : « À quoi sert le système ? » La réponse permet de définir la *fonction globale* du système : « manœuvrer une porte pivotante » (fig. 9.3).

2.2 Phase d'analyse fonctionnelle technique

La question qui se pose alors est : « Comment la fonction globale est-elle réalisée ? » Cette deuxième phase d'analyse met en évidence la nécessité d'une transformation du mouvement de rotation de la manivelle en un mouvement de rotation de la porte par l'intermédiaire de la bielle. Il convient alors de modéliser le mécanisme (fig. 9.4) : la plaque avant du châssis est « cachée » et un zoom est fait sur les constituants du mécanisme. Le mouvement d'entrée est donné par le moteur électrique ; il est transmis à la manivelle par l'arbre de sortie.

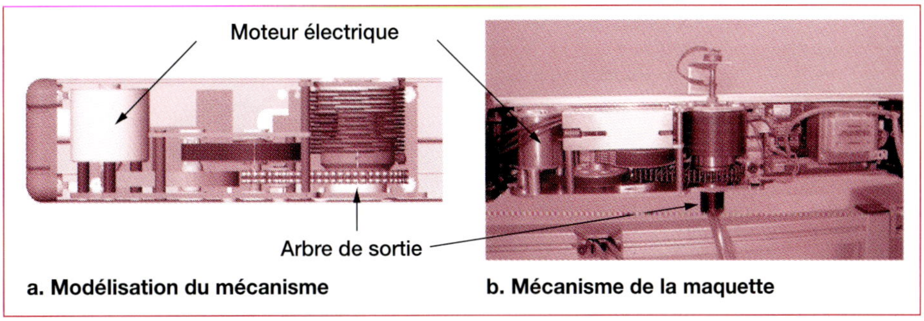

Figure 9.4 Mécanisme de l'ouvre-porte

Une seconde question s'impose : « Comment est réalisée la transmission du mouvement de rotation du moteur électrique à l'arbre de sortie ? » Cela consiste à analyser la *chaîne cinématique* de ce mécanisme (fig. 9.5).

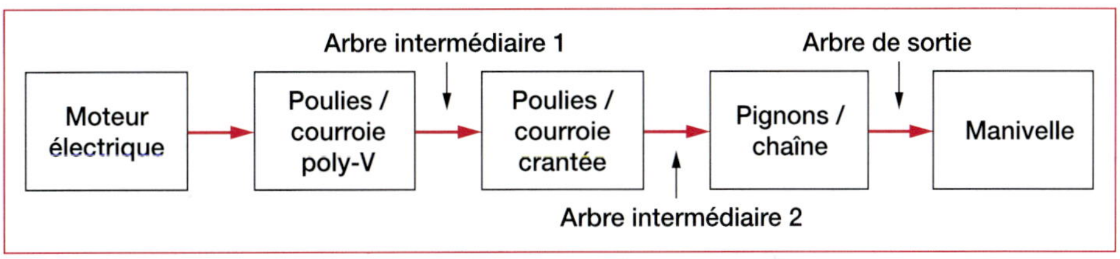

Figure 9.5 Chaîne cinématique du mécanisme

L'étude de l'*arbre de construction* (fig. 9.6) permet de comprendre l'assemblage des composants de ce système.

Le châssis, premier sous-ensemble de l'assemblage, est fixe.

Les autres sous-ensembles, tels que « Arbre intermédiaire 1 », « Arbre intermédiaire 2 », etc. sont insérés dans l'assemblage, nommé ici C-ZAM.

Ils sont placés et orientés les uns par rapport aux autres par des *contraintes d'assemblage* classées dans le fichier Grp. contr. Asm 1 (groupement de contraintes d'assemblage).

Les contraintes d'assemblage sont les conditions de coaxialité, de coïncidence, de parallélisme, de distance, permettant de créer des *liaisons* entre les constituants de l'assemblage.

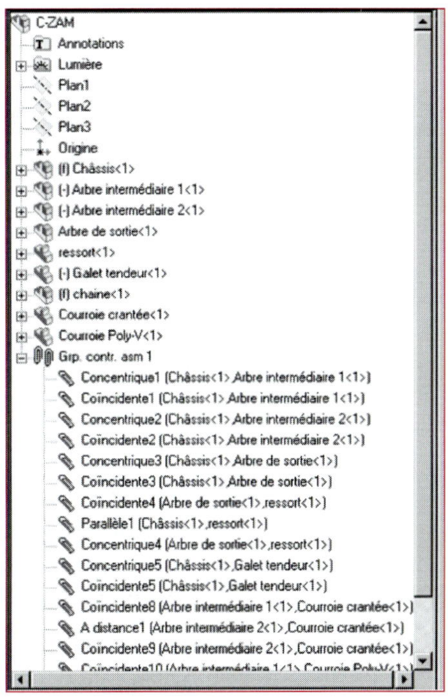

Figure 9.6 Arbre de construction

Le fait de cliquer le nom du sous-ensemble, dans l'arbre de construction, fait apparaître celui-ci en surbrillance sur le modèle 3D associé et permet ainsi de l'identifier.

Ces logiciels de représentation virtuelle donnent la possibilité d'éclater le modèle. Cette *perspective éclatée* (fig. 9.7) fait apparaître les différents constituants.

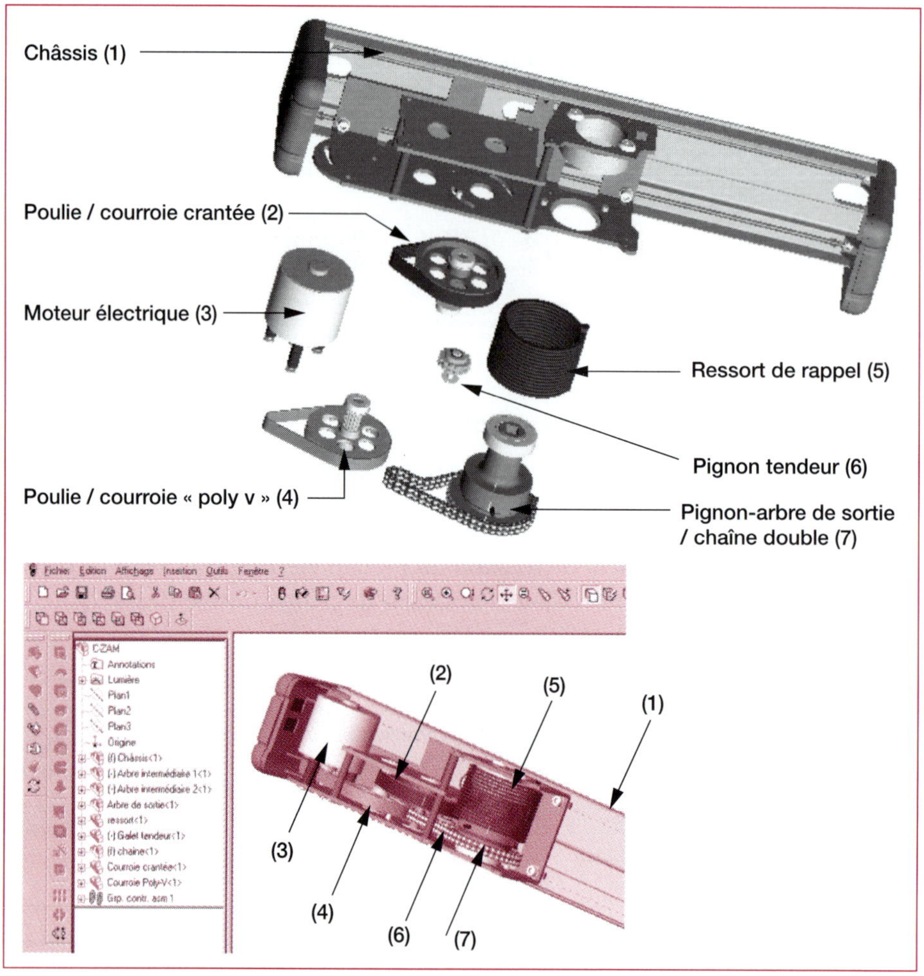

Figure 9.7 Perspective éclatée du mécanisme

2.3 Phase d'analyse des solutions constructives et du montage

La figure 9.8 présente le système dans une position ouverte intermédiaire.

Le mouvement de rotation de l'arbre de sortie est transformé en un mouvement de rotation de la porte.

Mais « comment sont réalisées les différentes liaisons entre les constituants de ce sous-ensemble ? »

Chaque sous-ensemble étant défini dans un fichier, il est possible de le faire apparaître et de le décomposer en éléments séparés.

On choisit d'étudier, parmi les différentes liaisons, celle définie par le fichier « ensemble rotule » (fig. 9.9).

Figure 9.8 Ouvre-porte en position intermédiaire

Il suffit de lire l'arbre de construction de l'ensemble rotule (fig. 9.9) pour comprendre sa structure. Chaque pièce constitutive y est définie : boule, manivelle, cylindre, joint torique…

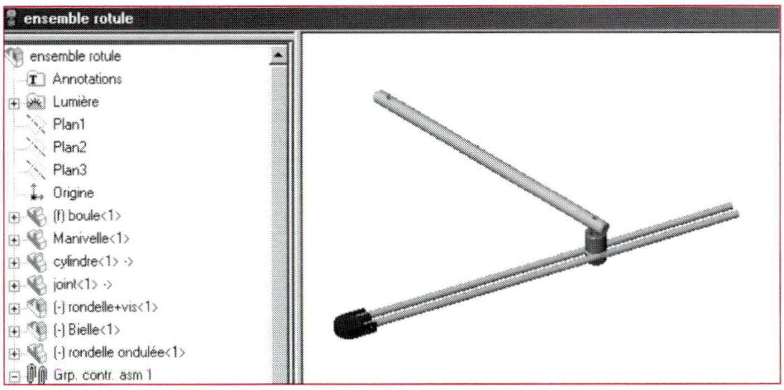

Figure 9.9 Fichier ensemble rotule

Afin de faciliter la visualisation de pièces cachées par exemple, il est possible soit de cacher un composant, soit de le rendre transparent.

Dans la figure 9.10, le cylindre, rendu transparent, fait apparaître la boule qui y est logée, maintenue par le joint torique.

D'autre part, le déplacement de l'ensemble dans l'espace et l'utilisation du zoom permettent de montrer la fixation du cylindre sur la bielle, constituée de deux tiges, par l'intermédiaire d'une rondelle ondulée, d'une rondelle plate et d'une vis.

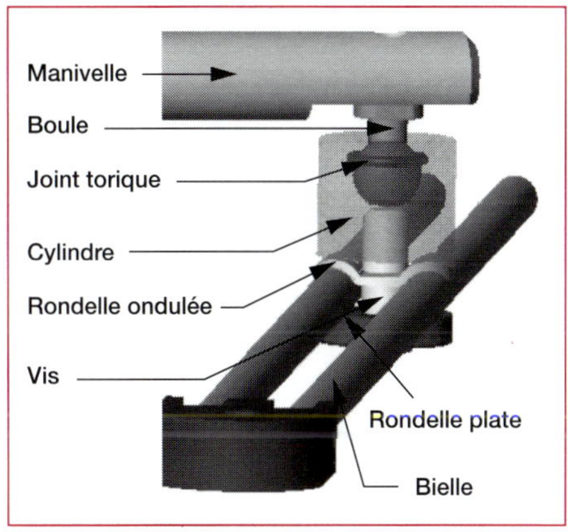

Figure 9.10 Zoom sur la liaison rotule

L'analyse peut se poursuivre par l'étude de chaque pièce.

Par exemple, la figure 9.11 présente la modélisation du cylindre seul.

Il est à noter qu'il lui est associé un *arbre de création*.

Il en est ainsi pour toutes les pièces constitutives du mécanisme.

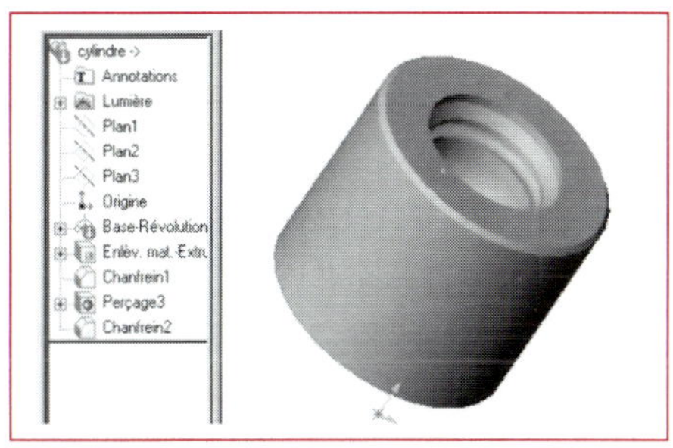

Figure 9.11 Modélisation du cylindre

Or, quelle méthode existe afin de créer ces pièces puis ces assemblages pour obtenir la modélisation d'un système ?

3 Méthode d'élaboration d'un modèle 3D

3.1 Particularités des modeleurs volumiques

Les modeleurs volumiques sont des outils de conception à paramétrage variationnel, basés sur des fonctions.

Les modèles peuvent être créés avec ou sans *contraintes* : les relations géométriques telles que parallèles, perpendiculaires, verticales, horizontales, concentriques et coïncidentes, les méthodes de cotation sont des exemples de contraintes. Des équations peuvent également être utilisées pour établir des relations mathématiques entre les paramètres (paramétrage variationnel). Les *concepts* sont ainsi garantis et conservés lors des modifications.

Ici, le terme *concept* définit les caractéristiques spécifiques d'un projet, d'un produit, par rapport à l'objectif ciblé.

Les modèles volumiques sont entièrement intégrés : la modification d'un document du projet entraîne la mise à jour automatique de l'ensemble des documents du projet.

Par exemple, les modifications introduites dans la modélisation d'une pièce sont entièrement reflétées dans les assemblages et dans les mises en plan qui lui sont associés.

Les techniques utilisées pour créer le modèle déterminent le type d'*intention de conception*. Celle-ci représente le plan quant à la manière dont le modèle doit se comporter lorsqu'il subit des changements.

3.2 Les fonctions du modeleur 3D – création d'une pièce

Une pièce est créée par étapes successives. À chaque étape, on applique une fonction. Une fonction ajoute de la matière à une pièce ou en enlève.

On travaille avec des fonctions telles que bossages, enlèvements de matière-extrusion, perçages, chanfrein…

Au fur et à mesure qu'elles sont créées, les fonctions sont directement appliquées à la pièce en cours de construction.

L'*arbre de création* non seulement affiche la séquence de création des fonctions mais donne en plus un accès facile à toutes les informations sous-jacentes (fig. 9.12).

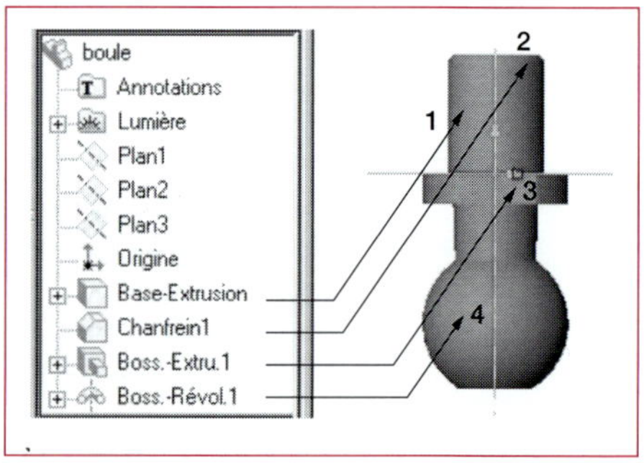

Figure 9.12 Arbre de création de la boule de l'ensemble rotule

Le premier volume créé doit être repéré dans l'espace tridimentionnel. Pour cela, une origine absolue et trois plans (plan 1, plan 2 et plan 3) associés aux vues de la pièce apparaissent au début de l'arbre de création (fiche 4).

Certaines fonctions, telles que extrusion, révolution, nécessitent la réalisation préalable d'une *esquisse*.

Une esquisse est une figure cotée définie sur un des plans initiaux ou sur une surface plane de la pièce.

Il convient de placer la première esquisse de la première fonction de manière judicieuse afin de pouvoir utiliser au mieux les *plans de référence* pour des symétries ou d'autres esquisses.

La séquence de création de la boule se déroule de la façon indiquée par la figure 9.13.

Pour obtenir des esquisses qui ne se déformeront pas lors d'un assemblage ou d'un étirement, celles-ci doivent être contraintes. Il existe deux façons de contraindre les esquisses :
– la première en faisant une cotation correcte dans l'esquisse ;
– la deuxième en utilisant une fonction qui consiste à ajouter des relations géométriques (symétrie, parallélisme…).

On peut, à tout moment, modifier le résultat d'une fonction en éditant, à partir de l'arbre de création de la pièce, l'esquisse ou la définition de la fonction.

La pièce est ensuite recalculée et apparaît modifiée.

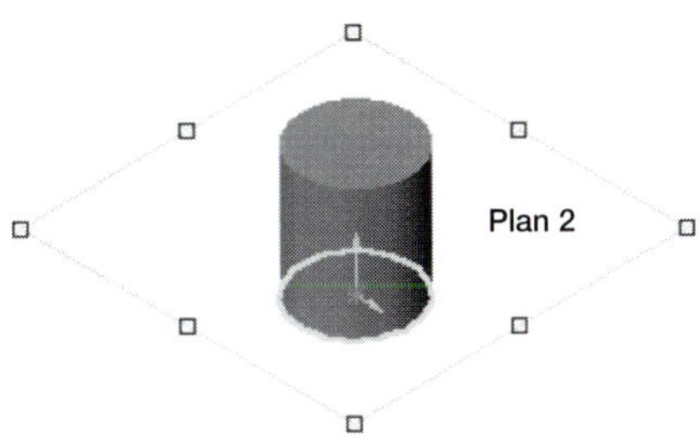

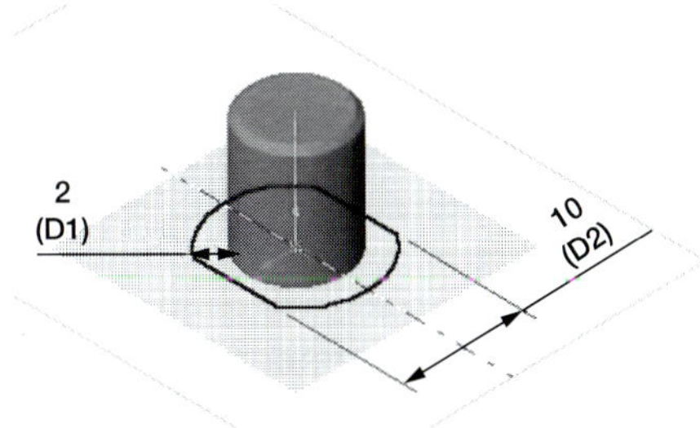

Fonction 1 : Le premier volume est créé par **extrusion.** L'esquisse est un cercle coté, définie dans le plan P2.

Fonction 2 : La fonction « **chanfrein** » est appliquée à l'arête supérieure du cylindre.

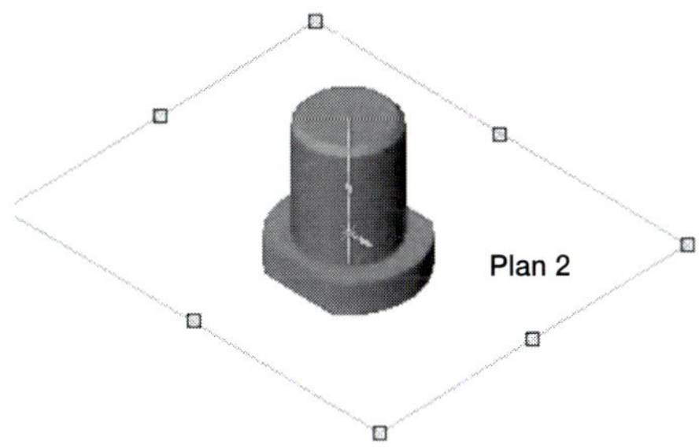

Fonction 3 : L'esquisse du **bossage** est définie dans le plan de base du cylindre (plan P2). Puis, la fonctin extrusion est appliquée.

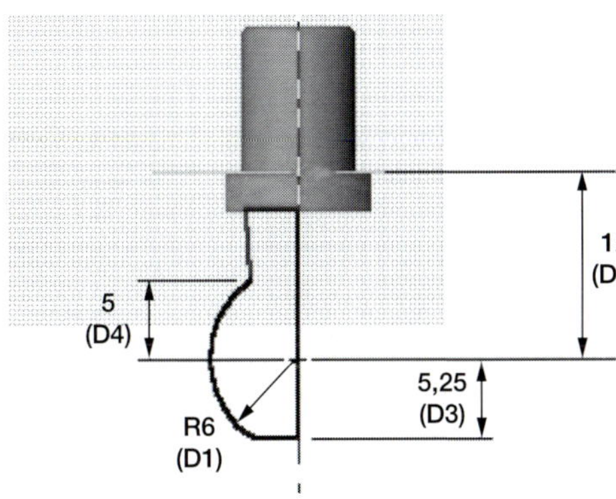

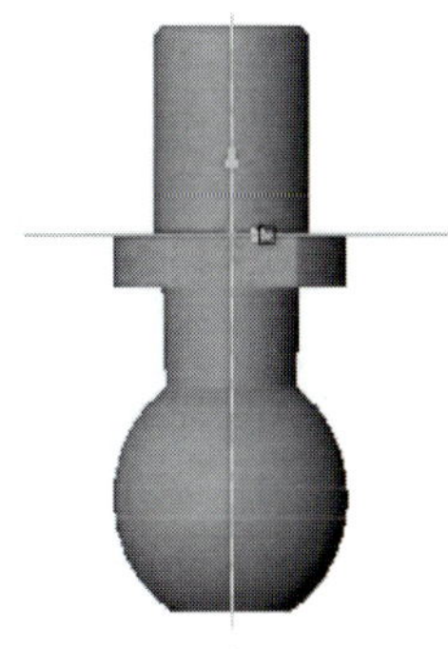

Fonction 4 : L'esquisse est définie dans le plan P3. La fonction « **bossage-révolution** » est appliquée.

Figure 9.13 Étape de création de la boule de l'ensemble rotule

exemple

Dans la figure 9.14, la cote de 12 est devenue 15.

La pièce apparaît alors avec cette nouvelle cote.

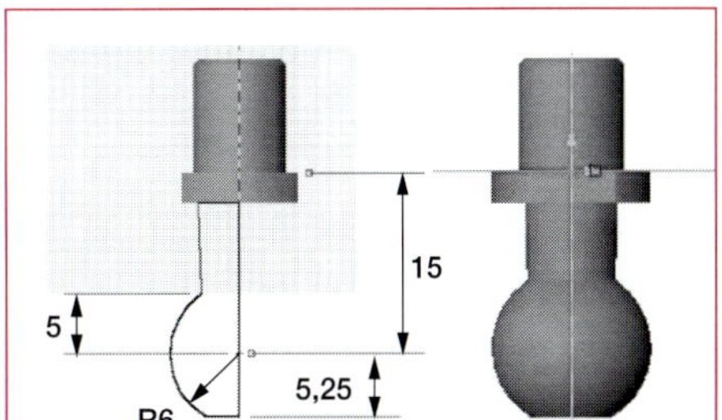

Figure 9.14 Modification de la pièce selon une nouvelle cote

3.3 Création d'un assemblage

Un système est constitué de plusieurs pièces ; la modélisation de certaines d'entre elles est définie dans des fichiers distincts (type pièce).

Créer un assemblage consiste à importer dans un nouveau fichier *(type assemblage)* les pièces que l'on désire positionner les unes par rapport aux autres.

Le positionnement relatif des pièces (fig. 9.15) est réalisé en déclarant des contraintes géométriques entre les surfaces des différentes pièces : coaxialité, coïncidence, tangence...

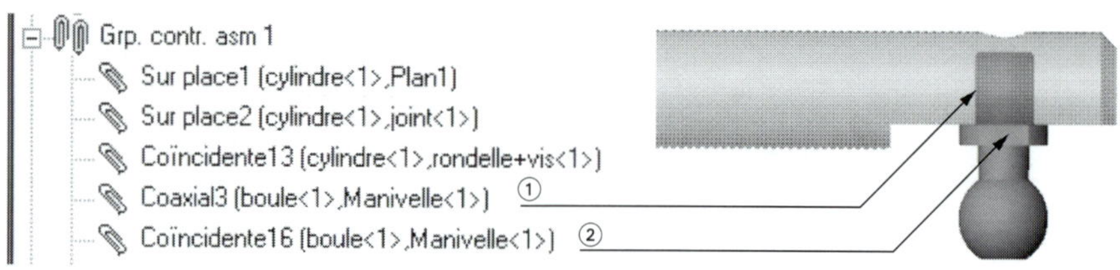

① l'axe du cylindre de la boule est coaxial avec l'axe du perçage de la manivelle.

② le plan supérieur du bossage coïncide avec le plan usiné sur la manivelle.

Figure 9.15 Assemblage boule/manivelle (transparente)

Des sous-assemblages peuvent être créés puis ajoutés à l'assemblage de la même manière que les pièces.

3.4 Conception dans le contexte de l'assemblage

Il est possible de créer des pièces directement dans le contexte de l'assemblage en s'appuyant sur la géométrie et les positions d'une ou de plusieurs pièces existantes.

L'avantage d'une telle pièce est qu'elle fait référence à la géométrie antérieure. Ainsi, lors de la variation d'une cote relative à cette forme, les dimensions de la pièce, après reconstruction, suivent cette variation (fig. 9.16).

En appliquant la fonction *révolution* à l'esquisse ainsi définie, on obtient le cylindre présenté dans la figure 9.11.

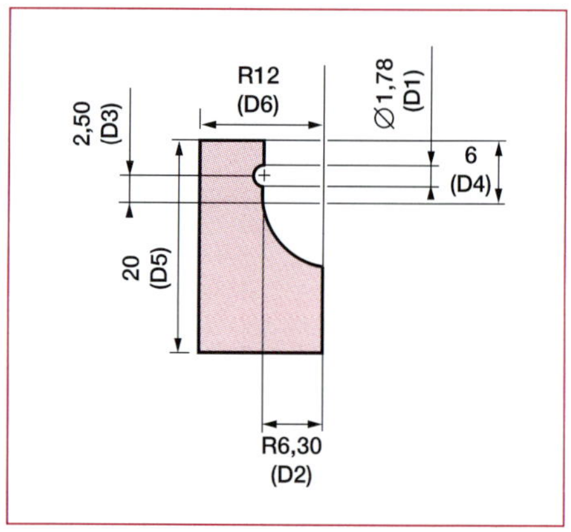

Figure 9.16 Esquisse du cylindre construite dans l'assemblage précédent à partir du contour de la surface sphérique de la boule

Ce type de création est signalé dans l'arbre de construction de l'assemblage dans le groupement de contraintes : contrainte *sur place* (fig. 9.15).

L'ESSENTIEL

Toute modélisation de système résulte de l'assemblage de sous-ensembles, liés par des contraintes. Celles-ci définissent les degrés de liaisons entre ces sous-ensembles.

Associé à cette représentation, l'arbre de construction définit tous les éléments : différents sous-ensembles, groupements de contraintes.

Chaque sous-ensemble peut être lui-même un assemblage de pièces.

La méthode de création de pièces pour aboutir à la modélisation du système en 3D a mis l'accent sur l'importance du choix des contraintes définissant les esquisses avant de leur appliquer les différentes fonctions. L'arbre de création de chaque pièce est créé au fur et à mesure de la construction de la pièce.

Il est souhaitable de construire une pièce ainsi que les assemblages de telle façon qu'une modification de cotation, par exemple, n'entraîne pas de déformation non souhaitée.

Mots clés : *arbre de construction, arbre de création, assemblage, contraintes, esquisse, perspective éclatée.*

exercice

EXERCICE **La liaison de la bielle, constituée de deux tiges, avec la porte pivotante est réalisée à l'aide de la double chape présentée dans la figure 9.17.**

1. Analyser la forme de cette pièce.
2. Identifier les volumes élémentaires.
3. Définir les contraintes d'assemblage.
4. Proposer une méthode de création de cette pièce à l'aide d'un modeleur volumique.

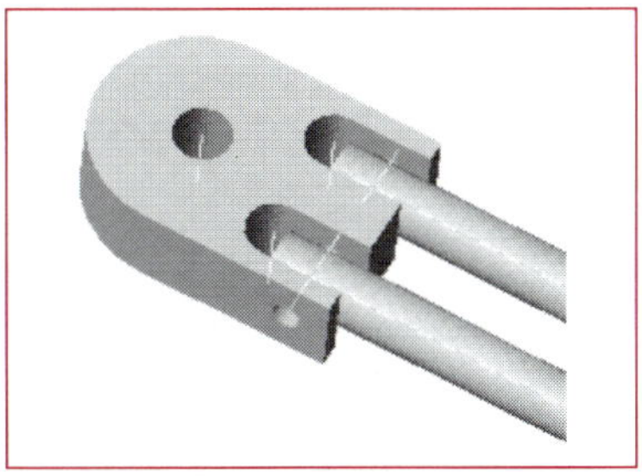

Figure 9.17 Liaison de la bielle avec la porte à l'aide d'une double chape

10 La schématisation

Figure 10.1 Le progiciel TR-Ciel, développé par Trace Industry, filiale du Groupe Trace Software, permet le calcul d'installations électriques BT, en garantissant le respect des normes NF C 15-100 et RGIE

Pour communiquer autour d'un produit ou d'un système, l'ingénieur et le technicien utilisent de nombreux outils. Pour décrire un fonctionnement, ils utilisent des diagrammes, organigrammes, actigrammes, grafcets, gemmas, chronogrammes, synoptiques. Pour décrire une structure, ils utilisent des dessins, schémas, logigrammes…

Ces représentations sont codifiées ; dès lors l'emploi de symboles normalisés est indispensable. Les schémas mécaniques, pneumatiques, électriques ou électroniques décrivent l'agencement des composants entre eux et révèlent le fonctionnement de l'assemblage constitué. Aujourd'hui, la représentation normalisée d'un produit sous forme schématique est faite à l'aide des logiciels de CAO.

Compétence

- Lire et interpréter les schémas relatifs à la modélisation d'un système pluritechnique, en utilisant les règles propres à chaque domaine lié à l'énergie utilisée, électrique, pneumatique ou hydraulique, mécanique.

1 Schématisation des équipements électriques

L'approche fonctionnelle des systèmes étant traitée dans le chapitre 1 « analyse fonctionnelle technique », ce paragraphe s'attache à la représentation normalisée des équipements électriques. Pour une interprétation convenable du fonctionnement, une méthode de lecture est proposée. La fiche 6 (en fin d'ouvrage) fournit les symboles de base nécessaires à l'élaboration des schémas électriques et les symboles affectés à la description des fonctions logiques intégrées.

Les appareils, notamment ceux assurant une fonction relative à la sécurité électrique, ont été décrits dans le paragraphe 7.4 « sécurité électrique » du chapitre 7.

Dans tout système utilisant un moteur électrique, nous rencontrons l'organisation de la figure 10.2.

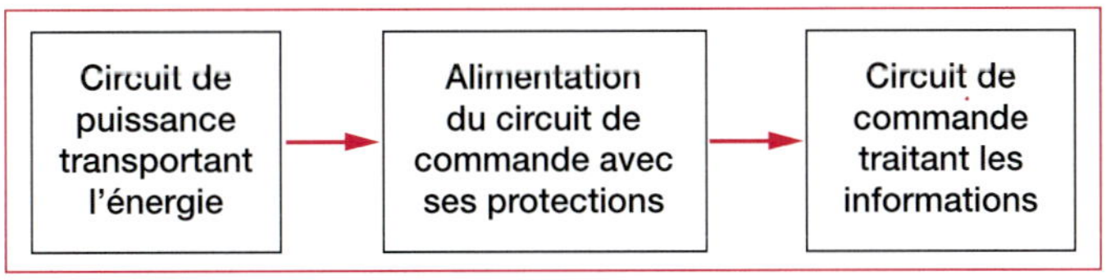

Figure 10.2 Organisation d'un schéma électrique

1.1 Relations entre structures et fonctions

exemple

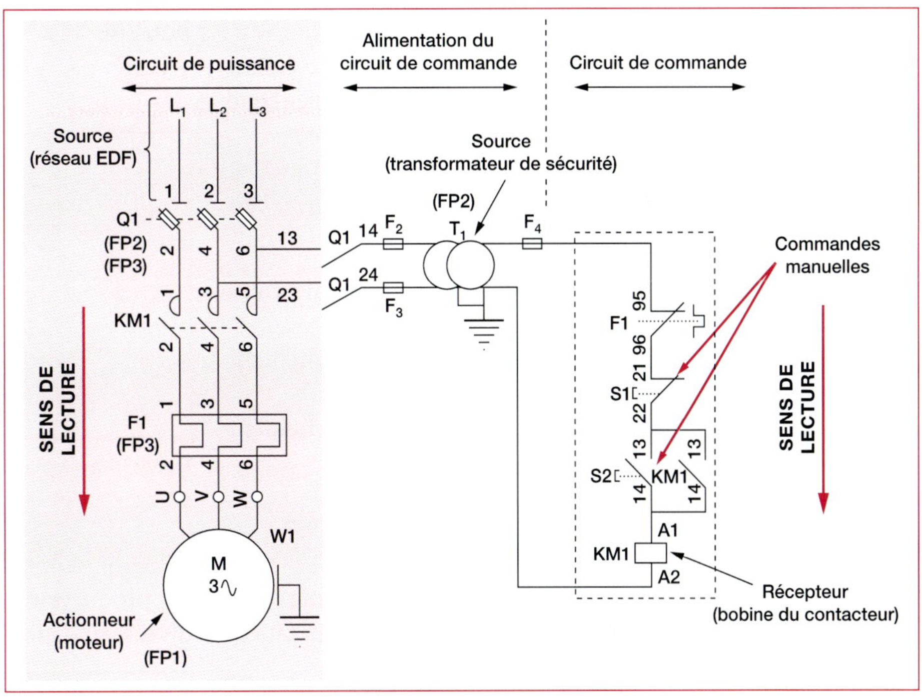

Figure 10.3 Circuits de puissance et de commande d'un démarrage direct pour moteur asynchrone fonctionnant dans un seul sens de marche

La figure 10.3 représente les schémas de puissance et de commande d'un moteur triphasé entraînant un tapis roulant fonctionnant dans un seul sens de rotation. Cette organisation convient aussi pour alimenter le moteur d'un ventilateur ou d'une machine-outil.

La figure 10.4 décrit, par un chronogramme, le fonctionnement du circuit de commande.

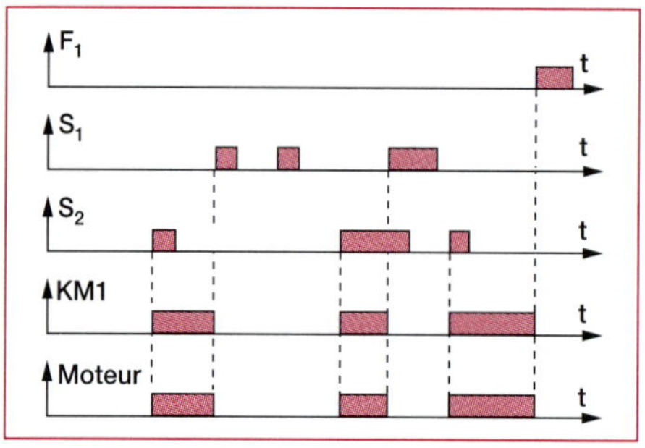

Figure 10.4 Chronogramme

1.2 Représentation schématique des constituants

Sur le schéma de la figure 10.3 sont notées les fonctions (FP1, FP2, FP3) associées aux structures (Q1, F1, M, T1).

Les trois fonctions principales assurées par l'équipement électrique d'un système de production sont :
- FP1 : adapter l'énergie aux besoins du système de production ;
- FP2 : protéger les personnes vis-à-vis des risques électriques ;
- FP3 : protéger les biens et les matériels vis-à-vis des défauts électriques.

Une quatrième fonction (FP4 : assister et maintenir l'outil de production) implique aussi l'équipement électrique.

1.2.1 Alimentation électrique du système

Au service de la fonction FP1 (adapter l'énergie) :
- le moteur asynchrone (actionneur repéré M) (fig. 10.3) convertit l'énergie électrique en énergie mécanique ;
- le contacteur KM1 (préactionneur), (fig. 10.5), commande la *mise en ou hors énergie* du moteur.

Au service de la fonction FP4, interviennent :
- le réglage du seuil de déclenchement du relais thermique F1 ;
- le réarmement après déclenchement de ce relais ;
- la mise en marche par le bouton poussoir S2 ;
- l'arrêt par le bouton poussoir S1.

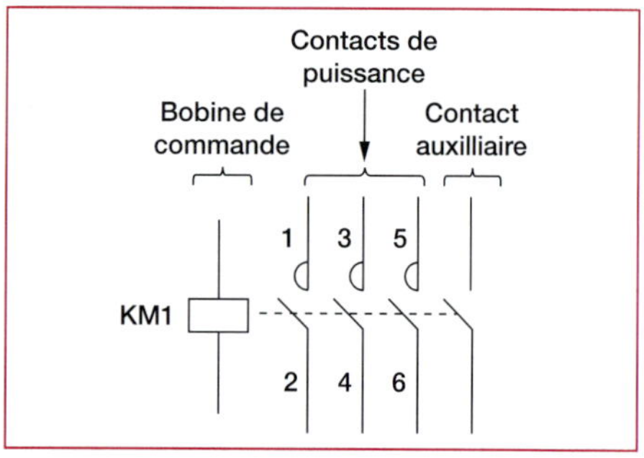

Figure 10.5 Contacteur KM1

1.2.2 Protection des personnes

Au service de la fonction FP2 :
- le *sectionneur* Q1 (fig. 10.6) isole l'installation du réseau lors d'une opération de maintenance ;
- les masses du moteur et du transformateur sont liées au conducteur de terre ;
- l'alimentation du circuit de commande est assurée en très basse tension par le transformateur T1 (voir paragraphe 4.4 du chapitre 7) ;
- le *contact d'auto-alimentation* KM1 en parallèle sur S2 réalisant une mémoire électromécanique à arrêt prioritaire, gère une remise en marche du système de production lors du rétablissement du réseau d'alimentation.

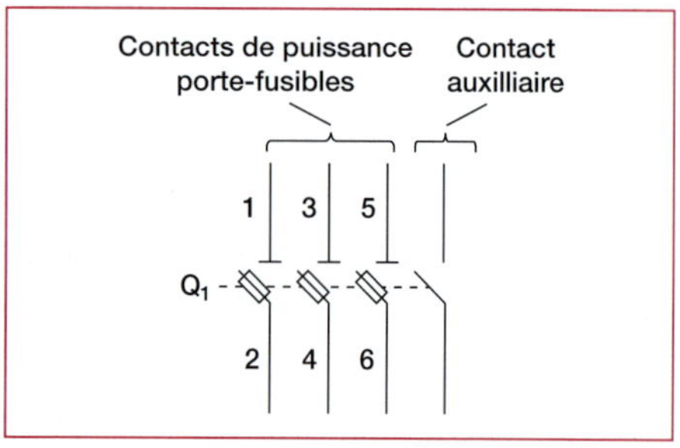

Figure 10.6 Sectionneur Q1

1.2.3 Protection des biens

Au service de la fonction FP3 :
- les *fusibles* portés par le sectionneur Q1 protègent la partie puissance de l'installation vis-à-vis des *courts-circuits* (risque d'incendie) ;
- les fusibles F2 et F3 en amont du transformateur protègent celui-ci ;
- le fusible F4 en aval du transformateur protège le matériel utilisé par le circuit de commande ;
- les contacts de précoupure du sectionneur Q1 (bornes 13/14 et 23/24) pallient les dangers d'une manœuvre en charge du sectionneur Q1, ils transfèrent au contacteur KM1 la mission d'interrompre le courant de charge ;
- le *relais thermique* (repéré F1) (fig. 10.7) protège le moteur vis-à-vis des *surcharges* (risques d'échauffement destructeur des bobinages du moteur).

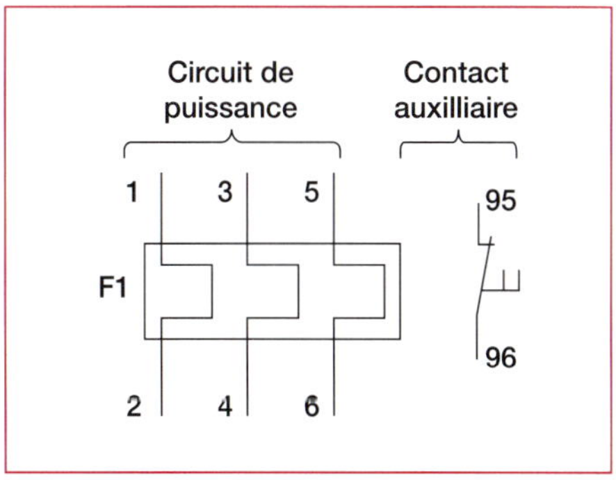

Figure 10.7 Relais thermique

Le relais thermique possède, dans le circuit de puissance, un élément de détection indirect de l'*échauffement du moteur* (les bilames : bornes repérées 1/2, 3/4, 5/6) et dans le circuit de commande un organe de transmission de l'*ordre de coupure* à traiter par ce circuit (le contact à ouverture : bornes repérées 95/96).

1.3 Lecture du circuit de puissance

En présence d'un schéma, la lecture du circuit de puissance (comme sa conception) s'effectue avant celle du circuit de commande.

La *lecture des circuits de puissance* (schémas électromécaniques ou d'électronique de puissance) s'effectue en suivant le cheminement de l'énergie de la source vers le récepteur.

Pour ce faire, il convient donc de :
- repérer la source ;
- repérer l'*actionneur* et de l'identifier ;
- repérer le *préactionneur* et de l'identifier (contacteur, transistor de puissance, etc.) ;
- suivre le *trajet de l'énergie*.

Le schéma, représenté verticalement, se lit donc du haut vers le bas (de la source triphasée vers le moteur asynchrone).

1.4 Lecture du circuit de commande

Dans un câblage électrique, l'ordre opératoire est un courant qui, lorsqu'il traverse la *bobine* d'un contacteur, provoque la fermeture de tous les contacts travail et l'ouverture de tous les contacts repos appartenant à ce contacteur.

Dans un circuit de commande électrique, une *liaison équipotentielle* relie tous les récepteurs ; fixer un potentiel de référence facilite la lecture et surtout la maintenance. Ce potentiel commun est celui de la borne du secondaire du transformateur reliée à la terre ; aucun contact n'est câblé entre cette borne et le point commun des récepteurs.

Lire un schéma de commande consiste à :
- repérer la source d'alimentation du circuit de commande ;
- repérer la liaison équipotentielle qui relie tous les récepteurs ;
- repérer les contacts associés aux différentes bobines ;
- différencier les contacts travail des contacts repos ;
- repérer les bobines qui sont excitées au fur et à mesure des événements (fermeture et ouverture de contacts).

2 Schématisation des équipements électroniques (symboles logiques)

L'exploitation d'un schéma tel que celui de la figure 10.8 représentant la carte de commande du sécateur électrique Infaco, nécessite la connaissance du « langage symbolique » utilisé par son concepteur et les constructeurs de composants.

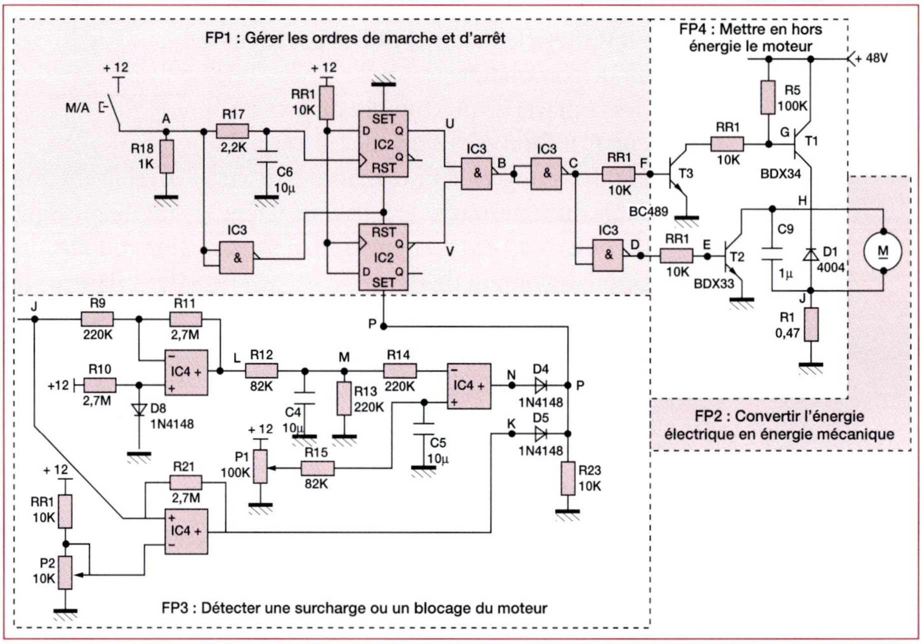

Figure 10.8 Schéma de commande et de puissance du sécateur électrique Infaco

2.1 Fonctions assurées par la carte du sécateur électrique

La proposition de décomposition en quatre fonctions principales est la suivante :
- FP1 : gérer les ordres de marche et d'arrêt ;
- FP2 : convertir l'énergie électrique en énergie mécanique ;
- FP3 : détecter une surcharge ou un blocage du moteur ;
- FP4 : mettre en et hors énergie le moteur.

Il est nécessaire ensuite de reconnaître les structures associées à la réalisation de ces quatre fonctions.

2.1.1 Gestion des ordres de marche et d'arrêt

Au service de la fonction FP1 :
- les entrées M/A et P représentent respectivement les commandes manuelles de l'utilisateur et l'ordre d'arrêt fourni par la sortie de la fonction FP3 ;
- les sorties E et F sont complémentaires, elles autorisent alternativement la mise en conduction des transistors T2 ou T3 ;
- les circuits intégrés logiques IC3 et IC2 réalisent cette fonction, IC2 est constitué de deux bascules D exploitées différemment l'une de l'autre. IC3 est un circuit intégré comprenant quatre fonctions nand (non-et) à deux entrées.

2.1.2 Conversion de l'énergie

Au service de la fonction FP2 : un moteur à courant continu (M) convertit l'énergie électrique en énergie mécanique, c'est l'actionneur du système. Le chapitre 2 renseignent sur ce type de moteur.

2.1.3 Protection du moteur et de ses préactionneurs

Au service de la fonction FP3 : les amplificateurs opérationnels IC4 traitent l'information présente en J ; cette information, image du courant dans le moteur, est fournie par la résistance R1 câblée en série avec le moteur.

2.1.4 Mise en et hors énergie du moteur

Au service de la fonction FP4 :
- lorsque le transistor bipolaire T1 est saturé, le moteur est alimenté par la source 48V, le moteur fournit une énergie mécanique caractérisée par un couple et une fréquence de rotation ;
- lorsque le transistor T2 est saturé, le moteur fonctionne en génératrice (freinage). L'énergie cinétique de la partie entraînée est convertie en énergie électrique ;
- les transistors T1 et T2 ne « connaissent » que deux états (saturé ou bloqué), ils fonctionnent en commutation, ils sont les préactionneurs du système.

2.2 Cadres et symboles distinctifs

Cette carte utilise des opérateurs logiques, ils sont définis à partir de symboles fonctionnels et du repérage numéroté des entrées et des sorties.

Chaque opérateur est représenté par un cadre dans lequel sa fonction est symbolisée, les entrées sont placées à gauche de ce cadre (sauf indication contraire signalée par une flèche) et les sorties à droite ; la figure 10.9 représente un *circuit intégré logique* 4011 intégrant quatre fonctions nand à deux entrées.

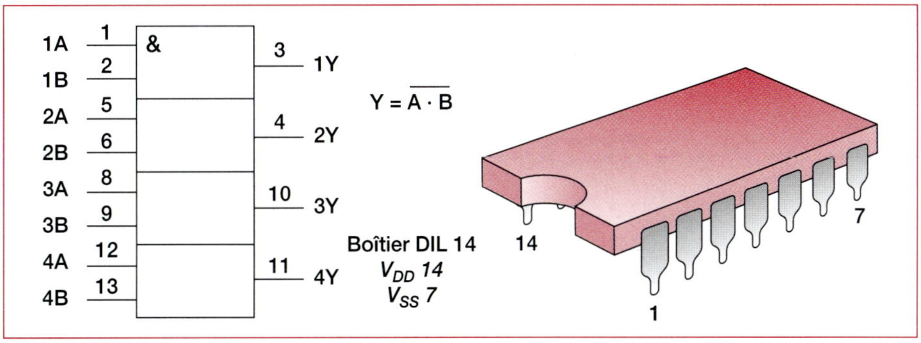

Figure 10.9 Symbole du CI 4011 et dessin de son boîtier

La figure 10.10 prend pour exemple la double bascule D du circuit intégré logique 4013 où les connections repérées :
- 6 et 8 sont les entrées de mise à un (set) ;
- 4 et 10 sont les entrées de mise à zéro (reset) ;
- 3 et 11 sont les entrées dynamiques (horloge) ;
- 5 et 9 sont les entrées de prédétermination (D) ;
- 2 et 12 sont des sorties respectivement à l'état logique inverse des sorties 1 et 13.

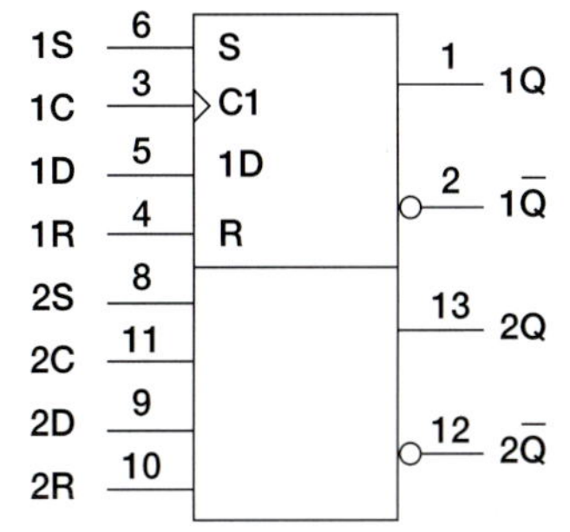

C	D	R	S	Q	$\overline{Q}$
↑	L	L	L	L	H
↑	H	L	L	H	L
↑	X	L	L	Q	$\overline{Q}$
X	X	H	L	L	H
X	X	L	H	H	L
X	X	H	H	L	H

Boîtier DIL 14
V_{DD} 14
V_{SS} 7

Figure 10.10 Symbole du CI 4013, double bascule D

2.3 Lecture d'un schéma à fonctions logiques (logigramme)

Pour les circuits de commande (schémas électroniques), la méthode consiste à suivre le cheminement de l'*information* de sa source (par exemple capteurs) vers son exploitation (ordre opératoire ou donnée de contrôle sur un préactionneur).

Pour cela, il convient :
- de discerner les entrées et les sorties de chaque fonction ;
- d'affecter sur les entrées un état logique et d'en déduire l'état logique de la sortie ;
- de procéder ainsi successivement d'une fonction à la suivante.

Ce fonctionnement sera ensuite résumé sous forme d'un chronogramme ou d'une table de vérité ou d'une équation.

3 Schématisation des équipements pneumatiques et hydrauliques

3.1 Représentations conventionnelles

Dans les systèmes où circule l'énergie pneumatique ou hydraulique, les actionneurs les plus fréquemment rencontrés sont le vérin, le moteur, la pompe. Les préactionneurs qui leur sont associés sont des distributeurs (voir chapitre 2).

exemple Circuit de puissance pneumatique d'un système de dépilage de palettes (fig. 10.11).

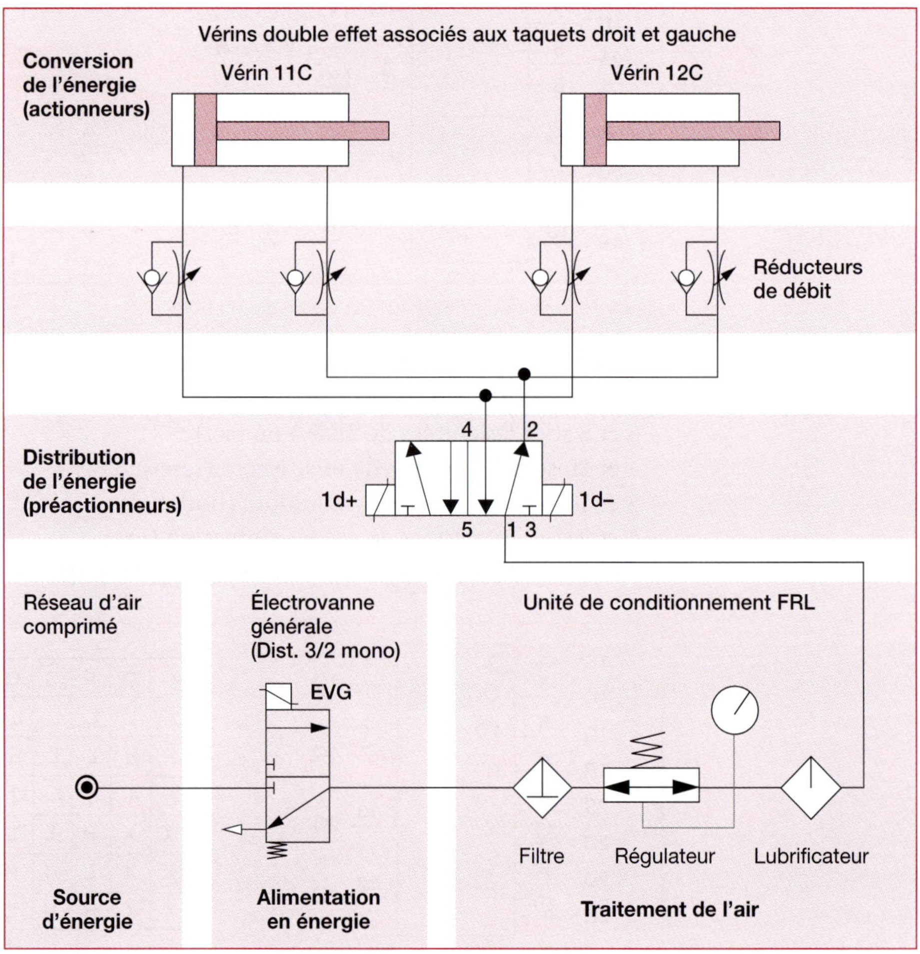

Figure 10.11 Le circuit de puissance du dépileur de palettes

Ce circuit comporte une électrovanne générale de mise en pression. L'air comprimé, filtré, régulé et lubrifié est distribué aux vérins par l'intermédiaire d'un distributeur 5/2 bistable.

Des réducteurs de débit permettent d'ajuster les vitesses de déplacement.

Les nombres indiqués sur le symbole représentant le distributeur correspondent aux repères figurant au droit des orifices du composant réel. Ce repérage sur les schémas de câblage est utile pour les techniciens chargés du câblage, puis pour les techniciens de maintenance.

3.2 Lecture des schémas pneumatiques ou hydrauliques

La *lecture d'un schéma pneumatique ou hydraulique* consiste à :
- identifier les actionneurs (vérin simple effet, vérin double effet, moteur...) ;
- identifier les distributeurs (nombre d'orifices, nombre de positions, monostable, bistable) et la nature du pilotage (mécanique, électrique, pneumatique, hydraulique...) ;
- identifier la ligne de pression (issue de la source) et la ligne de retour (échappement à l'atmosphère pour l'énergie pneumatique, retour à la bâche – réservoir d'huile – pour l'énergie hydraulique) ;
- parcourir ces deux lignes et caractériser les effets sur les actionneurs dans l'état des distributeurs indiqué par le schéma ;
- simuler tout à tour le pilotage des distributeurs et caractériser les effets sur les actionneurs.

4 Schématisation des dispositifs de transmission d'énergie mécanique

L'étude des mécanismes nécessite une modélisation qui met en œuvre des outils graphiques. Leur utilisation dépend du point de vue suivant lequel on se place (conception, analyse, dimensionnement) :
- le schéma cinématique est la modélisation du mécanisme en vue de l'étude cinématique (évaluation des paramètres de mouvements internes au mécanisme) ;
- le schéma d'architecture est la modélisation du mécanisme en vue de l'étude statique (évaluation des efforts transmis au sein du mécanisme) ;
- le schéma technologique est la modélisation du mécanisme en vue de l'étude de conception des différentes pièces ;
- la représentation volumique ou géométrale est la modélisation du mécanisme en vue de la validation des encombrements et de l'étude de fabrication des différentes pièces (voir chapitre 9).

4.1 Présentation du vérin électrique Linak

Les vérins électriques servent, entre autres, dans des systèmes fonctionnant dans le milieu médical dont des dispositifs de relevage de lits, d'équipements de soins ou d'aide aux handicapés (fig. 10.13). Les critères de qualité qui caractérisent ce produit sont la simplicité d'utilisation, la fiabilité et la sécurité, la compacité, la compatibilité avec l'environnement médical (niveau de bruit, indice de protection).

La fonction globale du produit est définie sur la figure 10.12.

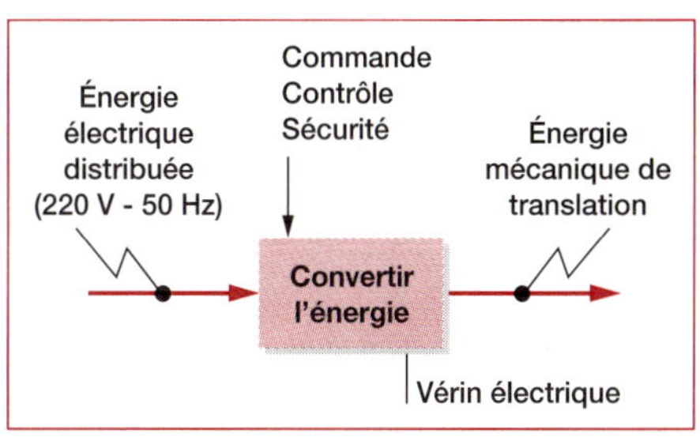

Figure 10.12 Fonction globale du vérin électrique

La figure 10.13 présente le vérin dans son ensemble.

En vue extérieure, apparaissent les zones de fixation du vérin : chape de fixation du cylindre 1 (élément fixe du vérin) et chape de fixation de la tige 2 (sous-ensemble mobile).

Le fonctionnement de ce vérin se décrit de la manière suivante :
- l'alimentation en énergie électrique du moteur 3 provoque le mouvement de rotation de la vis sans fin 4 liée complètement à l'arbre du rotor du moteur ;
- la vis sans fin 4 engrène avec la roue 5 liée avec la vis 6 ; le mouvement est donc transmis à la vis 6 (mouvement de rotation) ;
- la liaison glissière hélicoïdale entre la vis 6 et l'écrou 7 transforme le mouvement de rotation de 6 en mouvement de translation de 7 ;
- l'écrou 7 étant lié complètement à la tige 2, le mouvement de translation est obtenu à l'extrémité de cette tige.

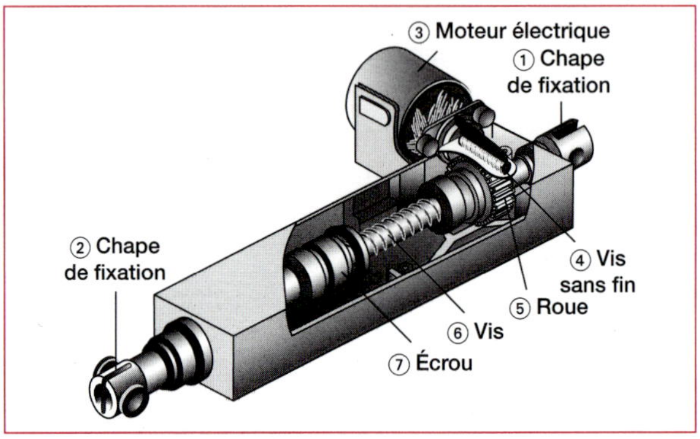

Figure 10.13 Présentation d'un vérin électrique

4.2 Schéma cinématique

Le schéma cinématique est la modélisation la plus simple du mécanisme, mettant en évidence graphique la loi « entrée/sortie » cinématique (relations géométrique et cinématique entre l'élément d'entrée et l'élément de sortie du mécanisme).

Le schéma cinématique minimal ne traduit que le fonctionnement normal du mécanisme. Il ne prend pas en compte en particulier les dispositions prises en terme de sécurité (cas du vérin étudié) qui apparaîtront sur d'autres types de schémas.

Dans la phase de conception du produit, le *schéma cinématique* permet de définir la loi « entrée/sortie » cinématique. Dans une phase d'analyse d'un produit existant, le schéma cinématique permet de vérifier les performances cinématiques. Son tracé s'appuie sur la représentation normalisée des liaisons entre pièces (fiche 3).

La figure 10.14 illustre cette modélisation pour le vérin étudié, dont l'élément d'entrée est la vis sans fin ④ montée sur l'arbre de sortie du moteur électrique ③, et dont l'élément de sortie est la tige ②.

La donnée des caractéristiques cinématiques souhaitées à l'extrémité de la tige permettra de déterminer/vérifier les caractéristiques cinématiques du moteur.

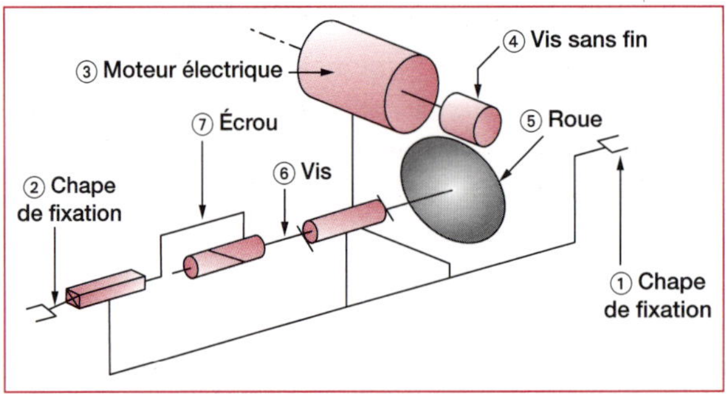

Figure 10.14 Schéma cinématique

4.3 Schéma d'architecture

Le schéma d'architecture est la modélisation du mécanisme qui met en évidence graphique la structure interne des liaisons entre les pièces, donnée indispensable pour conduire l'étude statique qui permettra de calculer/vérifier le dimensionnement des pièces constitutives (phase de conception/phase d'analyse).

Son tracé s'appuie également sur la représentation normalisée des liaisons entre pièces (fiche 3).

La figure 10.15 illustre, pour le vérin étudié, cette modélisation pour la liaison pivot entre le sous-ensemble {5 + 6} et le cylindre ①. La structure interne de cette liaison fait apparaître trois liaisons élémentaires : rotule, glissière, pivot. La localisation des centres des liaisons permettra le calcul des charges transmissibles par ces liaisons.

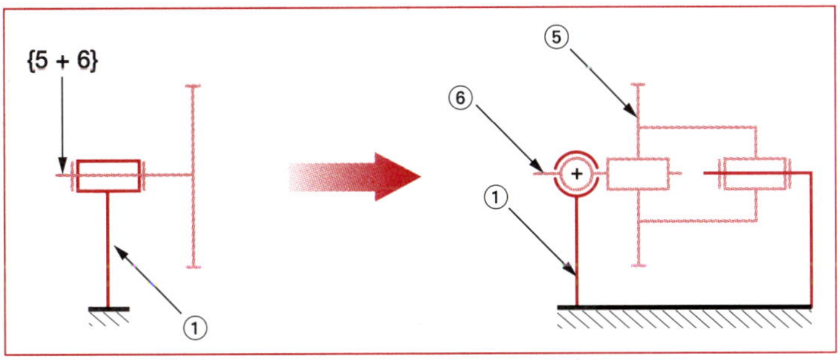

Figure 10.15 Schéma d'architecture de la liaison pivot {5 + 6}/①.

4.4 Schéma technologique

Le schéma technologique est la modélisation qui met en évidence graphique l'ébauche des solutions constructives retenues pour le mécanisme.

Son tracé s'appuie également sur la représentation normalisée des liaisons entre pièces, ainsi que la représentation symbolique (quand elle existe) des composants du commerce (éléments roulants, ressorts, joints...).

La figure 10.16 illustre cette modélisation pour la liaison pivot entre le sous-ensemble {5 + 6} et le cylindre ① du vérin étudié.

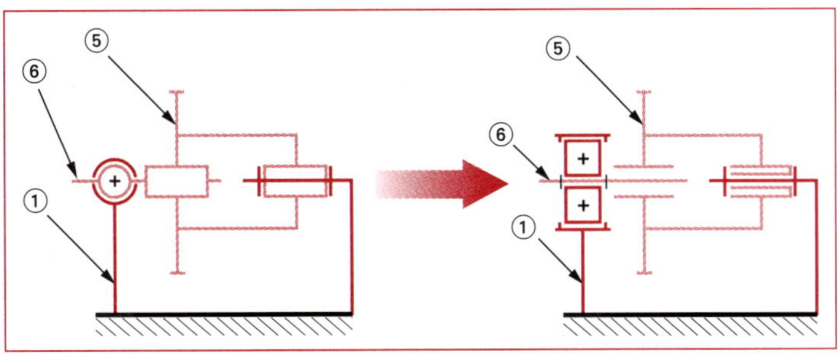

Figure 10.16 Schéma technologique

4.5 Lecture de schémas de mécanismes

La *lecture d'un schéma d'un mécanisme* consiste à :

– identifier l'élément d'entrée et l'élément de sortie du mécanisme ;

– « cheminer », depuis l'élément d'entrée, de pièces en pièces par l'intermédiaire des liaisons que l'on caractérisera (point de vue cinématique ou statique), jusqu'à atteindre l'élément de sortie.

L'ESSENTIEL

Les appareils représentés sur le schéma d'un équipement électrique assurent les trois fonctions suivantes :
- fournir à la partie opérative une énergie adaptée à ses besoins ;
- assurer la sécurité des personnes vis-à-vis des risques électriques ;
- assurer la sécurité des biens vis-à-vis des défauts électriques.

L'accomplissement d'une fonction n'est pas toujours confié à un appareil unique, cependant l'ensemble de l'équipement doit assurer ces trois fonctions.

Les différents contacts en électrotechnique ou les « cadres opérateurs » pour les fonctions logiques sont les symboles généraux nécessaires à la représentation structurelle des solutions.

La lecture d'un circuit de puissance s'effectue en suivant le trajet de l'énergie électrique dans la chaîne directe de conversion. La lecture d'un circuit de commande ou de traitement de l'information s'effectue en suivant soit le trajet des courants, soit l'évolution d'une tension, soit l'évolution d'un état logique.

Pour les équipements pneumatiques et hydrauliques, la connaissance des symboles représentant les différents constituants de l'équipement et l'application des règles de lecture des schémas, permettent l'analyse du fonctionnement du système, à travers la schématisation.

Dans le cadre d'une étude bien identifiée (cinématique, statique, de conception, de fabrication), la schématisation des dispositifs de transmission d'énergie mécanique utilise la modélisation graphique adaptée (cinématique, architecture, technologie) en ayant la connaissance des représentations normalisées des liaisons, des représentations normalisées ou symboliques des composants et des règles de lecture des schémas.

Mots clés : *circuit de commande, circuit de puissance, circuit intégré logique, distributeur, ligne de pression, ligne de retour, logigramme, protection des biens, protection des personnes, schéma cinématique, schéma d'architecture, schéma technologique.*

exercices

EXERCICE 1 **Identifier les symboles des appareils assurant les principales fonctions de protection.**

1. Dessiner un tableau de trois colonnes pour les fonctions (protéger l'installation contre les courts-circuits, protéger le moteur contre les surcharges et protéger les personnes) et de quatre lignes pour les matériels (sectionneur, transformateur du circuit de commande, fusibles de puissance, relais thermique).

2. Dans ce tableau, mettre en relation les matériels et les fonctions en dessinant, dans les bonnes cases, le symbole normalisé de l'appareil concerné par la fonction.

EXERCICE 2 **Exploiter un schéma électronique.**

- Sur le schéma (fig. 10.8) du sécateur Infaco, identifier les composants assurant la fonction FP1 et noter sur ce schéma les repères numérotés des entrées et des sorties des circuits intégrés utilisés.

EXERCICE 3 **Lire un schéma électrique. Étude à partir du sujet d'examen « Système module de pose de ruban adhésif » dont le dossier technique est reproduit en fin d'ouvrage (entrainement 1) dans la partie « Exercices de synthèse ».**

1. Reconnaître les éléments assurant la protection contre les courts-circuits et la protection du moteur contre les surcharges, donner le nom de ces éléments et leur repère.

2. Quelle fonction assure le composant repéré KM1 ?

EXERCICE 4 **À partir de la figure 10.17 :**

1. Identifier la nature de l'énergie utilisée (pneumatique ou hydraulique).

2. Identifier le vérin et le caractériser.

3. Identifier le distributeur et indiquer ses caractéristiques (nombre d'orifices, nombre de positions, type de commande).

4. Tracer le schéma quand le distributeur est en position dite « en travail », c'est-à-dire quand la commande par bouton-poussoir est active.

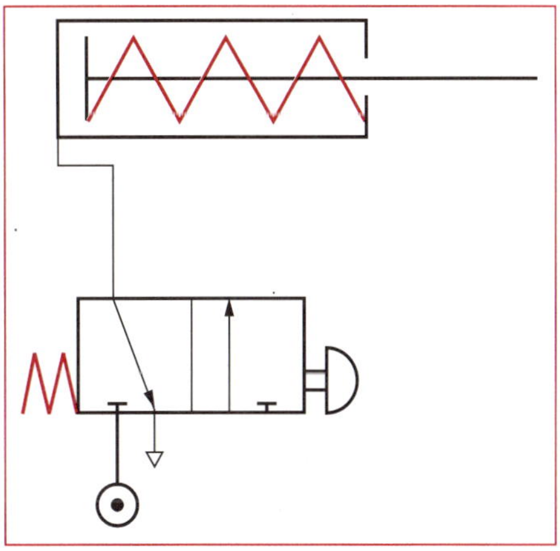

Figure 10.17 Commande d'un vérin

EXERCICE 5 **À partir du schéma cinématique (fig. 10.18), modélisant la maquette de l'ouvre-porte C-ZAM présentée aux chapitres 7, 9 et 11 de l'ouvrage :**

1. Suivre le cheminement de l'énergie depuis l'élément d'entrée jusqu'à l'élément de sortie. À chaque passage d'une pièce à l'autre, identifier la liaison et la caractériser cinématiquement.

2. Reproduire la vue de dessus, sans la transmission, du schéma cinématique (fig. 10.19). Tracer la configuration du mécanisme à barres pour la position ouverte de la porte à 90°.

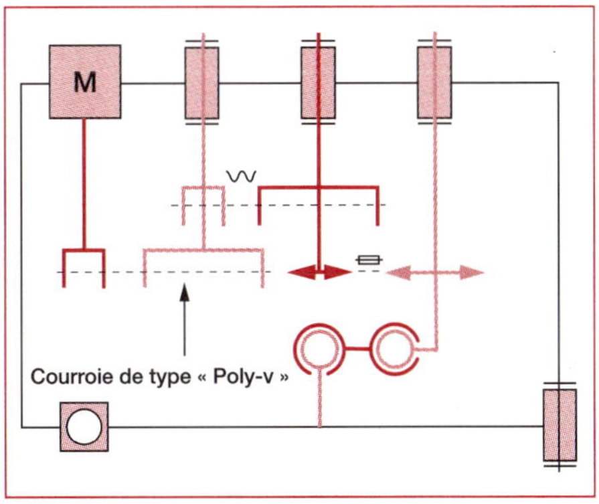

Figure 10.18 Modélisation de la transmission de la maquette de l'ouvre-porte C-ZAM

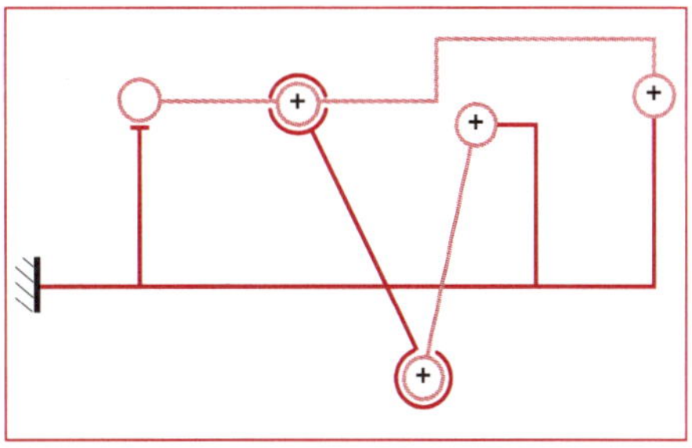

Figure 10.19 Vue de dessus sans la transmission

Analyse et conception des produits

11 Méthode d'analyse technique

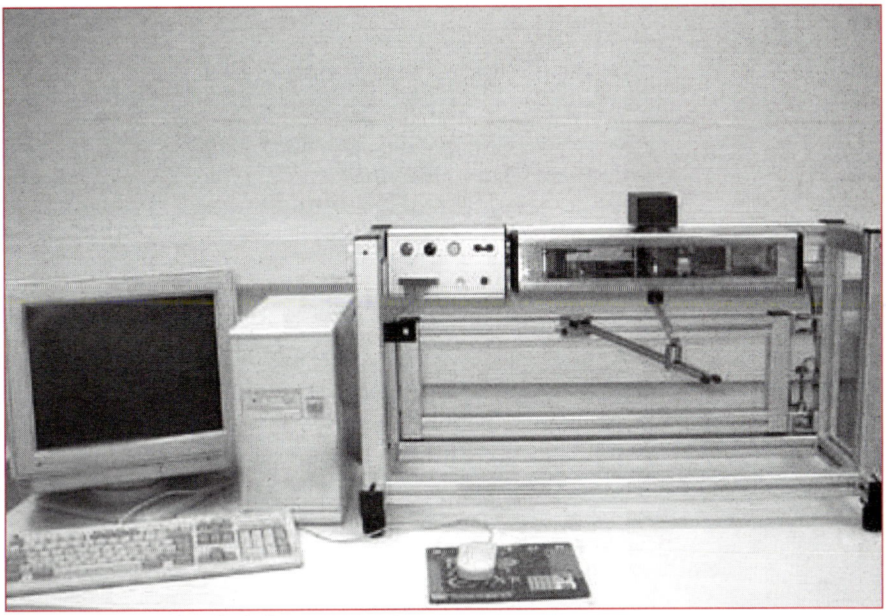

Figure 11.1 Banc d'étude de l'ouvre-porte C-Zam

Un produit est créé pour répondre à un besoin. La réponse à un besoin donné n'est pas unique.
Les solutions constructives proposées prennent en compte des critères techniques et des critères économiques.
L'analyse d'un produit existant, à travers les critères techniques, permet d'évaluer objectivement sa qualité (aptitude à satisfaire le besoin).
La prise en compte de critères économiques est plus délicate et nécessite la connaissance d'un contexte allant au-delà du seul produit (évolution du marché, place de l'entreprise sur le marché, taille de l'entreprise, autres produits fabriqués dans l'entreprise...). Cet aspect ne sera pas abordé dans ce chapitre.

Compétences

Une étude de produit ou une modification du produit relative à une performance ou à une fonction technique étant définie par un cahier des charges partiel, ou un autre principe de solution étant proposé :

- Proposer une note de clarification définissant les objectifs, les tâches et le planning.
- Produire différentes architectures de solutions sous forme de schémas, croquis ou dessins à main levée et d'algorithmes.
- Choisir le cas échéant des éléments standard.

1 Présentation du produit : répondre à un besoin

Il s'agit de permettre, à un usager, le franchissement d'un seuil à porte battante sans contact avec la porte (usager transportant des charges et dont les mains ne sont pas libres, usager appareillé dont le handicap ne permet pas la manœuvre d'une porte).

La mise en situation du produit « ouvre-porte » est visible sur la figure 11.2.

La maquette de l'ouvre-porte C-ZAM, déjà présentée dans les chapitres 7 et 9, est issue d'un produit industriel fonctionnant dans des milieux de type : usine, administration, établissements hospitaliers.

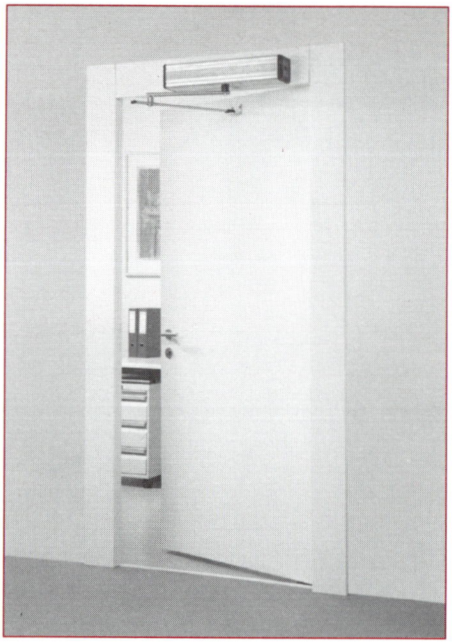

Figure 11.2 Porte battante équipée d'un ouvre-porte

L'implantation judicieuse de deux systèmes de ce type peut former un sas (enceinte munie de deux portes dont on ne peut ouvrir l'une que si l'autre est fermée et qui permet de passer d'un milieu à un autre en maintenant ceux-ci isolés l'un de l'autre).

Dans une *approche de conception de produit*, la démarche qui conduit le projet est jalonnée par les étapes initiales suivantes :
- énoncé fonctionnel du besoin ;
- inventaire des fonctions du produit et identification de son environnement ;
- caractérisation des fonctions du produit.

Cette première phase constitue le *cahier des charges fonctionnel (CdCF)*.

1.1 Énoncé fonctionnel du besoin

Le produit répond à un besoin exprimé, dont l'énoncé peut se résumer en répondant à trois questions (voir chapitre 1 et fiche 1) : À qui le produit rend-il service ? Sur quoi le produit agit-il ? Dans quel but le produit existe-t-il ?

L'*énoncé fonctionnel du besoin*, auquel répond l'ouvre-porte, est représenté graphiquement par la figure 11.3.

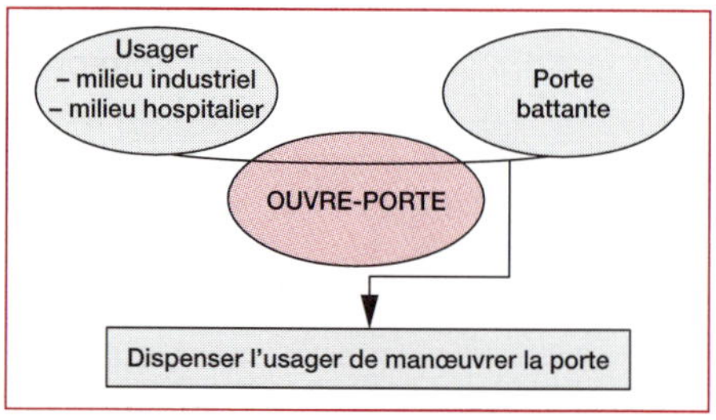

Figure 11.3 Énoncé fonctionnel du besoin

1.2 Fonctions du produit et identification de son environnement

La réponse au besoin du produit « ouvre-porte » passe par l'inventaire détaillé des éléments extérieurs au produit (milieu extérieur, environnement) et des relations associées [fonctions principales (FP) et fonctions de contraintes (FC) (fig. 11.4)].

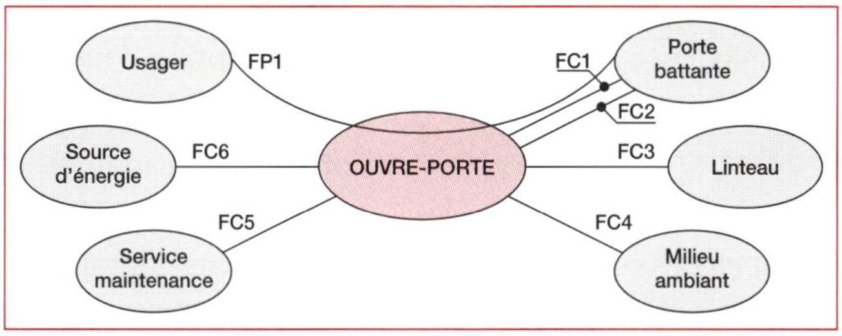

Figure 11.4 Environnement de l'ouvre-porte et relations associées

Chaque relation entre le produit et le milieu extérieur s'exprime par une fonction de service dont la liste, non exhaustive, pour l'ouvre-porte, figure dans le tableau 11.1.

Énoncé de la fonction de service	Repère
Franchir le seuil, sans contact avec la porte	FP1
Agir sur la porte	FC1
S'adapter / se fixer sur la porte	FC2
Se fixer / s'adapter sur le linteau	FC3
Fonctionner dans un milieu protégé (porte de distribution intérieure)	FC4
Entretenir, remplacer les pièces d'usure	FC5
Alimenter en énergie	FC6

Tableau 11.1 Fonctions de service

1.3 Caractérisation des fonctions de service

Le tableau 11.2 répertorie chaque fonction à laquelle est associée :
- un (ou des) *critère(s)* qui caractérise la fonction ;
- un *niveau* qui définit à quel moment le critère est atteint (seuil, valeur) ;
- une *flexibilité* ou une *pondération* qui associe au niveau une marge de tolérance.

F^n	Critères	Niveaux	Flexibilité
FP1	Détection présence usager Manœuvre porte : – amplitude – temps Durée en position ouverte Modes de fonctionnement – automatique – manuel – en ouverture	– par contact : accessible – sans contact : 1 mètre 95° maxi 3 secondes 1 à 30 secondes ouv./ferm. automatique ouv./ferm. manuelle ouverture automatique et maintien en position ouverte	 ± 0,2 m ± 5° 5 sec. maxi réglable / 5 s
FC1	Vitesse rotation porte Couple exercé sur la porte	0,6 rad/s 50 Nm	0,3 rad/s mini 30 Nm mini
FC2/ FC3	Géométrie surface de contact Effort d'arrachement	plane : 530 × 100 mm / 50 × 30 mm 80 daN	40 daN sur porte
FC4	Fonctionnement en intérieur Température Esthétique	Pas d'étanchéité à l'eau – 15 °C à + 70 °C 4 tôles décoratives	
FC5	Contrôler / Graisser Remplacer pièces (courroies…)	10 min 1 heure	15 min 2 heures
FC6	Énergie électrique du réseau EDF – Tension – Intensité	 230 volts 10/16 ampères	

Tableau 11.2 Caractérisation des fonctions de service

Comme cela a été signalé précédemment, le cahier des charges fonctionnel (CdCF) sert de référence à toutes les étapes de conception d'un produit.

Pour un produit existant, le CdCF permet d'évaluer l'aptitude du produit à répondre de manière satisfaisante au besoin exprimé (notion de qualité).

Dans l'hypothèse où la réponse n'est pas satisfaisante, une ou des modifications doivent être envisagées. Pour cela, les éléments d'insatisfaction doivent conduire à la définition d'objectifs dont la réalisation permettra une nouvelle évaluation de la qualité du produit.

2 Version initiale du produit

2.1 Analyse

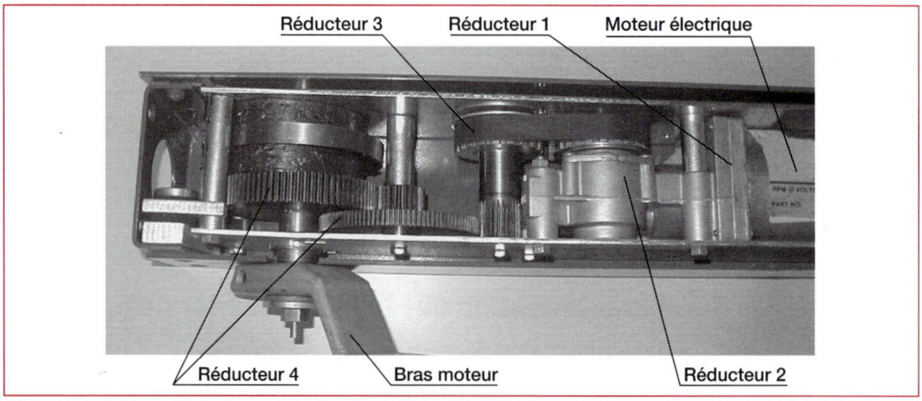

Figure 11.5 Chaîne de transmission de puissance de l'ouvre-porte

La figure 11.5 permet d'identifier les constituants de la chaîne de transmission de l'énergie depuis le moteur électrique jusqu'au bras moteur. Cette transmission est assurée par un ensemble de réducteurs dont la fonction globale est de réduire les vitesses de rotation et d'augmenter les couples transmis (fig. 11.6, 11.7, 11.8, 11.9 et 11.10).

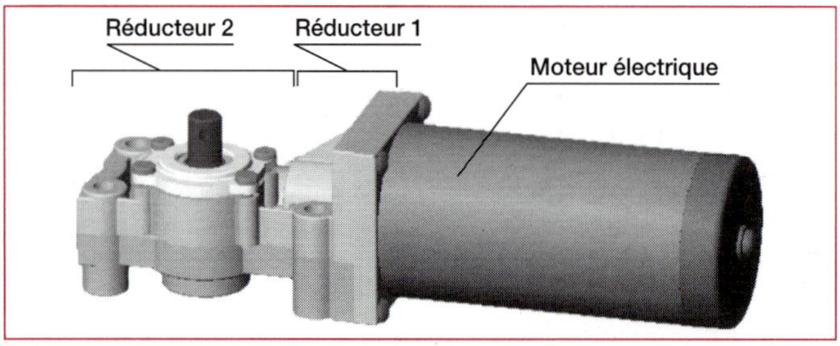

Figure 11.6 Repérage des réducteurs 1 et 2

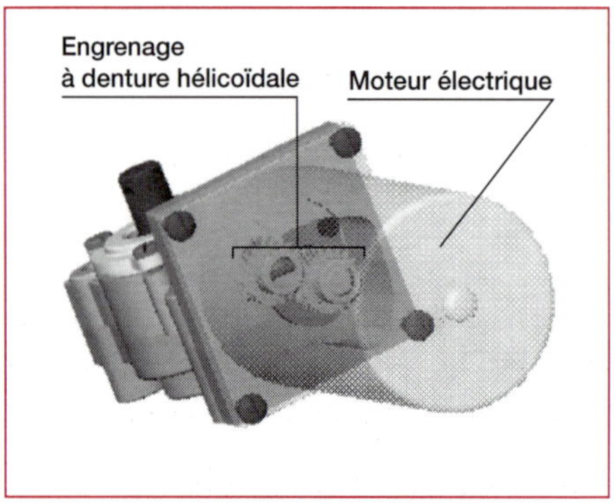

Figure 11.7 Réducteur 1

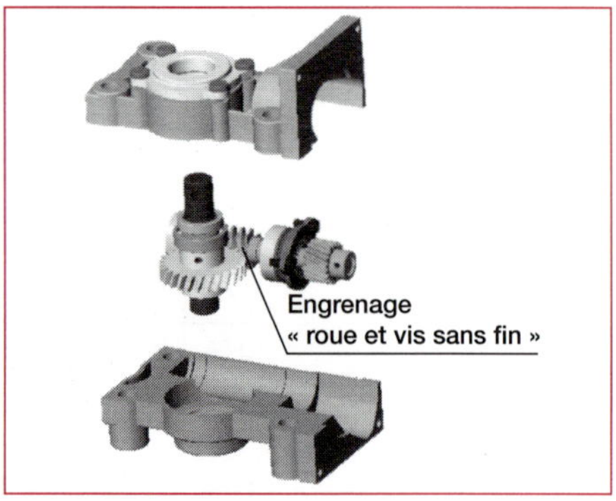

Figure 11.8 Réducteur 2 en représentation éclatée

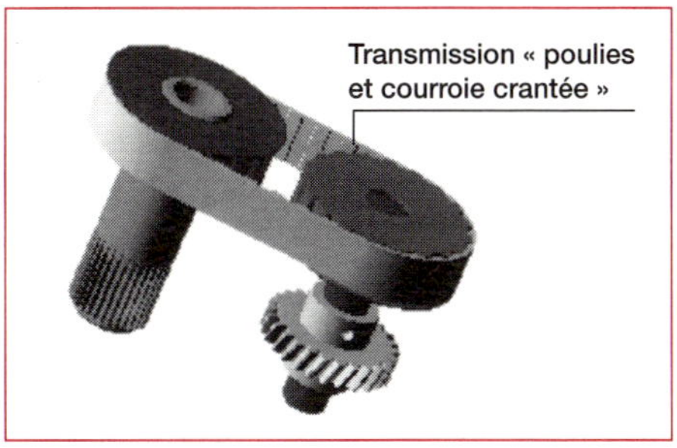

Figure 11.9 Réducteur 3

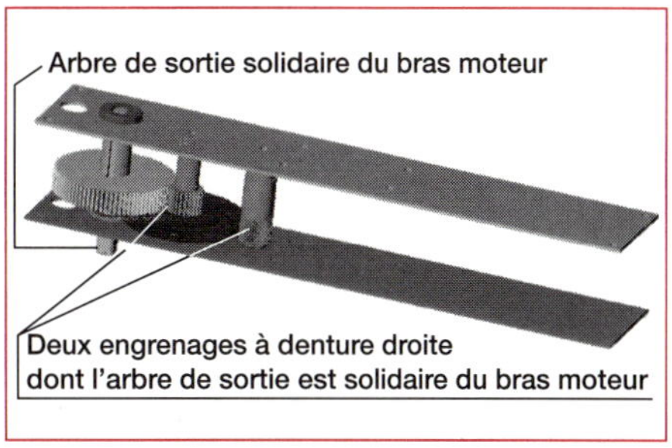

Figure 11.10 Réducteur 4

2.2 Éléments de satisfaction du CdCF

L'implantation du système au-dessus d'une porte impose un encombrement le plus réduit possible de celui-ci, ce qui conduit, *a priori*, au choix d'un moteur de faibles dimensions.

Or, le moteur électrique à courant continu de faibles dimensions offre des performances caractérisées par une grande vitesse de rotation ω_m et un faible couple C_m, performances incompatibles avec les caractéristiques du mouvement de la porte (fonction de service FC1, tableau 11.2).

Cela justifie la présence des différents étages de réduction de la chaîne de transmission de puissance.

Par la loi de conservation de la puissance ($C \cdot \omega$ = constante aux rendements près), on obtient donc, au niveau du bras moteur, une faible vitesse de rotation ω_s et un couple C_s important, qui correspondent aux performances souhaitées.

2.3 Éléments d'insatisfaction

• Le cahier des charges fonctionnel prévoit (fonction principale FP1) un mode de fonctionnement manuel, en particulier en cas de panne d'alimentation électrique.

Cela nécessite qu'il y ait réversibilité de la chaîne de transmission de puissance, c'est-à-dire : dans le cas où le mouvement de la porte est commandé par l'usager, il doit pouvoir se transmettre à travers tous les constituants de la chaîne jusqu'au rotor du moteur électrique, qui sera alors entraîné en rotation.

Or le constituant « Réducteur 2 » (engrenage : roue et vis sans fin) (fig. 11.8), souvent choisi comme permettant de grands rapports de réduction, met en jeu des frottements importants qui peuvent conduire à l'irréversibilité de ce mécanisme.

Le système ne présente donc pas une bonne aptitude au mode de fonctionnement manuel.

À cela s'ajoute le caractère onéreux du mécanisme à engrenage « roue et vis sans fin ».

• Rapport de réduction du réducteur R3 faible.

• Le CdCF n'impose pas une loi de mouvement précise de la porte ; seuls comptent l'amplitude du mouvement et le temps d'ouverture de la porte (fonction principale FP1).

Il paraît alors inutile que la vitesse de rotation du bras moteur soit contrôlée à chaque instant par une transmission de type engrenage (transmission homocinétique, sans jeu à l'inversion de sens), dont le coût de fabrication est important.

• Pour atteindre le rapport de réduction global de la chaîne de transmission de puissance, cela a nécessité cinq étages de réduction, ce qui ne semble pas optimal.

Au terme de cette évaluation de la réponse au besoin du produit, des modifications doivent être envisagées afin d'améliorer la qualité de celui-ci. Pour cela, des objectifs doivent être précisés.

Les solutions constructives de la version modifiée ne constituent pas un résultat unique et définitif. L'évolution du marché et des technologies peut remettre en cause la version retenue à un instant donné.

3 Évolution du produit

3.1 Objectifs visés

Les principaux objectifs visés ont été définis à partir des constatations d'insatisfaction du CdCF précédemment signalées, c'est-à-dire minimiser le nombre d'étages de réduction, donc le nombre de composants, améliorer la réversibilité, enfin ne pas imposer de loi de mouvement stricte au bras moteur : transmission non homocinétique, faible jeu à l'inversion de sens, tolérés.

Ces objectifs auront pour effet d'abaisser le coût de la fonction principale FP1 (moins de composants, composants moins onéreux) et de la fonction de contrainte FC5 (maintenance plus économique).

3.2 Modifications envisagées

• La présence du réducteur de type « roue et vis sans fin » conduit à ce que les axes du rotor du moteur et de l'arbre entraîné soient orthogonaux. Le choix d'un moteur dont l'axe serait parallèle à l'axe de l'arbre entraîné conduirait à un mécanisme réducteur plus simple (poulies/courroie, engrenage à axes parallèles).

• Le remplacement d'une transmission de type engrenages par une transmission de type poulies-courroies répondrait de manière satisfaisante au CdCF ; cette solution étant moins coûteuse et présentant des rapports de réduction plus grands pour un même encombrement.

• Le départ de cette nouvelle réflexion peut être illustré par un schéma de type cinématique de la chaîne de transmission de puissance (fig. 11.11).

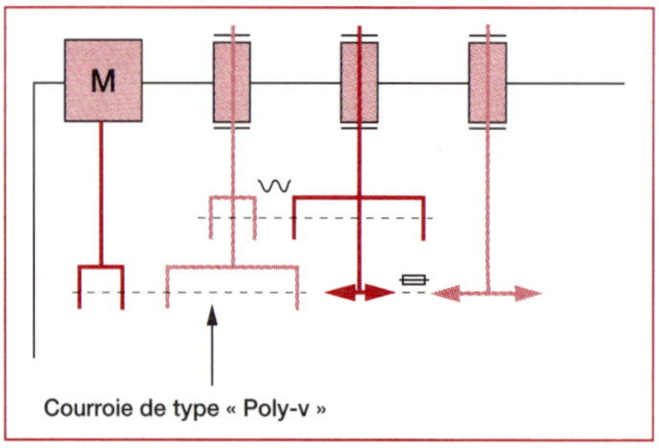

Figure 11.11 Schéma cinématique de la chaîne de transmission de puissance

3.3 Analyse du nouveau produit

La figure 11.12 présente le produit reconçu avec les modifications envisagées précédemment.

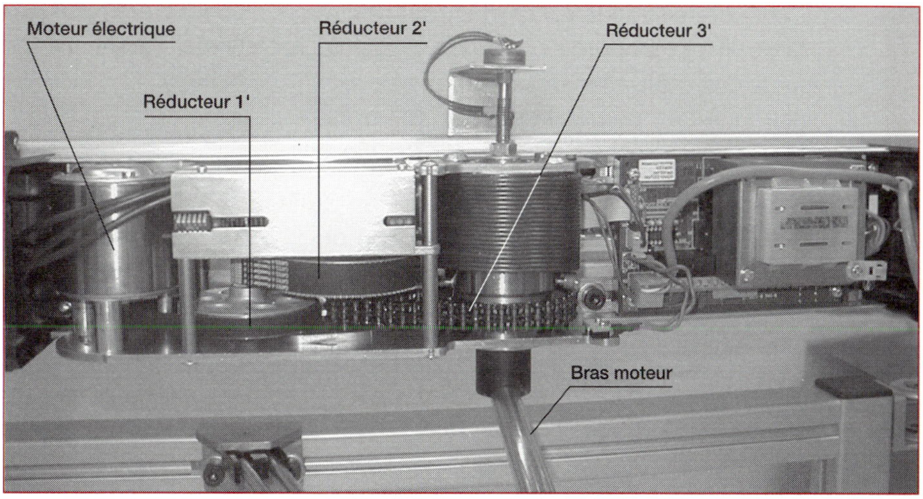

Figure 11.12 Chaîne de transmission de puissance

Le moteur électrique, dont les dimensions permettent un montage « à axes parallèles », entraîne en rotation la poulie d'entrée d'une série de trois réducteurs (fig. 11.13, 11.14 et 11.15).

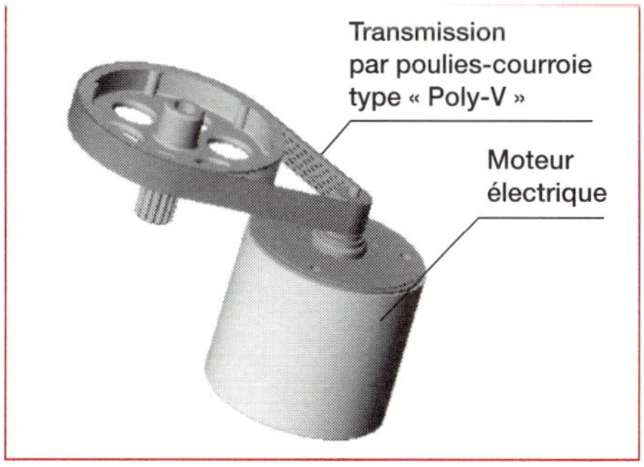

Figure 11.13 Réducteur 1'

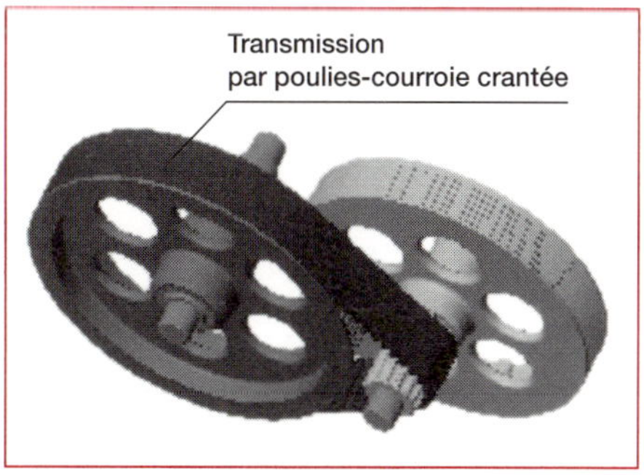

Figure 11.14 Réducteur 2'

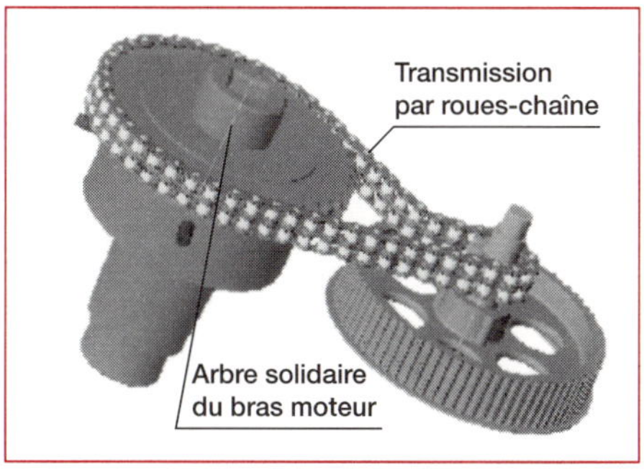

Figure 11.15 Réducteur 3'

Remarque : Les changements de modes de transmission d'un réducteur à l'autre (courroie « Poly-V », courroie crantée puis chaîne) se justifient par l'accroissement du couple à transmettre.

4 Bilan

La qualité du produit est globalement améliorée par l'évolution proposée : le nombre de composants est moindre et les composants coûteux ont été supprimés (roue et vis sans fin, engrenages).

Le sous-ensemble présenté sur la figure 11.6 implanté dans la version initiale du produit fait l'objet d'un module utilisé pour d'autres produits du même fabricant. Cet aspect pourrait justifier la présence de ce constituant dans une approche économique de l'entreprise qui déborde du cadre de ce chapitre.

L'ESSENTIEL

L'analyse technique du produit, qui évalue sa qualité à répondre à un besoin, s'appuie sur la caractérisation des fonctions de service (que doit remplir le produit) qui a été établie dans le cahier des charges fonctionnel (CdCF).

Dès qu'un critère relatif à une fonction de service n'est pas respecté, il fait l'objet d'un point d'insatisfaction du CdCF. Cela conduit à envisager une (ou des) modification(s) visant un (ou des) objectif(s) souhaité(s).

Un bilan établit les écarts entre l'objectif souhaité et l'objectif atteint.

Mots clés : *caractérisation d'une fonction, critère, énoncé du besoin, flexibilité, niveau, objectif, pondération.*

exercice

EXERCICE

• À l'aide du schéma cinématique minimal de la figure 11.11 représentant le mécanisme de l'ouvre-porte C-ZAM, tracer le schéma cinématique minimal modélisant le mécanisme dans sa version initiale définie par les figures 11.5, 11.6, 11.7, 11.8, 11.9 et 11.10.

Exercices de synthèse

E1 Système de module de pose de ruban adhésif

(d'après sujet de baccalauréat général série S option technologie industrielle)

Compétence

- Un système étant défini par son dossier, son domaine et son environnement d'utilisation étant précisés avec le CSCF : identifier et ordonner les fonctions techniques ; identifier les paramètres de commande ; identifier les constituants représentés ; déterminer les grandeurs carctéristiques associées à la fonction réalisée ; identifier les contacts entre pièces ; déterminer les actions mécaniques caractéristiques transmises.

1 Le système et le procédé

1.1 Présentation du système

L'entreprise de boulangerie industrielle « Pain Service » fabrique des pâtons (pâte à pain mise en forme et prête à être enfournée) qui, après surgélation et conditionnement, sont livrés aux différents points de vente qui en assurent la cuisson.

La chaîne de conditionnement des pâtons (fig. E 1.1) assure :
- ① la mise en forme des cartons livrés à plat,
- ② la mise en place d'un film alimentaire à l'intérieur du carton,
- ③ la mise en place des pâtons,
- ④ la fermeture du carton (rabattement des volets supérieurs),
- ⑤ la pose de ruban adhésif simultanément sur le fond et le dessus du carton.

Les conditionnements varient suivant le type de farine mise en œuvre et la forme du pâton (pain rond individuel, miche, baguette...) ; la chaîne de conditionnement utilise cinq modèles différents de cartons.

La figure E 1.2 représente la description fonctionnelle du module de pose de ruban adhésif, poste 5 de la figure E 1.1.

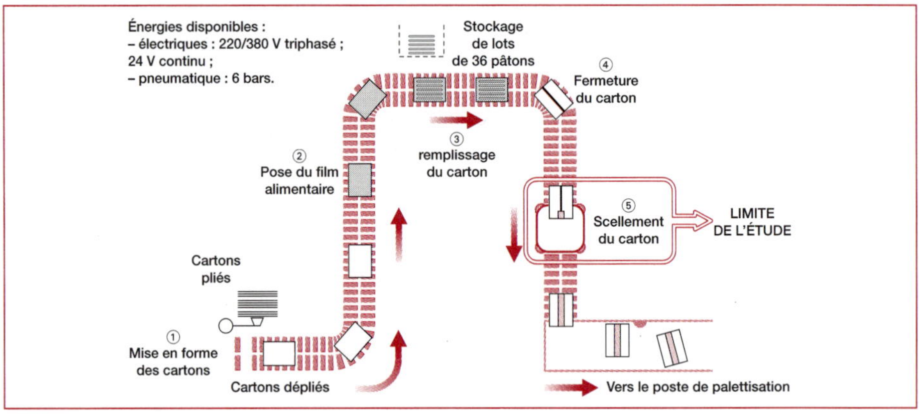

Figure E 1.1 Chaîne de conditionnement des pâtons

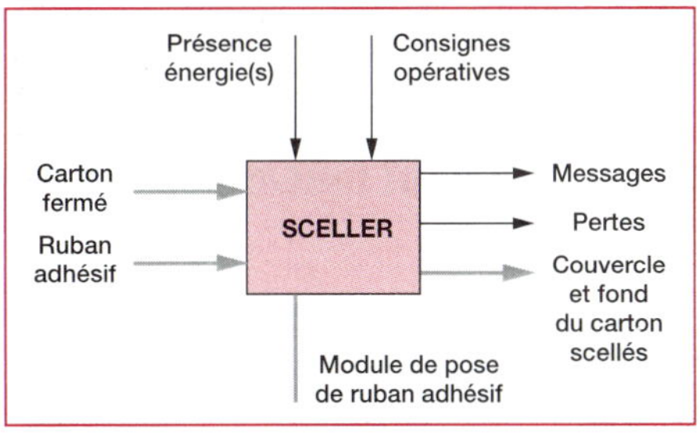

Figure E 1.2 Description fonctionnelle du module de pose de ruban adhésif (poste 5)

1.2 Le procédé (poste 5 seul)

Le procédé est décrit par les figures E 1.3 et E 1.4.

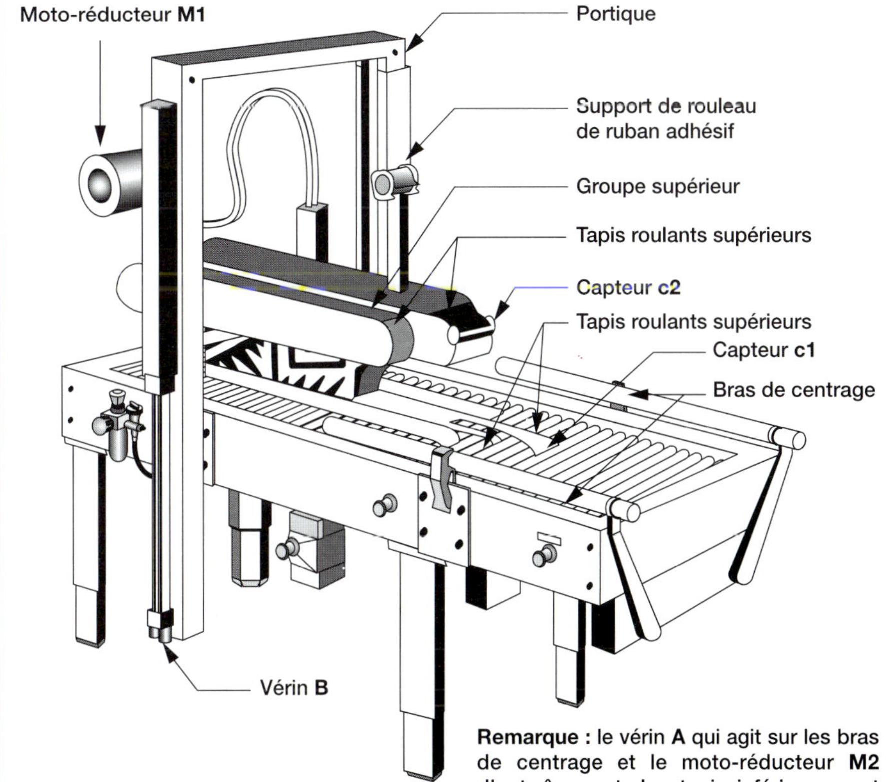

Remarque : le vérin **A** qui agit sur les bras de centrage et le moto-réducteur **M2** d'entraînement des tapis inférieurs sont situés sous la table du module.

Figure E 1.3 Structure mécanique

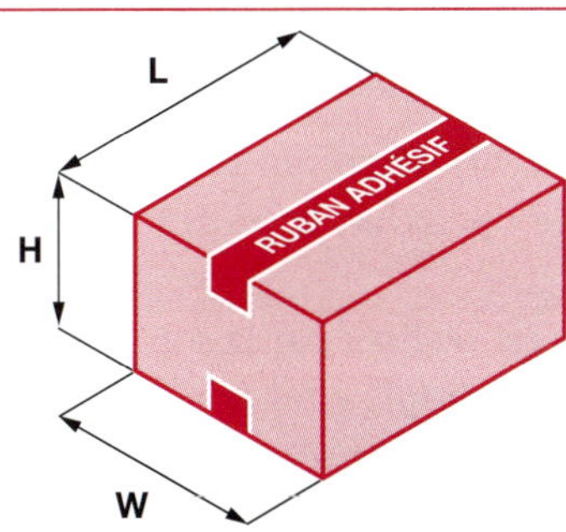

	W	H	L
min	130	100	150
min	500	500	∞

Masse maximale : 40 kg

Figure E 1.4 Capacités extrémales

2 La partie opérative

2.1 Description du fonctionnement mécanique du module

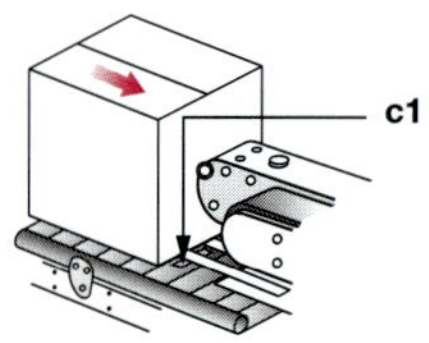

La présence d'un carton à l'entrée du module est détectée par le capteur **c1**.

Figure E 1.5 Carton à l'entrée du module

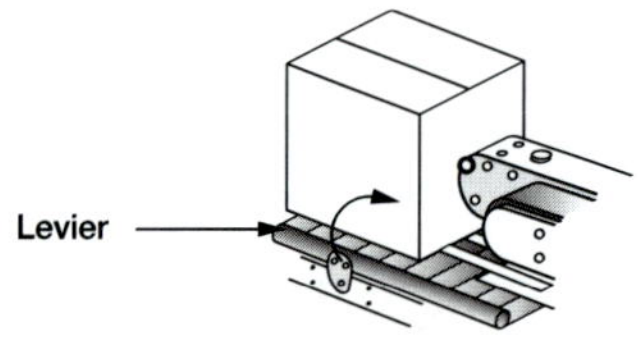

Le vérin **A** actionne, par l'intermédiaire de leviers, les bras de centrage qui agissent symétriquement sur les côtés du carton. Le carton est alors mis en position dans l'axe du module.

Figure E 1.6 Mise en position du carton

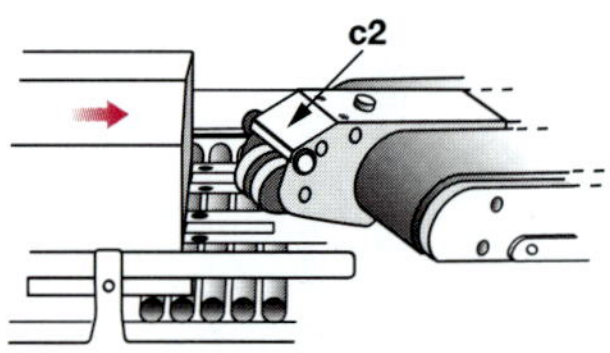

Le carton est entraîné par les rouleaux de la table de chargement. Son arrivée contre le groupe supérieur est détectée par le capteur **c2**.

Figure E 1.7 Carton entraîné sur la table de chargement

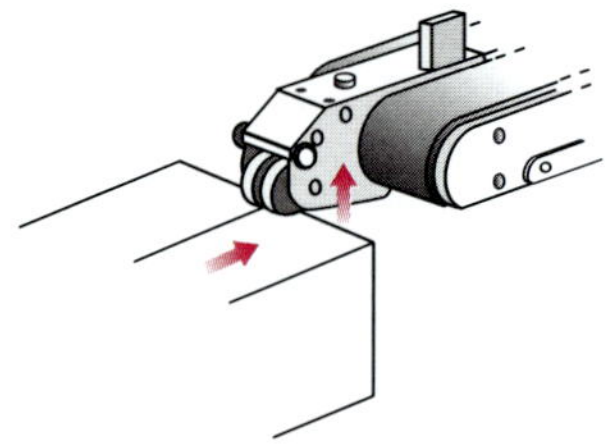

Le groupe supérieur est soulevé par deux vérins à simple effet **B** et **B'** ce qui autorise ainsi le passage du carton.

Figure E 1.8 Passage du carton sous le groupe supérieur

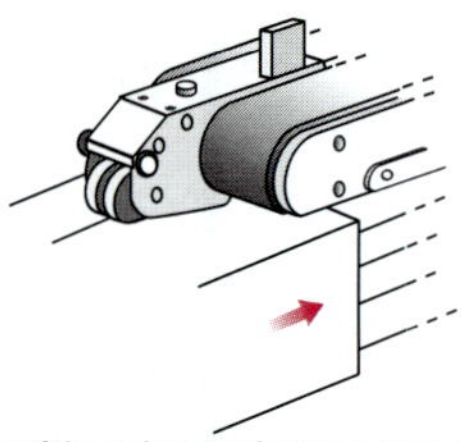

Le groupe supérieur descend au contact du carton : les tapis roulants supérieurs actionnés par **M1** et inférieurs actionnés par **M2** entraînent le carton vers les dérouleurs de ruban adhésif, puis vers la sortie du poste. Le groupe supérieur redescend alors en position basse (position initiale).

Figure E 1.9 Pose du ruban adhésif

2.2 Description du fonctionnement temporel du module

Le Grafcet (fig. E 1.10) décrit, du point de vue de la partie opérative, le processus attendu.

- L'action centrer est réalisée par la sortie de tige du vérin à simple effet A.
- L'action déplacer est réalisée par la sortie simultanée des tiges des vérins à simple effet B et B'.

Les moteurs de type asynchrone triphasé M1 et M2 fonctionnent sans interruption tant que la consigne marche est présente.

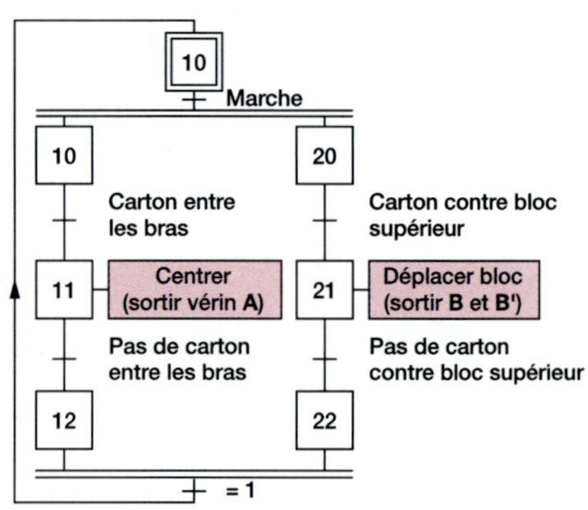

Figure E 1.10 Grafcet du module

2.3 Le mécanisme « Dérouleur de ruban adhésif »

Deux dérouleurs de ruban adhésif sont utilisés sur la machine : l'un pose le ruban sur la face supérieure du carton, l'autre sur la face inférieure.

Le rouleau d'adhésif est placé sur le ruban 6 (fig. E 1.11). Le ruban est guidé jusqu'au galet 2. Lorsque la face avant du carton arrive au contact de ce galet, l'amorce du ruban adhère sur cette face (fig. E 1.12). Le déplacement du carton provoque l'effacement des galets 2 et 5 et du bras 3, ce qui permet la pose du ruban sur la face supérieure du carton. Lorsque la face supérieure du carton n'est plus en contact sur le bras 3, celui-ci reprend, par gravité, sa position initiale et coupe le ruban. Le retour en position initiale du galet 5 assure le collage du ruban sur la face arrière du carton.

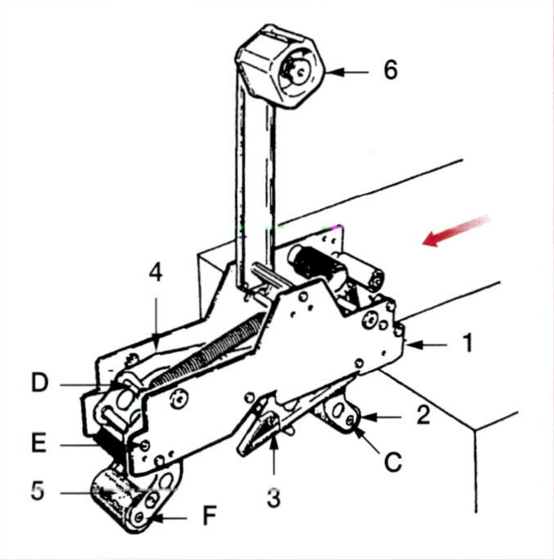

Figure E 1.11 Mécanisme du dérouleur supérieur de ruban adhésif

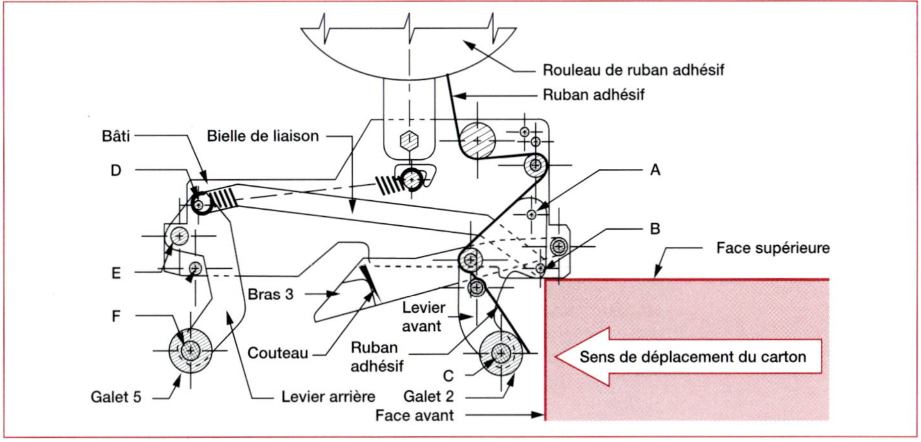

Figure E 1.12 Schéma du mécanisme (coupe longitudinale)

2.4 Le mécanisme d'entraînement des cartons

Les cartons sont entraînés vers les dérouleurs de ruban adhésif par quatre tapis roulants :
- deux tapis agissent sur la face supérieure du carton ;
- deux tapis agissent sur sa face inférieure.

Les deux tapis supérieurs sont actionnés par le moteur M1 et son adaptateur (réducteur de vitesse) (fig. E 1.13).

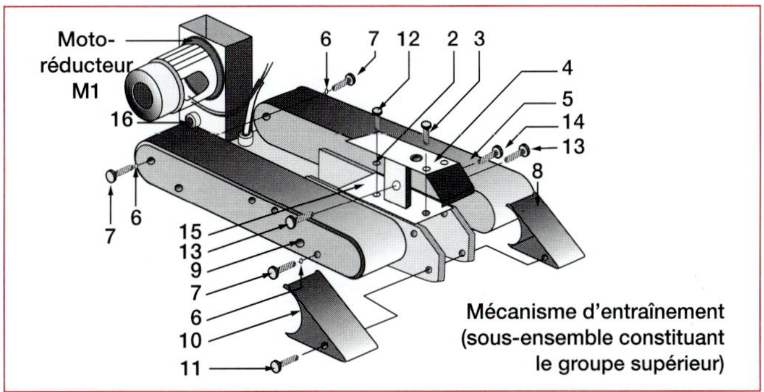

Figure E 1.13 Mécanisme d'entraînement (sous-ensemble constituant le groupe supérieur)

2.5 Le moteur M1 et son adaptateur

Le moteur d'entraînement des tapis roulants et son adaptateur sont définis :
- une perspective éclatée (fig. E 1.4) ;
- un dessin en coupe longitudinale (fig. E 1.5).

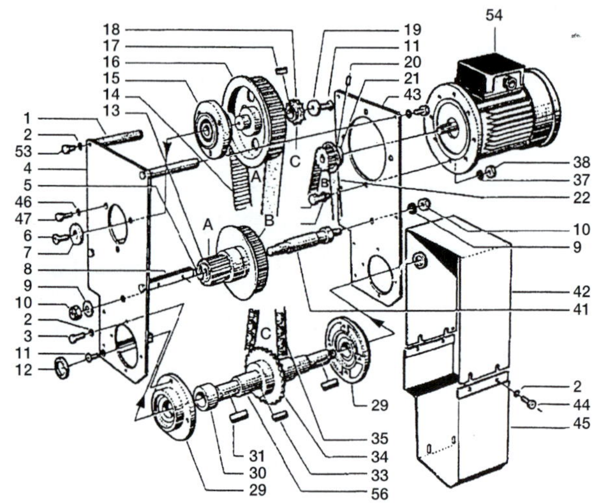

Figure E 1.14 Perspective éclatée du moteur d'entraînement

3 La partie commande

Le descriptif du choix des composants d'automatisation est présenté par le tableau E 1.1. Le schéma en coupe longitudinale est montré par la figure E 1.15.

Motorisation – Les actionneurs (rappel)	Distribution d'énergie de puissance – Les préactionneurs	Acquisition des données – Les capteurs
Vérin à simple effet a (40 × 100) assurant la manœuvre des bras de centrage ; tige rentrée en position initiale.	Électro-distributeur 3/2 monostable noté a à commande électrique par bobine 24 Vcc et à rappel par ressort : – ordre a présent : sortie de la tige de A par rapport au corps.	Un détecteur de présence c1 : capteur établissement de circuit de tension nominale de fonctionnement 24 Vcc : – compte-rendu c1 : carton présent sur la table de réception située entre les bras de centrage.
2 vérins à simple effet B et B' (32 × 440) assurant le déplacement du bloc supérieur ; tige rentrée en position initiale.	Électro-distributeur 3/2 monostable noté b à commande électrique par bobine 24 Vcc et à rappel par ressort pilotant simultanément les deux vérins B et B' : – ordre b présent : sortie des tiges de B et B' par rapport aux corps.	Un détecteur de présence c2 : capteur à établissement de circuit de tension nominale de fonctionnement 24 Vcc : – compte-rendu c2 : carton présent devant le groupe supérieur.
2 moto-réducteurs M1 et M2 : moteurs triphasés (380 Vca) en un sens de rotation pour assurer l'entraînement des tapis roulants ; moteurs arrêtés en état initial.	Deux contacteurs monostables KM1 (moteur M1) et KM2 (moteur M2) à commande électrique par bobine 24 Vcc et à trois contacts de puissance gèrent la distribution d'énergie vers le moteur : – ordre KM1 : mise en rotation du moteur M1 ; – ordre KM2 : mise en rotation du moteur M2.	**Dialogue homme/machine - Le pupitre** Un interrupteur tournant m à accrochage (deux positions stables) : un contact à établissement de circuit de tension nominale de fonctionnement 24 Vcc : – consigne m : demande de mise en marche du cycle en production normale.

Tableau E 1.1 Le choix des composants d'automatisation

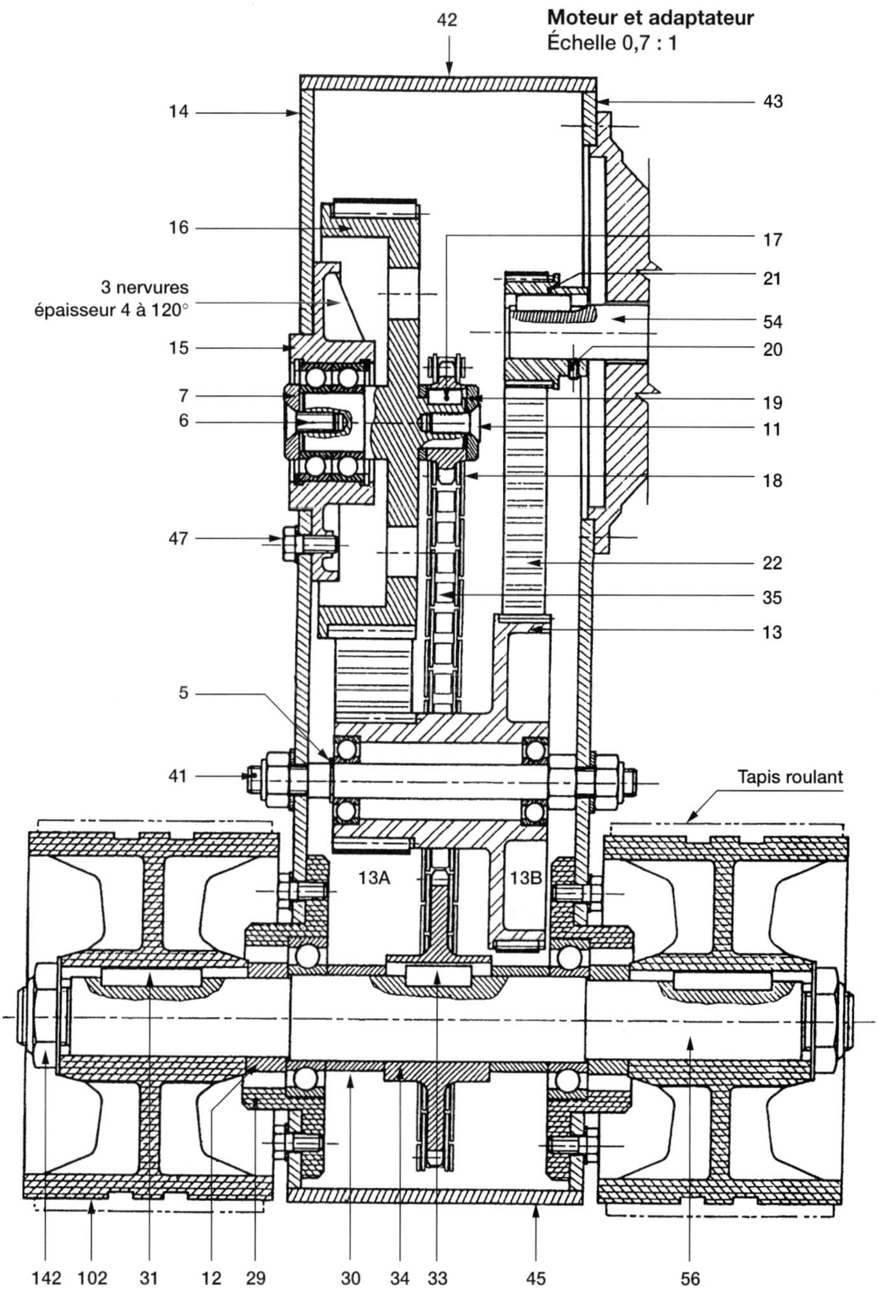

20	1	Vis Hc M5,6	56	1	Arbre de sortie
19	1	Rondelle	54	1	Moteur 220/380 V ; 50 Hz
18	1	Pignon ; Z18 = 8 dents	47	3	Vis H, M6
17	1	Clavette A 4 x 4 x 10	45	1	Carter inférieur
16	1	Poulie ; Z16 = 40 dents	43	1	Carter droit
15	1	Boîtier de guidage	42	1	Carter supérieur
14	1	Courroie crantée	41	1	Axe
13	1	Poulie double ; Z13A = 12 dents ;	35	1	Chaîne ; pas : 3/8" (9,525)
		Z13B = 32 dents	34	1	Pignon ; Z34 = 28 dents
12	2	Entretoise	33	1	Clavette A 6 x 6 x 20
11	3	Vis CHc M5	31	2	Clavette A 5 x 5 x 30
8	3	Support	30	1	Bague
7	1	Rondelle L6	29	2	Palier avec roulement
6	1	Vis CHc M6	22	1	Courroie crantée
5	1	Anneau élastique pour arbre 20 x 1,2	21	1	Poulie ; Z21 = 11 dents
4	1	Carter gauche	rep	nbr	Désignation
rep	nbr	Désignation			

Figure E 1.15 Vue de face en coupe longitudinale du moteur et adaptateur

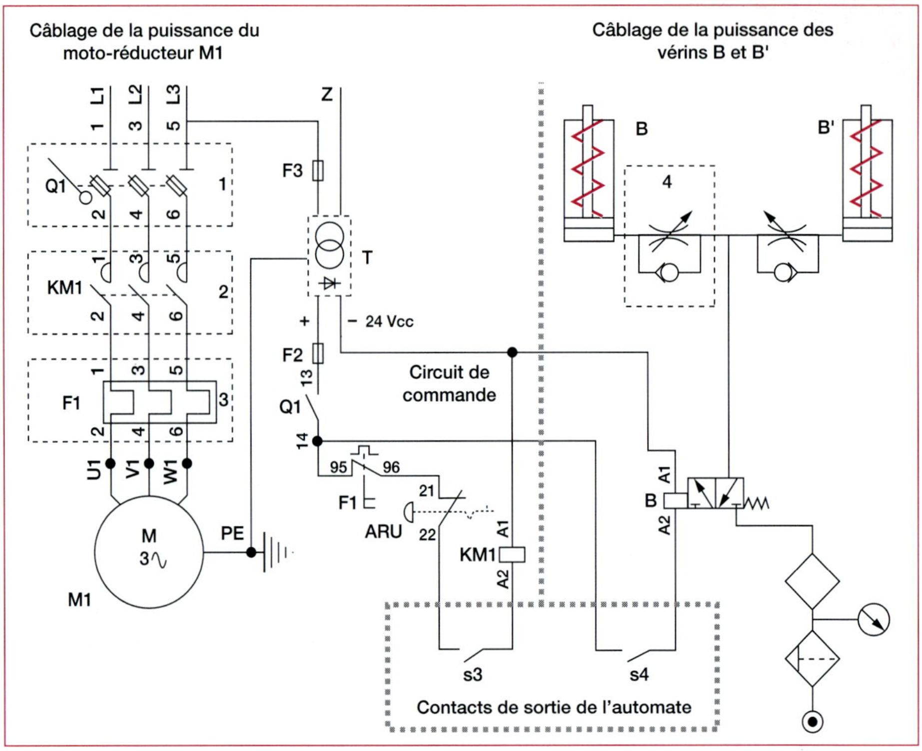

Figure E 1.16 Câblages partiels de puissance

4 Exploitation pédagogique du système

Une exploitation pédagogique est proposée dans le chapitre 2, exercice 2.5 ; chapitre 7, paragraphe 7.4.2 et exercice 7.1 ; chapitre 10, exercice 10.3.

D'autres exploitations, à caractère plus synthétique, sont possibles, concernant l'analyse fonctionnelle du système, la chaîne énergétique, la chaîne informationnelle, les représentations du système, les évolutions du produit…

E2 Distributeur automatique de plats chauds

(d'après sujet de baccalauréat général série S option technologie industrielle)

Compétences

- Un produit étant défini par un dossier, son domaine et son environnement d'utilisation étant précisés avec le CdCF :
- Identifier et définir le besoin auquel il répond et ses fonctions de service.
- Expliquer tout ou partie du cahier des charges fonctionnel.
- Décrire l'architecture fonctionnelle sous forme de schéma-blocs.
- Identifier les éléments transformés et les flux (physique, énergie, information).
- Analyser et interpréter le grafcet fourni en décrivant depuis une situation donnée, la suite des situations atteintes au cours de l'évolution.
- Vérifier les performances des constituants.
- Déterminer les grandeurs énergétiques des éléments fonctionnels de la chaîne d'énergie (puissance d'entrée, de sortie, rendement).
- Vérifier le respect de certaines contraintes formulées dans le cahier des charges (temporelles, de sécurité).
- Proposer et justifier une solution constructive répondant à une modification du CdCF et la représenter par un moyen de communication approprié.
- Identifier la grandeur physique à mesurer et la nature de l'information délivrée par un capteur.
- Justifier le choix du capteur.
- Décrire et représenter l'évolution du signal le long de la chaîne.
- Modifier un schéma, suite à une modification de cahier des charges.

Dossier technique

1 Présentation du système

1.1 Mise en situation

Le distributeur « Thermivore » est destiné à proposer des plats chauds prêts à consommer (fig. E 2.1). Les produits stockés surgelés à – 18 °C sont très variés : crêpes, pizzas, paupiettes, tomates farcies, choucroutes, couscous… Ils sont réchauffés par un four à micro-ondes au moment de la sélection par le client.

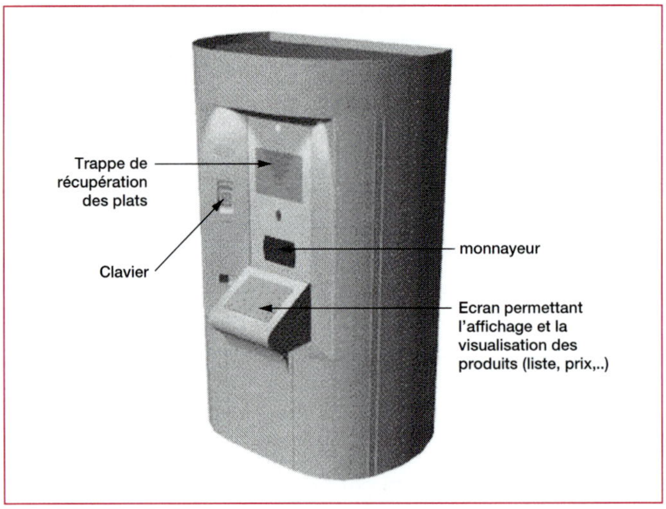

Figure E 2.1 Distributeur automatique de plats chauds « Thermivore »

Le client se présente devant le distributeur automatique, à l'aide du clavier de sélection et de l'écran, il peut visualiser les images des produits en stock, et les sélectionner.

Une fois le choix fait, le client consigne sur le clavier le code correspondant au plat choisi et lit sur l'écran le prix à payer. Après acquittement du prix, le système rend si nécessaire la monnaie ; une fourchette de préhension prend dans le stockeur le plat sélectionné et le dépose dans le four à micro-ondes, cette opération dure 20 secondes maximum. Le plat est ensuite chauffé durant 30 secondes. La mise à disposition du plat au client dure 12 secondes (rotation du four de deux fois 3 secondes, retour de 6 secondes).

1.2 Description des tâches réalisées par le système

Le distributeur de plats chauds est organisé autour de périphériques de dialogues permettant la communication avec le client (fig. E 2.2).

Le graphe du point de vue du système (fig. E 2.2) résume les différentes actions à accomplir pour obtenir un plat.

Le distributeur se compose :
- d'un clavier permettant la sélection d'un plat ;
- d'un écran cathodique pour transmettre les images des plats et différents messages au client ;
- d'un monnayeur pour enregistrer, vérifier et rendre si nécessaire la monnaie ;
- d'un magasin de stockage et de réfrigération des plats préférés (capacité de 100 plats de 10 variétés différentes) ;
- d'un mécanisme de transfert chargé de prendre la barquette sélectionnée et de la placer dans le four (manipulateur 3 axes) ;
- d'un four à micro-ondes auquel est associé un mécanisme assurant la rotation du four ;
- d'une partie commande réalisée par carte électronique programmable.

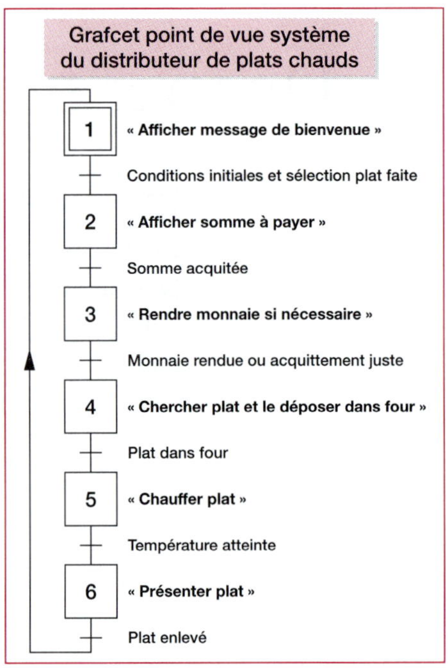

Figure E 2.2 Grafcet point de vue système du distributeur de plats chauds

1.3 Description fonctionnelle du distributeur

L'actigramme (**a**) de niveau A-0 (fig. E 2.3) définit la fonction globale du distributeur de plats chauds.

L'actigramme (**b**) de niveau A0 précise les fonctions principales composant ce même système (fig. E 2.3).

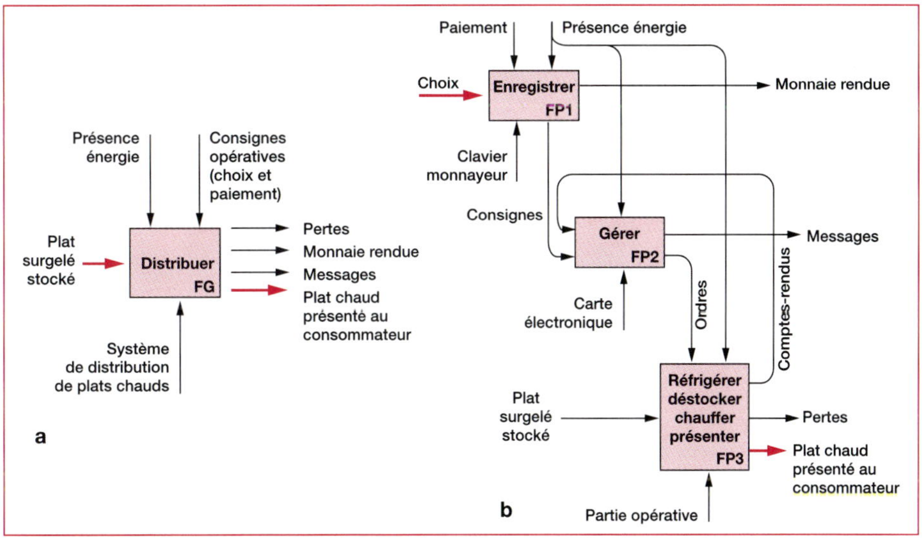

Figure E 2.3 Actigramme A-0 du distributeur de plats chauds et fonctions principales du distributeur de plats chauds

1.4 Schématisation interne du distributeur de plats chauds

Le distributeur est schématisé et représenté porte ouverte à 180° sur la figure E 2.4. On distingue :
- un groupe réfrigérant qui maintient à basse température les plats stockés ;
- un manipulateur trois axes formé de trois unités de translation ; son rôle est de récupérer le plat sélectionné et de le placer dans le four ;
- un four à micro-ondes à cavité rotative et porte fixe. Il assure la réception du plat, son chauffage et sa présentation au client.

1.4.1 Manipulateur trois axes

Les trois unités de translation sont identiques. Elles sont motorisées par trois moteurs à courant continu 24 V à deux sens de rotation et à l'arrêt à l'état initial.

Le moteur M1 assure les mouvements de translation suivant l'axe x de la fourche de préhension, M2 en ce qui concerne l'axe y et M3 pour l'axe z.

1.4.2 Four rotatif à micro-ondes

La rotation de la cavité interne du four est assurée par un galet d'entraînement monté sur l'arbre de sortie du moto-réducteur M4. Il entraîne suivant l'axe z, et par adhérence, dans les deux sens de rotation, la cavité du four qui effectue une rotation d'amplitude maximale de 180°. Un électro-aimant de 24 V continu EA, non alimenté à l'état initial, assure le maintien en position de la cavité du four dans ses positions fixes.

1.4.3 Groupe réfrigérant

La réfrigération du magasin de stockage est assurée par un groupe compresseur actionné par le moteur M5 à courant alternatif de 220 V de valeur efficace.

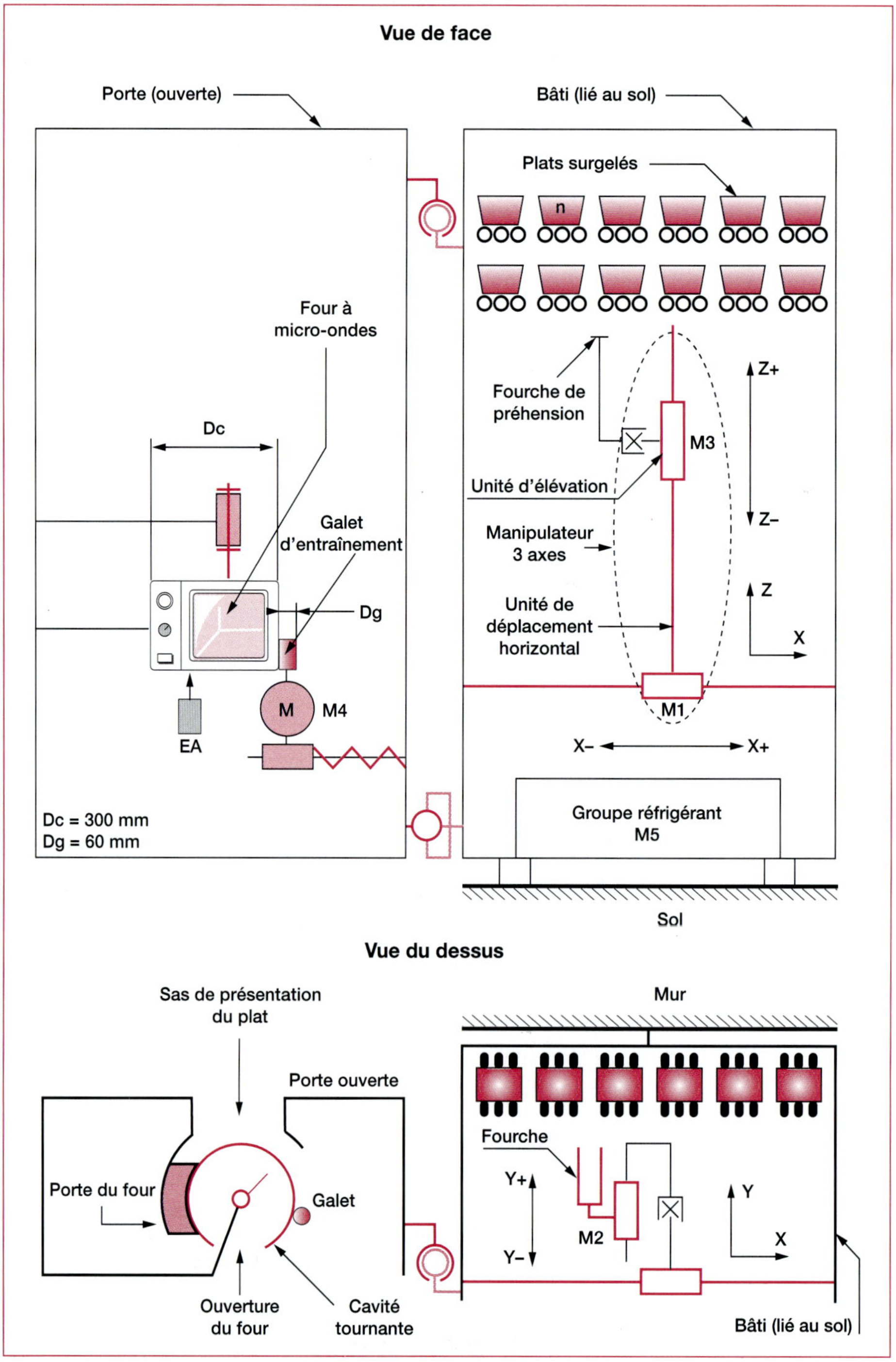

Figure E 2.4 Schématisation des constituants internes au distributeur

2 Éléments du dossier technique du système

2.1 Le four à micro-ondes à cavité tournante

2.1.1 Principe de fonctionnement

Au cours du fonctionnement, le four présente trois positions fixes (fig. E 2.5) détectées par deux capteurs de présence (capteurs a et b).

– **Position 1** : Position initiale, l'ouverture du four est face au magasin pour permettre le chargement du plat sélectionné surgelé par le manipulateur. Le capteur a est actionné.

– **Position 2** : Fermeture du four par la porte fixe pour permettre le réchauffage du plat (rotation de 90° en sens horaire). Les capteurs a et b sont actionnés, le contacteur KM1 commande le moteur M4.
– **Position 3** : Ouverture du four vers la trappe de récupération pour présenter le plat chaud au client (rotation supplémentaire de 90° en sens horaire). Le capteur b est seul actionné.
– Le retour à la **position 1** se fera par rotation de 180° dans le sens trigonométrique. Le contacteur KM2 commande alors le moteur M4.

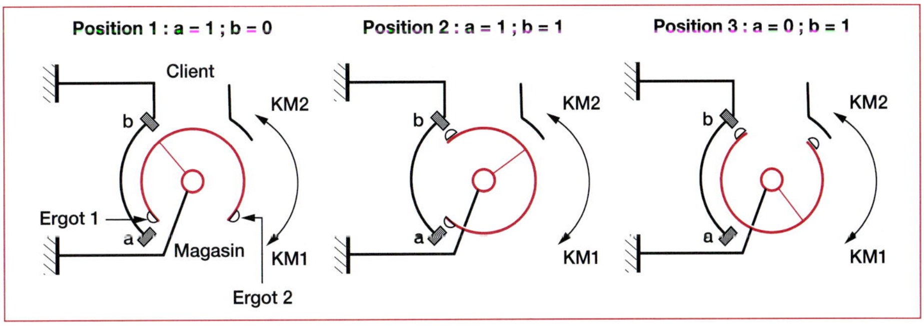

Figure E 2.5 Principe de fonctionnement du four à micro-ondes

2.1.2 Principe de l'indexage de la cavité tournante

L'indexage consiste à bloquer en position la cavité tournante du four à partir d'un indexeur (fig. E 2.6).
– **Cas 1** : La cavité du four est indexée. L'électro-aimant EA n'est pas activé (la bobine KM3 de EA est non alimentée), et le capteur c est actionné.
– **Cas 2** : La bobine KM3 de l'électro-aimant étant alimentée, l'indexeur solidaire du noyau de l'électro-aimant se dégage de la cavité, le four peut alors tourner. Le capteur c n'est pas actionné. Lors du mouvement du four, la bobine KM3 n'est plus alimentée, l'indexeur glisse sur la cavité du four (cas 3).
– **Cas 3** : À l'arrivée au trou suivant, l'indexeur poussé par le ressort de l'électro-aimant tombera dans celui-ci, le capteur c sera à nouveau actionné (retour au cas 1).

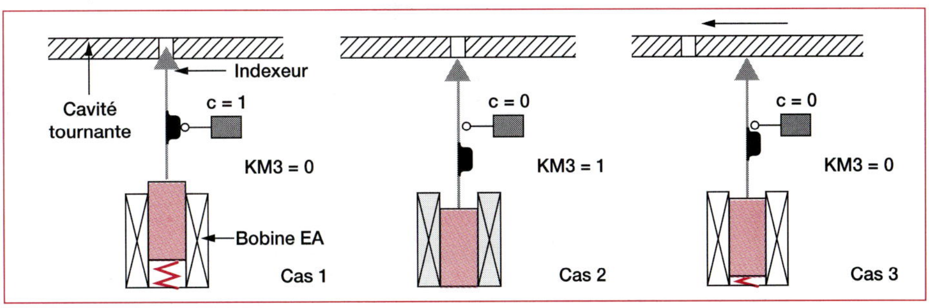

Figure E 2.6 Fonctionnement de l'indexeur

2.1.3 Le moto-réducteur M4 d'entraînement de la cavité tournante

Le dessin d'ensemble et la nomenclature sont donnés sur la figure E 2.7.

L'énergie mécanique de rotation générée par le moteur M4 est reçue par l'arbre moteur 15. Elle est transmise à l'arbre intermédiaire 26 par l'engrenage 16-23. Cette énergie est transmise au galet 9 d'entraînement de la cavité par l'engrenage 26-4 et par l'arbre de sortie 5.

La chaîne de transmission de puissance est :

$$15 \rightarrow 14 \rightarrow (16 \rightarrow 23) \rightarrow 20 \rightarrow (26 \rightarrow 4) \rightarrow 17 \rightarrow 5 \rightarrow 12 \rightarrow 9$$

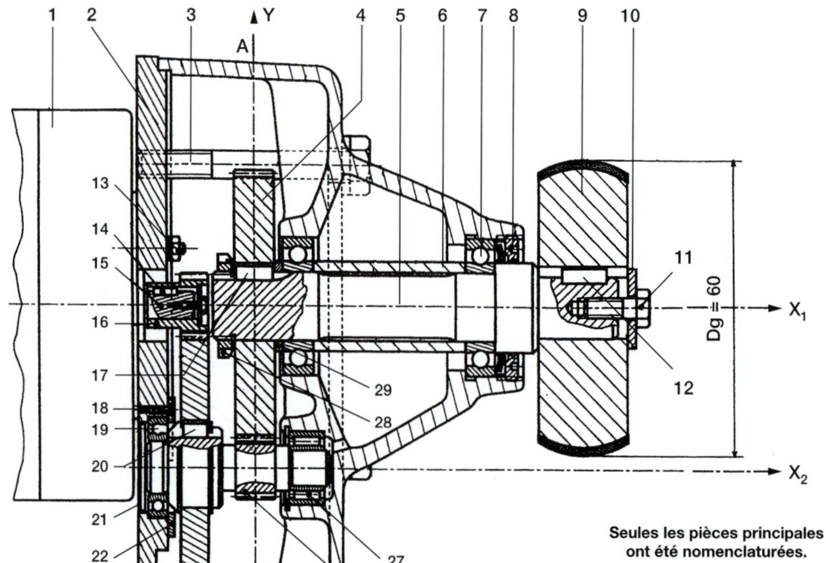

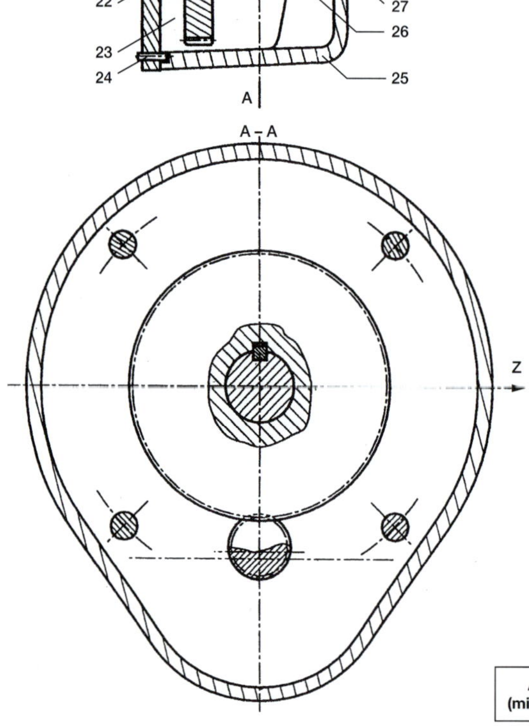

Seules les pièces principales ont été nomenclaturées.

29	1	Entretoise courte
28	1	Écrou SKF KM n°6
27	1	Roulement à aiguilles
26	1	Pignon arbré à denture droite $Z_{26} = 10$
25	1	Carter
24	1	Pied de positionement
23	1	Roue à denture droite $Z_{23} = 45$
22	1	Plaque d'arrêt
21	1	Bouchon
20	1	Clavette parallèle forme B
19	1	Roulement à une rangée de billes
18	3	Vis F/90 M3-10
17	1	Clavette parallèle forme B
16	1	Pignon à denture droite $Z_{16} = 10$
15	1	Arbre de sortie de M4
14	1	Clavette parallèle forme A
13	4	Écrou H M6
12	1	Clavette parallèle forme A
11	1	Vis H M8
10	1	Rondelle d'arrêt
9	1	Galet d'entraînement de la cavité
8	1	Couvercle fileté
7	2	Roulement à une rangée de billes
6	1	Entretoise longue
5	1	Arbre de sortie de l'adaptateur
4	1	Roue à denture droite $Z_4 = 45$
3	4	Vis H M10
2	1	Plaque de fixation
1	1	Carter du moteur M4
Rep	nb	Désignation

Adaptateur d'énergie de M4 (mise en mouvement de la cavité)

Figure E 2.7 Adaptateur d'énergie de M4 (mise en mouvement de la cavité)

2.2 La carte électronique de commande

La gestion du distributeur de plats chauds est dédiée à *une carte électronique programmable* disposant de tous les circuits et constituants périphériques, afin :
- d'établir le dialogue avec le client ;
- de gérer le fonctionnement de l'ensemble du distributeur (four, bras manipulateur, groupe réfrigérant).

Cette carte électronique dispose d'interfaces de puissance à *transistors bipolaires* pilotant les différents contacteurs de mise en énergie des constituants du distributeur.

Le tableau E 2.1 répertorie les préactionneurs, actionneurs et capteurs mis en œuvre (tableau limité à la gestion du four et au groupe de réfrigération).

Opération	Préactionneurs	Actionneurs	Capteurs
Tourner la cavité	Contacteurs inverseurs monostables KM1 et KM2	Moteur M4	« a » et « b » à établissement de circuit
Désindexer la cavité	Contacteur monostable KM3	Électro-aimant EA	« c » cellule ILS
Chauffer le plat	Contacteur monostable KM4	Magnétron Ma de 800 W de puissance	Cellule photoélectrique de présence de plat dans le four
Réfrigérer le magasin	Contacteur monostable KM5	Moteur M5	Sonde de température à thermocouple

Tableau E 2.1 Préactionneurs, actionneurs et capteurs (four et réfrigération)

2.2.1 Principe de la régulation de température à l'intérieur du magasin

Pour éviter une mise en énergie trop fréquente du moteur M5, un dispositif à seuils limite la régulation :
- si la température du magasin est supérieure à – 18 °C, la réfrigération est mise en route (KM5 = 1) ;
- si la température du magasin est inférieure à – 21 °C, la réfrigération est arrêtée (KM5 = 0).

La chaîne d'acquisition de la température du magasin met en œuvre un ensemble de fonctions électroniques permettant l'acquisition de cette grandeur physique (fig. E 2.8). On distingue en particulier les fonctions : amplifier, comparer deux grandeurs, convertir en numérique, et mémoriser.

Agencement des fonctions contribuant à l'acquisition d'une image numérique de la température du magasin

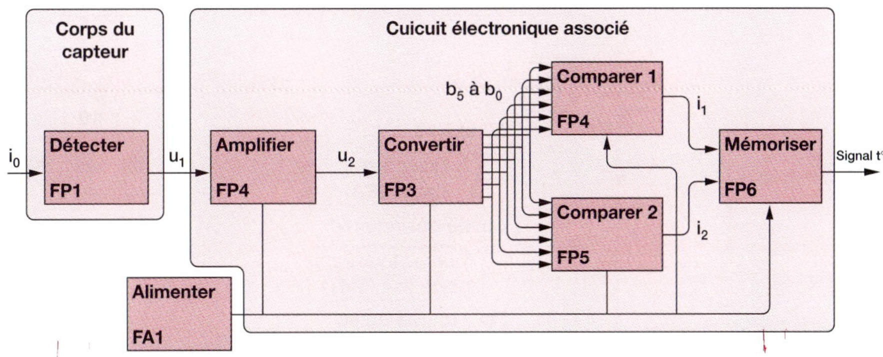

Fonction détecter (FP1) : la sonde de température est employée dans le domaine des températures comprises entre – 24 °C et + 40 °C, son coefficient de température est de + 10 mV/°C. La fonction FP1 réalise un décalage de zéro, pour une température de – 24 °C, la sortie u_1 est à 0 V.
Fonction FP2 : amplificateur de tension de coefficient d'amplification A = + 10.
Fonction FP3 : réalise la conversion en numérique (sur 5 bits) de la tension u_2 issue de FP2.
Fonctions FP4 et FP5 : ces fonctions constituent un comparateur logique à fenêtre. La sortie i_2 est au « 1 » logique si l'entrée de FP4/FP5 correspond à une température > à 18 °C. La sortie i_2 est au « 1 » logique si l'entrée de FP4/FP5 correspond à une température < à – 21 °C.
Fonction FP6 : cellule de mémorisation (bascule RS) pilotant l'interface de puissance mettant en œuvre KM5.

Figure E 2.8 Agencement des fonctions contribuant à l'acquisition d'une image numérique de la température du magasin

2.2.2 Graphes de fonctionnement du distributeur en production normale du point de vue de la partie opérative

Ces graphes de fonctionnement (fig. E 2.9, E 2.11 et E 2.10) ne prennent pas en compte une panne ou un dysfonctionnement du distributeur. Les opérations sont repérées par des mouvements ou par des mises en énergie.

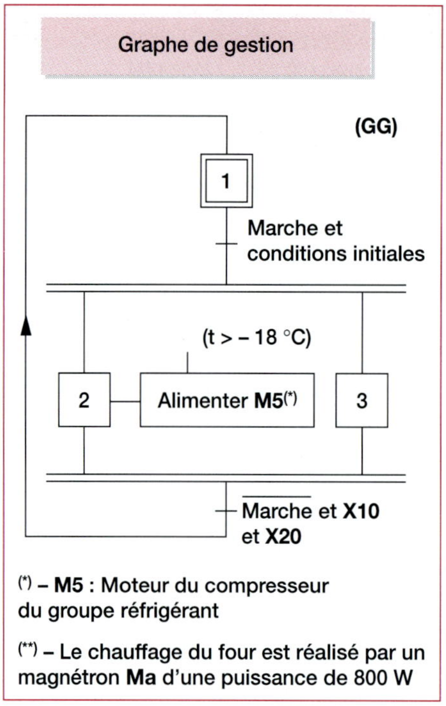

Figure E 2.9 Graphe de gestion (GG)

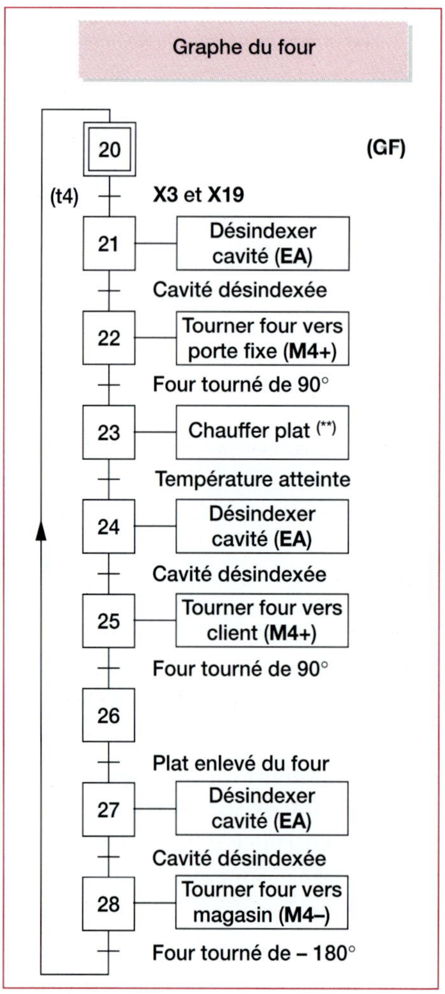

Figure E 2.10 Graphe du four (GF)

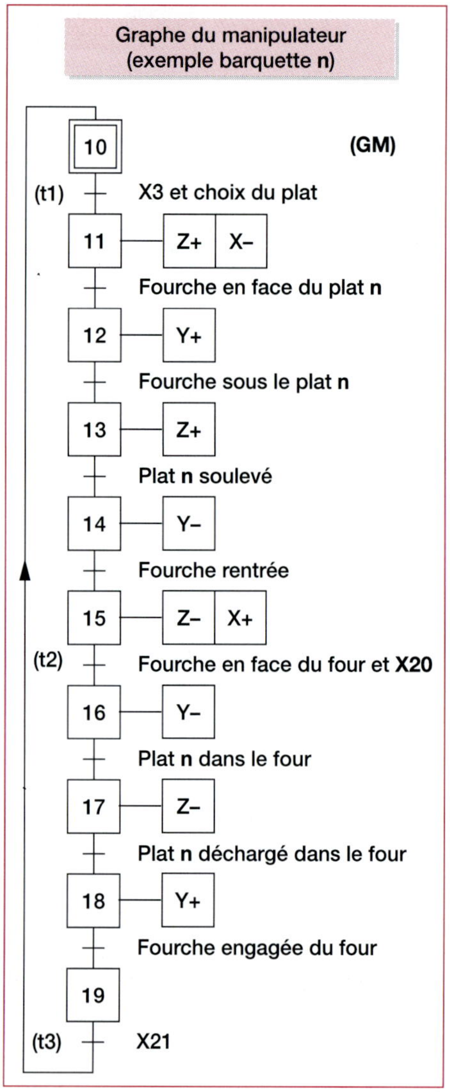

Figure E 2.11 Graphe du manipulateur (exemple barquette n) (GM)

3 Exploitation pédagogique du système

Certains constituants du système ne sont définis que partiellement dans le dossier technique afin de laisser « ouverte » l'exploitation pédagogique.

Une exploitation pédagogique est déjà présente au chapitre 4, exercice 3.

3.1 Analyse du système

3.1.1 Analyse fonctionnelle globale

On s'attachera à identifier et définir la fonction globale du système. Les problèmes de cadencement pourront être abordés (autonomie du distributeur, approvisionnement...). On pourra énoncer la matière d'œuvre du système, et préciser la valeur ajoutée.

3.1.2 Analyse de la partie opérative mécanique

Le fonctionnement du distributeur sera analysé du point de vue de la partie opérative. On pourra définir en particulier les liaisons et les degrés de liberté existant entre :
- le four à micro-ondes et la porte du distributeur ;
- la fourche de préhension et l'unité d'élévation ;
- l'unité de déplacement horizontal et le bâti du distributeur.

L'élève doit être capable d'identifier une solution technologique.

3.1.3 Analyse de la partie commande

Le fonctionnement du distributeur est décrit sous forme de « grafcets ». Par analyse et interprétation de ces grafcets donnés du point de vue de la partie opérative, on pourra compléter ou produire les grafcets associés du point de vue de la partie commande, établir tout ou partie du modèle de commande et le représenter.

3.2 Calculs de vérification

3.2.1 Calculs de vérification sur la partie opérative

Proposer en justifiant ce choix une solution technologique répondant au cahier des charges. On pourra s'attacher à rechercher les caractéristiques du moteur, particulièrement ses caractéristiques électriques et mécaniques (couple, puissance, rendement), sa cinématique ou bien encore les caractéristiques mécaniques des roues dentées de l'adaptateur.

3.2.2 Calculs de vérification sur la partie commande

Les chronogrammes temporels de fonctionnement des divers contacteurs étant donnés, on validera la solution par analyse des grafcets proposés.
On validera le choix des contacteurs proposés par vérification de leurs caractéristiques technologiques.
On pourra également valider la solution structurelle de certaines fonctions participant à la partie commande du système ; l'actionneur étant défini, et les caractéristiques de fonctionnement précisées, choisir des constituants de commande et de sécurité adaptés.

3.3 Production d'une solution

3.3.1 Production relative à la partie opérative

On pourra s'orienter vers la production d'une solution avec entraînement par courroie plate ou poly-V. Proposer en justifiant ce choix, une solution constructive répondant au cahier des charges. Définir par un moyen de communication approprié une solution constructive.

3.3.2 Production relative à la partie commande

En s'intéressant particulièrement à la régulation de température du magasin, on pourra :
- faire un choix de capteur ;
- produire le schéma structurel de certaines fonctions participant à la régulation en température ;
- définir la précision de la régulation ;
- modifier le schéma structurel de tout ou partie d'une fonction, suite à une modification de performance au niveau du cahier des charges fonctionnel.

Les outils de la communication technique

Fiche 1

Diagrammes des interacteurs

1 Diagramme bête à cornes

L'outil appelé *diagramme bête à cornes* est utilisé pour définir le *besoin fondamental* auquel doit répondre un *produit*. Il utilise une disposition graphique (fig. F 1.1) permettant de formaliser ce besoin à partir de trois questions concernant les relations entre :

– les intervenants économiques → *à qui* rend-il service ?

– les éléments concernés du milieu extérieur constituant la matière d'œuvre → *sur quoi* agit-il ?

– le service à rendre → *dans quel* but ?

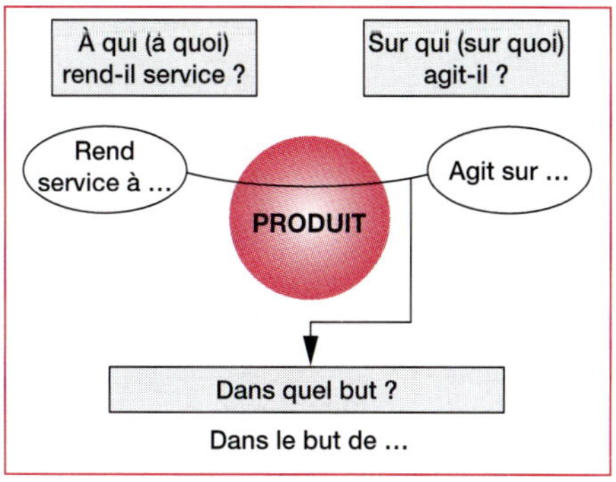

Figure F 1.1 Diagramme bête à cornes pour la mise en évidence du besoin fondamental

Les réponses à ces questions sont inscrites au-dessous des rectangles grisés.

2 Diagramme d'interactions, ou diagramme pieuvre

L'outil appelé *diagramme d'interactions* est utilisé pour définir les interelations entre un produit et les différents éléments de son environnement, appelés *interacteurs*. Ces relations correspondent au service rendu par le produit et s'expriment en termes de *fonctions de service*.

Il se matérialise graphiquement par la structure caractéristique de la figure F 1.2.

Ce diagramme met en évidence :

– les *fonctions principales* (FP1, FP2...) correspondant à la raison d'être du produit, en établissant les relations entre les éléments de l'environnement par l'intermédiaire du produit ;

– les *fonctions contraintes* (FC1, FC2...), nécessaires pour adapter le produit à des exigences imposées par certains éléments de l'environnement, en envisageant les relations entre chacun d'eux et le produit.

Éléments graphiques d'un diagramme d'interactions :

– le nom du produit est inscrit dans un cercle au centre du diagramme ;

– autour du produit, les noms des interacteurs (éléments de l'environnement) sont inscrits dans des ellipses ;

– les arcs qui relient deux interacteurs en passant par le produit caractérisent les *fonctions principales* FPi ;

– les arcs qui relient un interacteur avec le produit caractérisent les *fonctions contraintes* FCi ;

– la liste des différentes fonctions ainsi mises en évidence est inscrite à côté du diagramme.

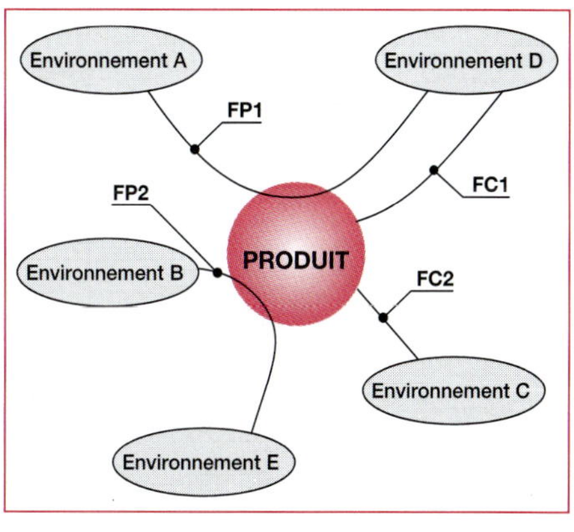

Figure F 1.2 Diagramme pieuvre pour la mise en évidence des fonctions de service

Fiche 2

Diagramme SADT

SADT *(Structured Analysis and Design Technique)* est une technique d'analyse fonctionnelle descendante des systèmes complexes. Elle se matérialise par une représentation graphique constituée d'une ou de plusieurs *boîtes* et de *flèches* (voir figures). Les boîtes caractérisent les activités, ou *fonctions* réalisées par le système et les flèches caractérisent les *données* et/ou les contraintes qu'il échange, notamment avec son environnement.

Le premier niveau, appelé niveau A-0 (prononcer A moins zéro) (fig. F 2.1), définit la *fonction globale* du système. Le niveau suivant, appelé niveau A0 (fig. F 2.2), détaille le niveau A-0 en précisant les fonctions techniques qui réalisent la fonction globale. Les autres niveaux permettent d'approfondir le découpage fonctionnel du système de façon structurée, hiérarchique et descendante. On se limite très souvent aux niveaux A-0 et A0.

Quel que soit le niveau, les flèches qui arrivent ou qui partent de chaque boîte répondent aux règles suivantes (fig. F 2.1) : à gauche, les *données d'entrée* E_i ; à droite, les *données de sortie* S_i ; au-dessus, les *contraintes de pilotage* ou *de commande* C_i ; au-dessous, les *énergies* et les *mécanismes* M_i, ou *processeurs* M_i.

Les contraintes de pilotage ou de commande C_i qui déclenchent l'activité de la fonction ou qui la modifient sont exclusivement des *informations*. Elles peuvent avoir l'une des 4 formes suivantes : *paramètres de configuration*, *paramètres de réglage*, *données d'exploitation* et *mise en énergie* et/ou *présence de la matière d'œuvre*.

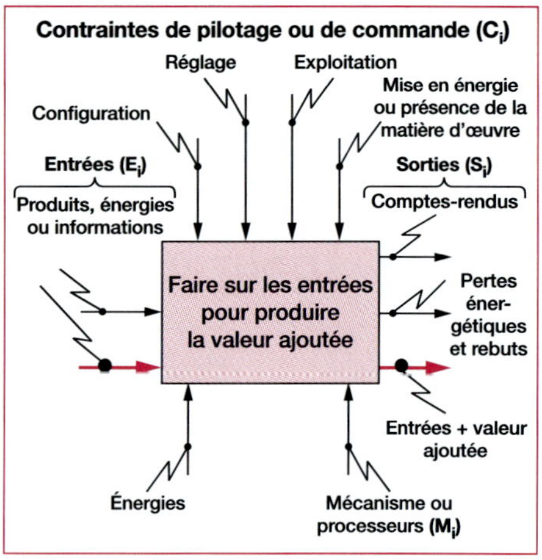

Figure F 2.1 Diagramme SADT de niveau A-0

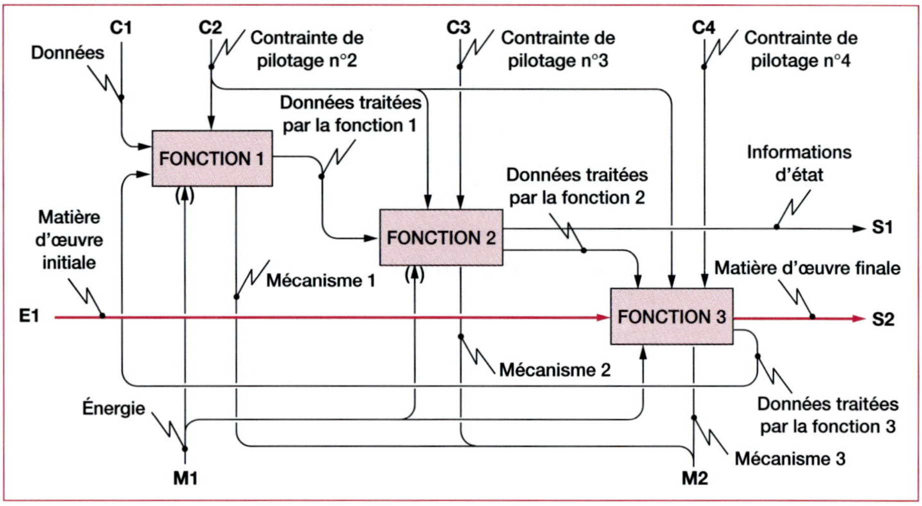

Figure F 2.2 Présentation d'un diagramme SADT de niveau A-0

Fiche 3

Schématisation mécanique

1 Symbole des liaisons entre pièces

Nom de la liaison	Mouvements relatifs	Efforts transmissibles	Représentation plane (2D)	Représentation spatiale (3D)
Liaison complète ou encastrement	0 deg. lib.	F_x M_{xA} F_y M_{yA} F_z M_{zA}	 * S'il n'y a pas d'ambiguïté	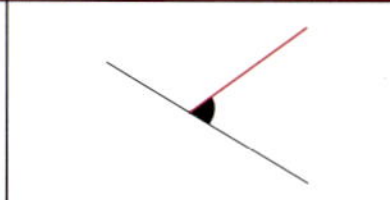
Liaison pivot	1 deg. lib. R_x 0 0 0 0 0	F_x 0 F_y M_{yA} F_z M_{zA}	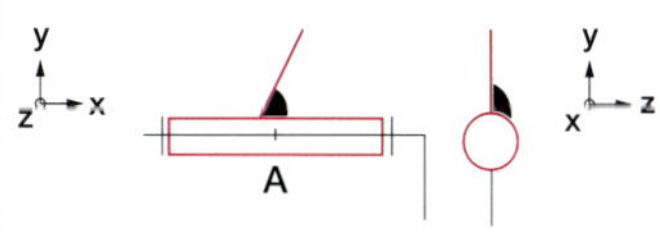	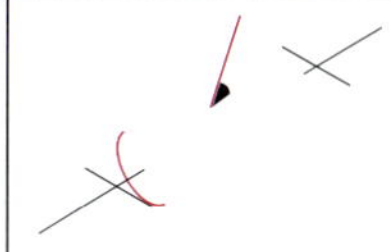
Liaison glissière	1 deg. lib. 0 T_{xA} 0 0 0 0	0 M_{xA} F_y M_{yA} F_z M_{zA}	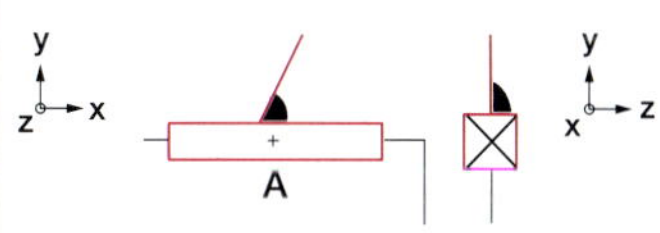	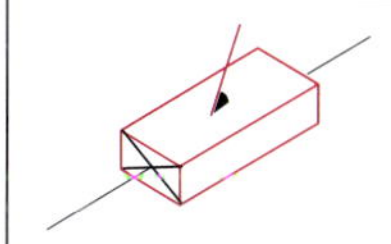
Liaison glissière hélicoïdale	1 deg. lib. R_x T_{xA} 0 0 0 0 R_x et T_{xA} conjugées	0 0 F_y M_{yA} F_z M_{zA}	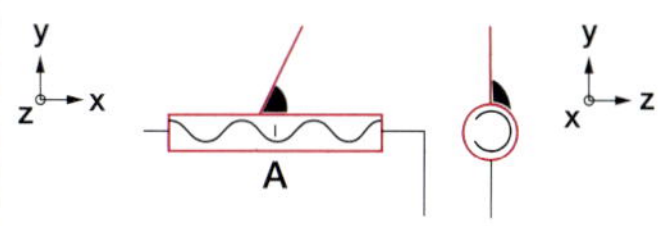	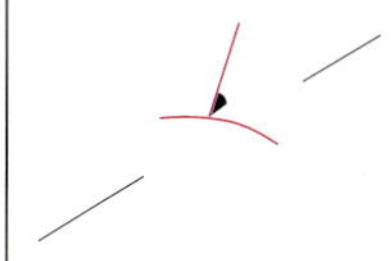
Liaison pivot-glissant	2 deg. lib. R_x T_{xA} 0 0 0 0	0 0 F_y M_{yA} F_z M_{zA}	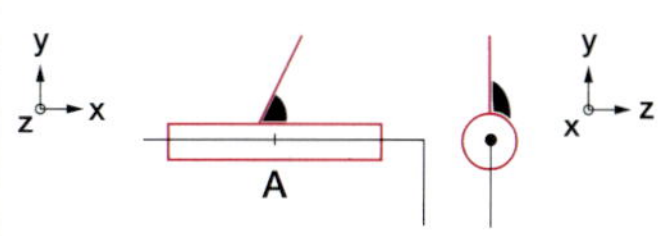	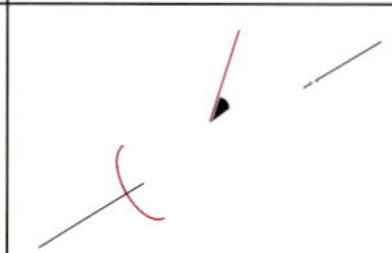
Liaison rotule à doigt	2 deg. lib. 0 0 R_y 0 R_z 0	F_x M_{xA} F_y 0 F_z 0		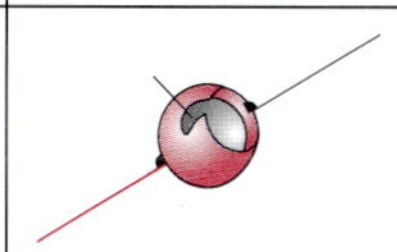
Liaison rotule	3 deg. lib. R_x 0 R_y 0 R_z 0	F_x 0 F_y 0 F_z 0		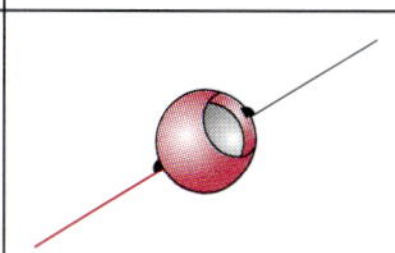
Liaison appui-plan	3 deg. lib. 0 T_{xA} R_y 0 0 T_{zA}	0 M_{xA} F_y 0 0 M_{zA}		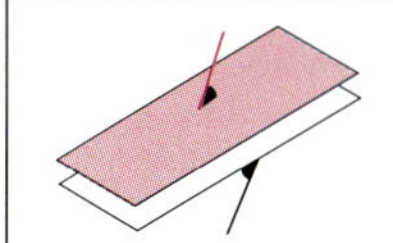
Liaison sphère-cylindre	4 deg. lib. R_y T_{xA} R_y 0 R_z 0	0 0 F_y 0 F_z 0	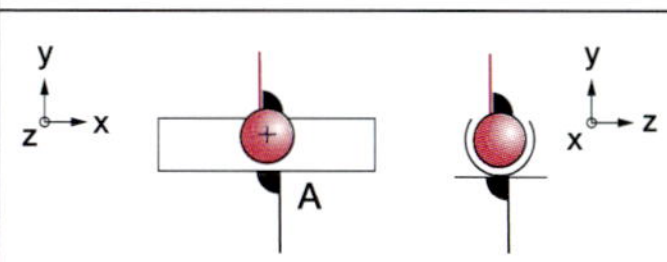	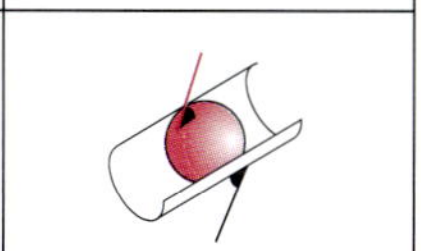
Liaison linéaire-rectiligne	4 deg. lib. R_y T_{xA} R_y 0 0 T_{zA}	0 0 F_y 0 0 M_{zA}	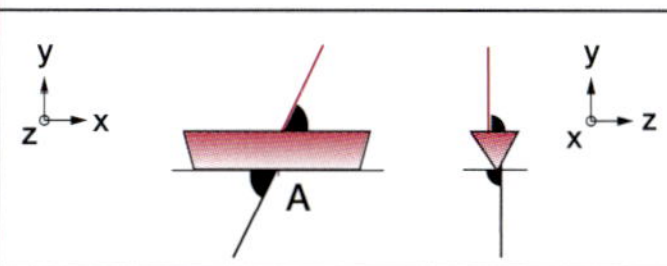	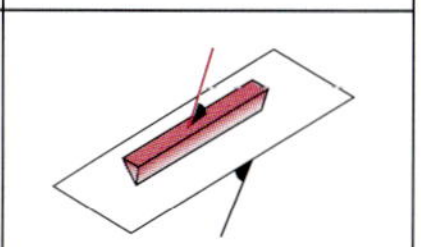
Liaison sphère-plan	5 deg. lib. R_y 0 R_y T_{xA} R_z T_{xA}	F_x 0 0 0 0 0	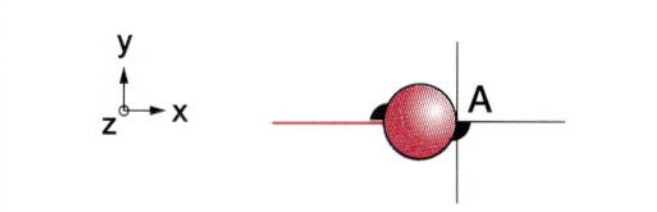	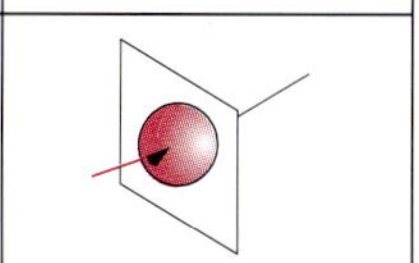

2 Symboles usuels pour mécanismes

2.1 Engrenages

Pignon cylindrique	Pignon conique	Roue creuse	Secteur denté	Pignon crémaillère
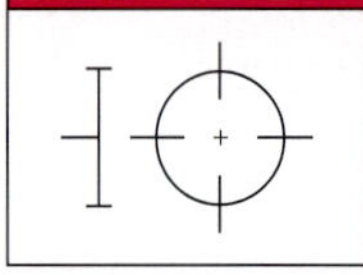	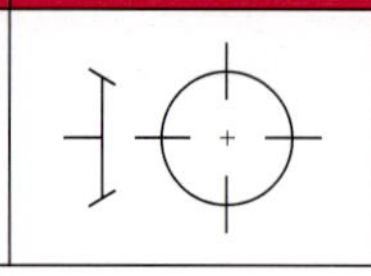	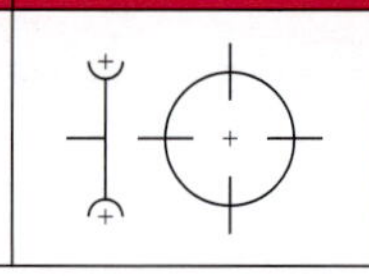	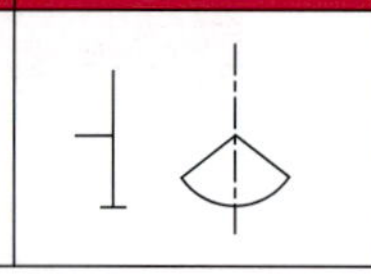	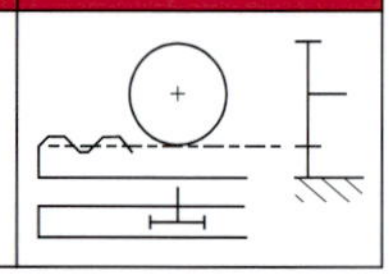

Cylindrique extérieur	Cylindrique intérieur	Conique	Roue et vis-sans-fin
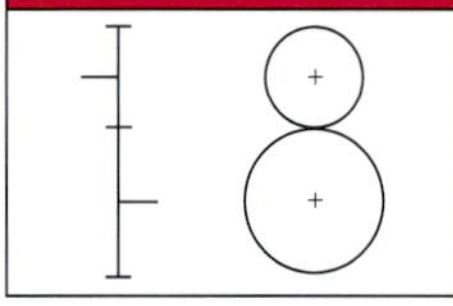	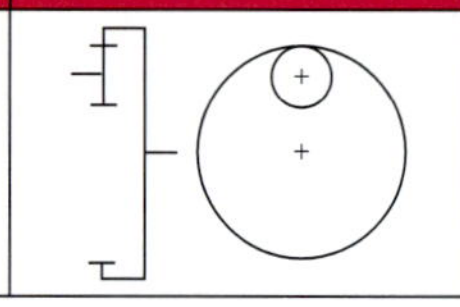	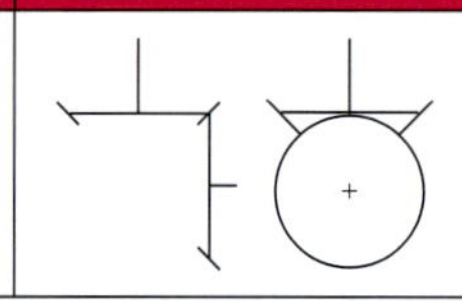	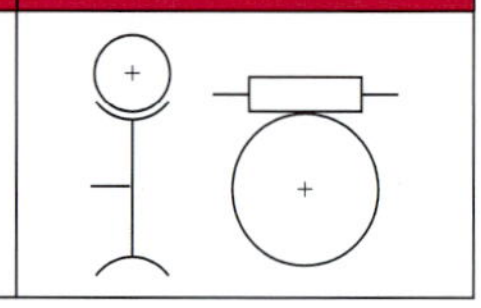

2.2 Transmissions

Poulies et courroie	Roues et chaîne
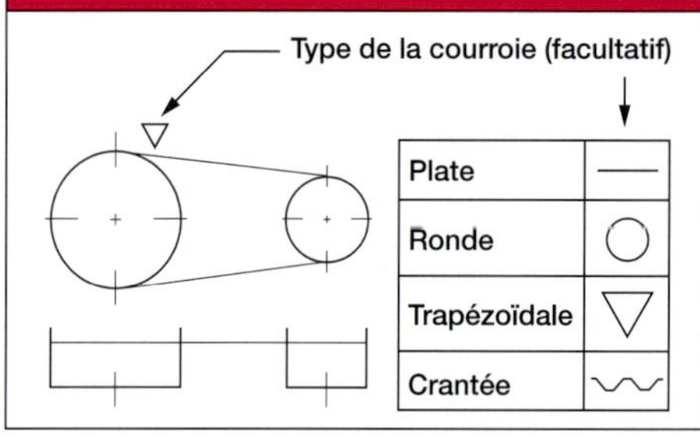	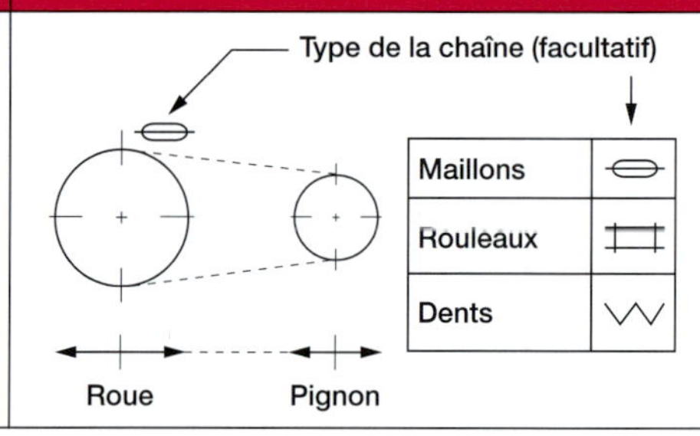

3 Symboles pneumatiques et hydrauliques

3.1 Vérins

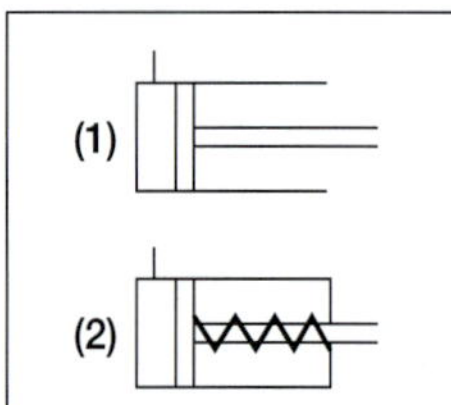	Vérin à simple effet **(1)** à rappel par force non définie **(2)** à rappel par un ressort	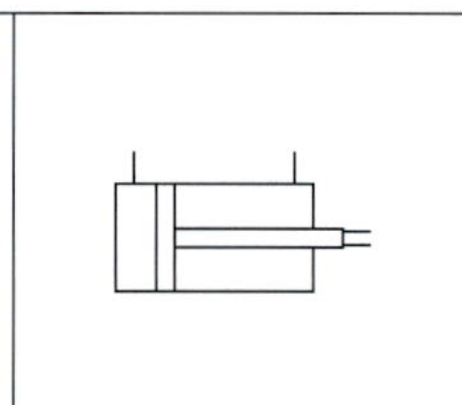	Vérin différentiel
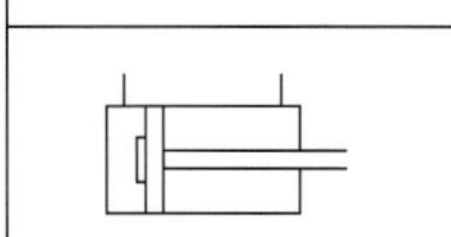	Vérin à double effet avec amortisseur fixe d'un côté	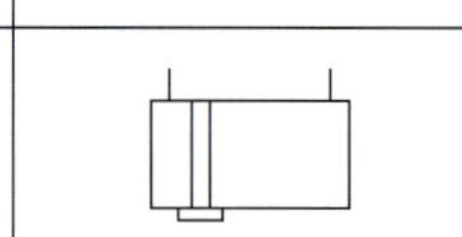	Vérin sans tige
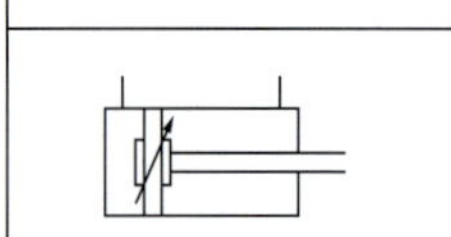	Vérin à double effet avec amortisseurs réglables des deux côtés	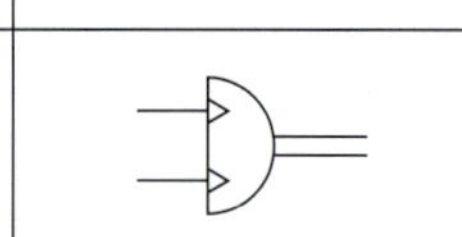	Vérin rotatif
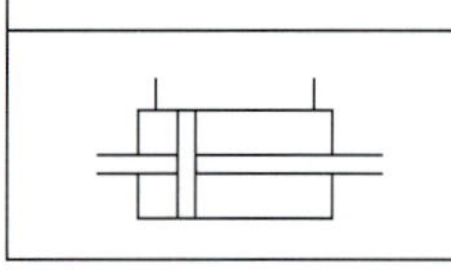	Vérin à double effet à double tige	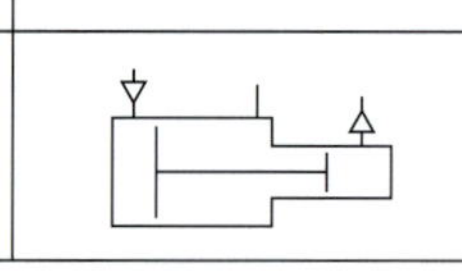	Multiplicateur de pression à une seule nature de fluide (ici pneumatique)

3.2 Distributeurs

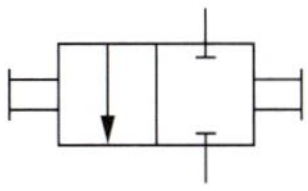	Distributeur 2/2 (2 orifices, 2 positions) à commande manuelle	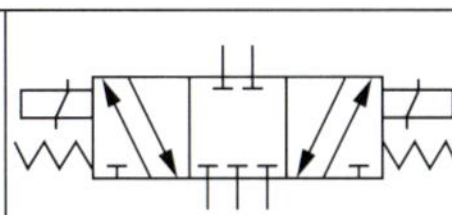	Distributeur 5/3 (5 orifices, 3 positions) à commande électrique avec rappel par ressort
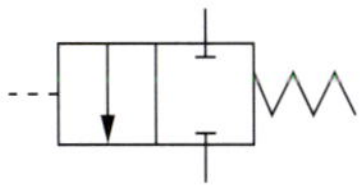	Distributeur 2/2 (2 orifices, 2 positions) à commande par pression avec rappel par ressort	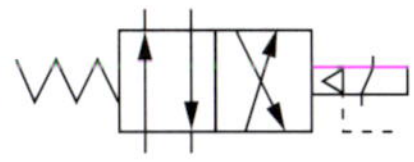	Distributeur 4/2 (4 orifices, 2 positions) à commande par pression accouplée à un distributeur pilote avec rappel par ressort
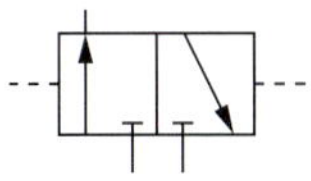	Distributeur 3/2 (3 orifices, 2 positions) à commande par pressiion des deux côtés	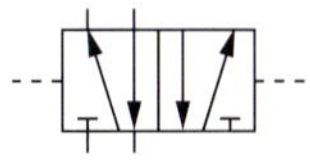	Distributeur 5/2 (5 orifices, 2 positions) à commande par pression des deux côtés

3.3 Commandes

	Commande manuelle générale		Commande mécanique par poussoir
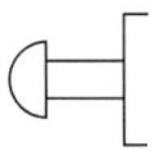	Commande par bouton-poussoir		Commande mécanique par ressort
	Commande par levier	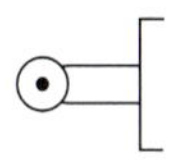	Commande mécanique par galet
	Commande par pédale	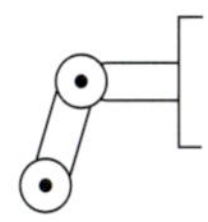	Commande mécanique par galet escamotable
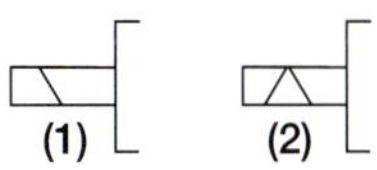	Commande électrique (1) à un enroulement (2) à deux enroulements	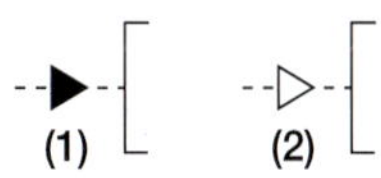	Commande directe par augmentation de pression (1) hydr. (2) pneum.
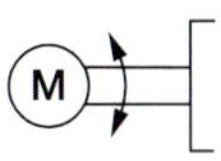	Commande électrique par moteur électrique	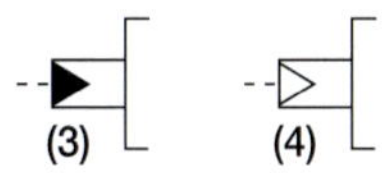	Commande indirecte par augmentation de pression (3) hydr. (4) pneum.

Modes de représentation des pièces mécaniques en 3D

La construction d'une pièce 3D à l'aide d'un modeleur volumique est réalisée à partir de fonctions. Les fonctions représentent des formes distinctes qui, lorsqu'elles sont combinées forment la pièce. On utilise notamment des fonctions esquissées et des fonctions appliquées.

1 Fonctions esquissées

Une esquisse est un profil 2D créé dans un plan ou une face du modèle existant.

1.1 Fonction Bossage

Un bossage est une fonction qui ajoute de la matière à une pièce. Cette fonction est construite à partir d'une esquisse.

Un bossage peut être généré par extrusion (fig. F 4.1) ou par révolution (fig. F 4.2).

Une extrusion étend un profil esquissé dans une direction.

Une révolution fait tourner une esquisse autour d'une ligne de construction. L'angle par défaut est de 360°.

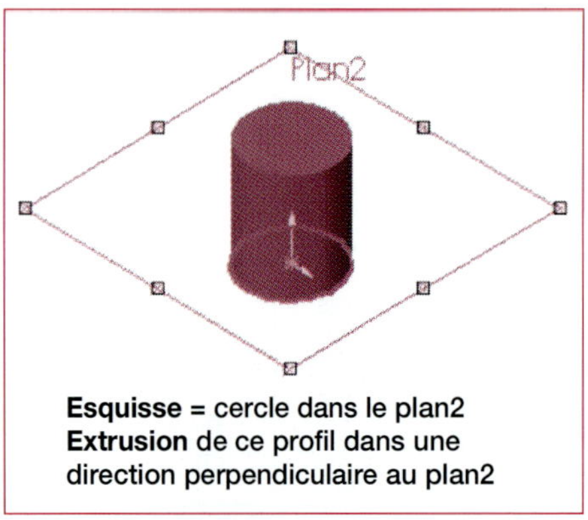

Figure F 4.1 Bossage-Extrusion

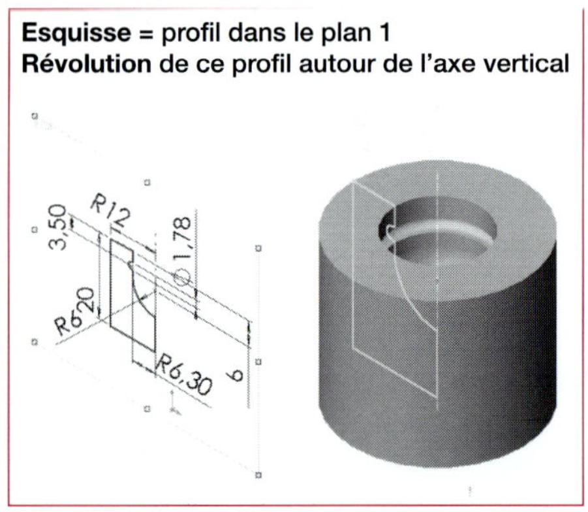

Figure F 4.2 Bossage-Révolution

1.2 Fonction Enlèvement de matière

Un enlèvement de matière est une fonction qui enlève de la matière à une pièce.

De la même façon, cette fonction peut être générée par extrusion ou par révolution, à partir d'une esquisse.

1.3 Orientation

Les trois plans par défaut sont alignés avec des vues spécifiques. Le plan sélectionné pour la première esquisse détermine l'orientation de la pièce (fig. F 4.3).

Les plans par défaut de la pièce correspondent aux vues standard, proposées sur l'arbre de création, comme suit (fig. F 4.3) :
- Plan 1 = Face ou Arrière

- Plan 2 = Dessus ou Dessous
- Plan 3 = Droite ou Gauche

Il n'est pas obligatoire de sélectionner un plan par défaut pour une esquisse. On peut créer un nouveau plan, de direction quelconque par rapport aux plans par défaut. Cependant, l'orientation des vues reste toujours déterminée par les plans par défaut.

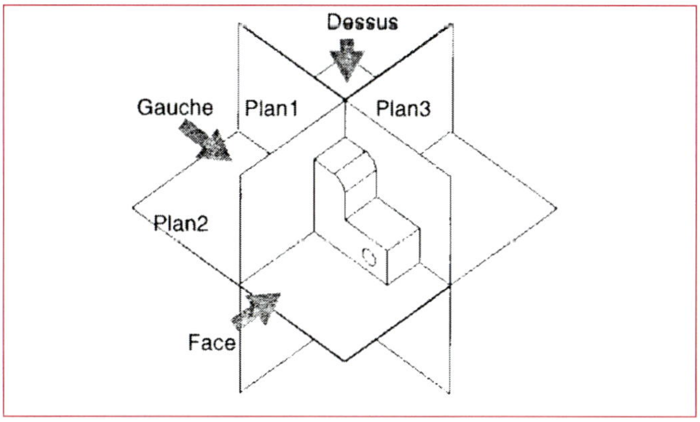

Figure F 4.3 Orientation d'une pièce dans l'espace 3D

2 Fonctions appliquées

Les fonctions définies précédemment génèrent des volumes à partir d'une esquisse : ce sont des fonctions esquissées.

D'autres fonctions telles que chanfrein, congés et arrondis sont dites des fonctions appliquées.

3 Modes d'affichage

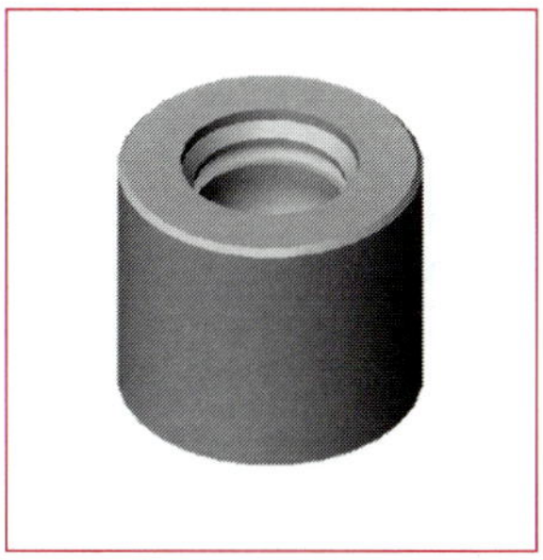

Figure F 4.4 Image ombrée

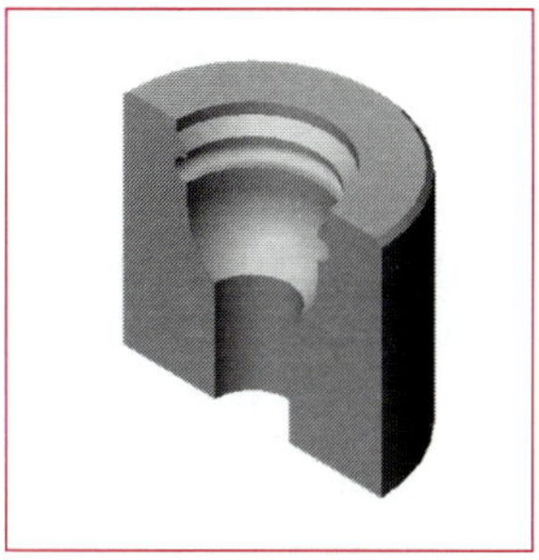

Figure F 4.5 Image ombrée en coupe

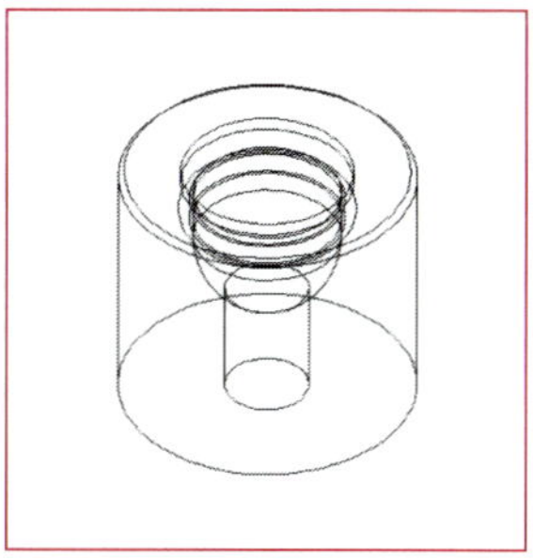

Figure F 4.6 Image filaire

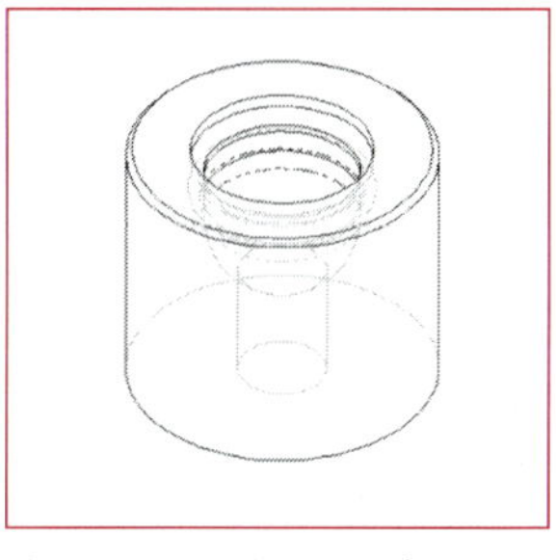

Figure F 4.7 Lignes cachées en gris

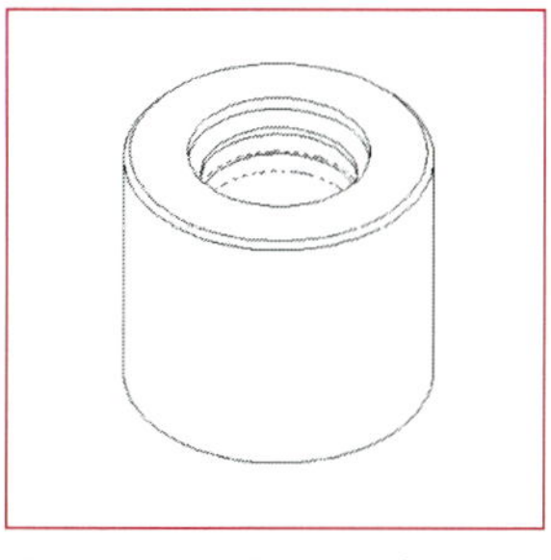

Figure F 4.8 Lignes cachées supprimées

Fiche 5

Modes de représentation des pièces mécaniques en 2D

La représentation plane (ou représentation en 2D) d'une pièce ou d'un assemblage, à l'aide d'un modeleur volumique, est une opération qui s'effectue à partir de leurs fichiers 3D : c'est la mise en plan. Elle consiste en plusieurs vues, projections orthogonales du modèle 3D sur différents plans. En particulier, trois vues standard sont proposées ; ce sont les projections sur les trois plans, définissant l'espace 3D par défaut : plan 1, plan 2 et plan 3 (fiche 4).

Les pièces, les assemblages et les mises en plan sont des documents enchaînés ; tous les changements effectués sur la pièce ou l'assemblage se répercutent dans le document de mise en plan.

1 Mise en plan

- Ouvrir un fichier de type « mise en plan ».
- Choisir le fond de plan.

Les formats courants en mm :
A4 : 210 × 297 mm
A3 : 297 × 420 mm
A2 : 420 × 594 mm
Ils peuvent être horizontaux H ou verticaux V. Exemple : format A4 H.

- Ouvrir le fichier 3D de la pièce ou de l'assemblage.
- Importer le fichier sur le fond de plan en choisissant l'une des options :
– trois vues standard : à partir de ces 3 vues, il est possible de supprimer des vues (certaines sont parfois surabondantes), de créer une nouvelle vue à partir d'une vue existante ;
– vue nommée, montrant le modèle dans une orientation particulière. Exemple (fig. F 5.1) : à partir de la vue nommée (vue de face ③), la vue de gauche ④ en coupe A-A a été créée. On peut ajouter une perspective isométrique pour compléter cette mise en plan (fig. F 5.1).

Utiliser une vue interrompue ⑤ sur la mise en plan d'une pièce longue permet l'affichage de la pièce sur une feuille de mise en plan plus petite.

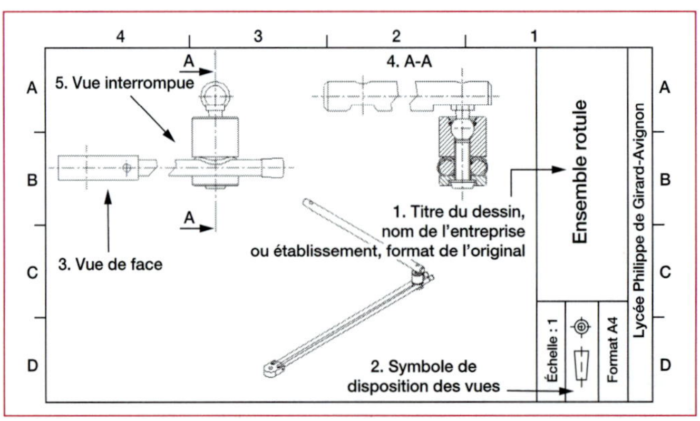

Figure F 5.1 Mise en plan d'un assemblage

2 Coupe

Le but d'une coupe est d'améliorer la lisibilité d'un dessin.

Méthode :
- Définir le plan de coupe ⑥ et le nommer.
- Choisir le sens d'observation ⑦.
- Insérer la vue en coupe ⑧.

Les hachures ⑨ symbolisent la matière située dans le plan sécant.

Les pièces pleines, situées dans le plan de coupe, ne se coupent pas (fig. F 5.1 et vue 4).

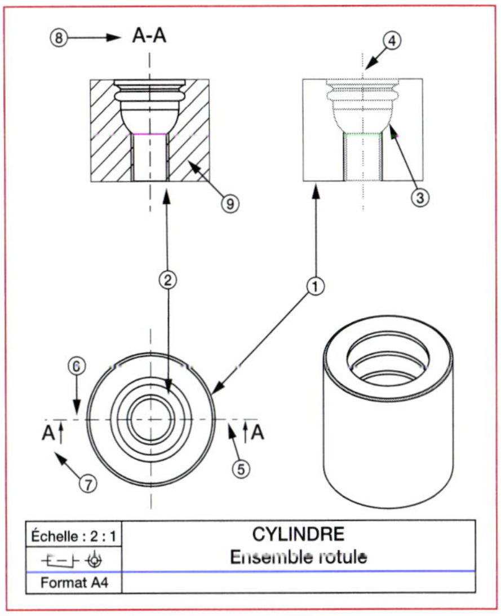

Figure F 5.2 Mise en plan d'une pièce

3 Coupe

Les différents types de traits sont repérés respectivement par ①, ②, ③, ④ et ⑤ sur la figure F 5.2 :
- ①, continu fort : arêtes et contours vus ;
- ②, continu fin : hachures, fonds de filet vus ;
- ③, interrompu fin : arêtes et contours cachés ;
- ④, mixte fin : axes et plans de symétrie ;
- ⑤, mixte fin, renforcés avec extrémités : plan de coupe.

Fiche 6

Schématisation électrique et électronique

1 Contacts électriques

1.1 Circuits de puissance

Le symbole de base d'un contact électrique (fig. F 6.1) est enrichi, pour les circuits de puissance, des distinctions suivantes : un tiret, une croix, un cercle ou un arc de cercle pour modéliser respectivement les fonctions « sectionneur, disjoncteur, interrupteur et contacteur ».

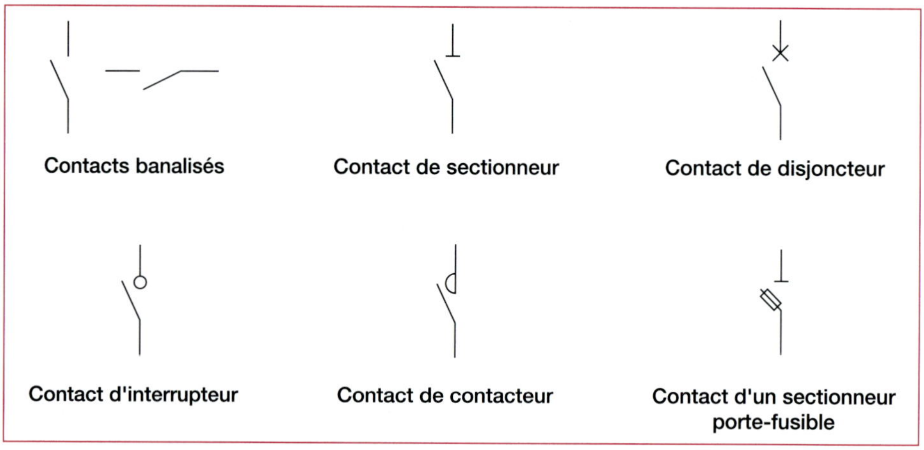

Figure F 6.1 Symboles des différents contacts

1.2 Circuits de commande

De même pour les circuits de commande, est associée au contact une précision sur le dispositif de la commande manuelle (fig. F 6.2) ou sur le type de temporisation (fig. F 6.3) ou sur la grandeur physique l'actionnant (fig. F 6.4)…

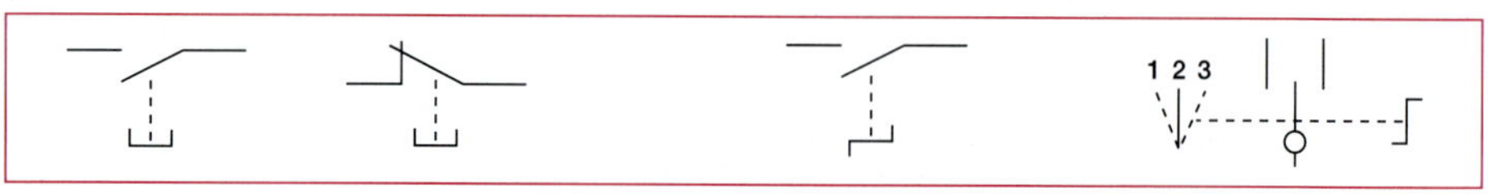

Figure F 6.2 Boutons poussoirs-Bouton tournant-Commutateur à trois positions

Figure F 6.3 Contacts retardés à la fermeture-Contacts retardés à l'ouverture

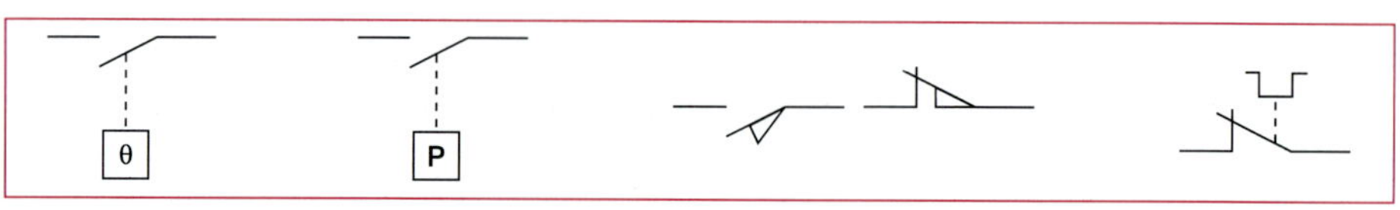

Figure F 6.4 Capteur de température-Capteur de pression-Capteurs de position-Contact de relais thermique

2 Récepteurs électriques

La plupart des récepteurs sont représentés par des rectangles (bobine de relais ou de contacteur, résistance) ou des cercles (moteurs, lampes d'éclairage ou de signalisation).

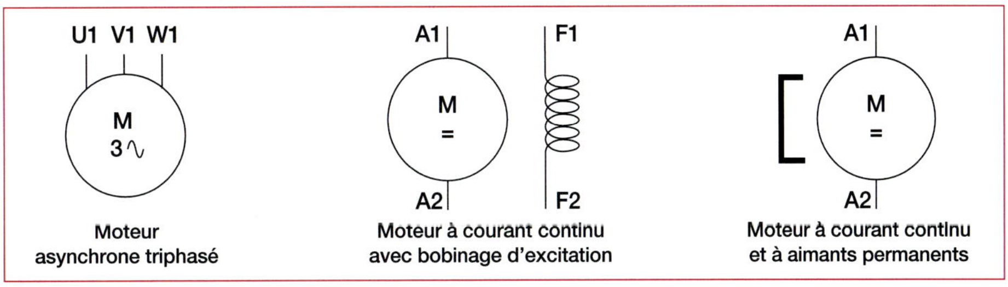

Figure F 6.5 Schématisation de moteurs électriques

3 Convertisseurs de puissance

Les convertisseurs de puissance permettent de changer la forme de l'énergie électrique ; par exemple, un redresseur convertit l'énergie alternative du réseau en une énergie électrique de type continu (fig. F 6.7).

Un onduleur (fig. F 6.8) produit une énergie alternative à partir d'une énergie délivrée par une batterie d'accumulateurs. Application : alimentation sans interruption pour micro-ordinateurs.

L'utilisation d'un hacheur (fig. F 6.6) est préconisée pour moduler la tension d'une énergie de type continu.

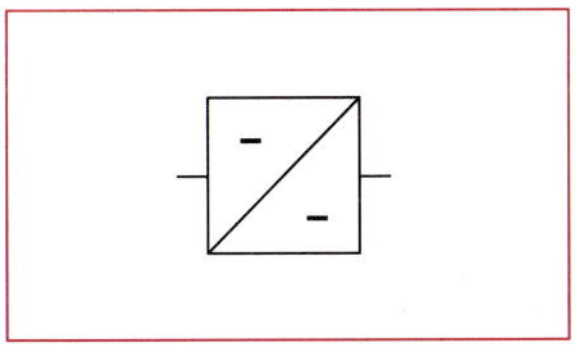

Figure F 6.6 Convertisseur continu/continu (hacheur)

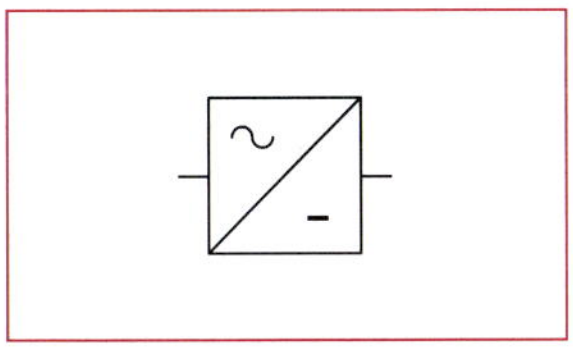

Figure F 6.7 Convertisseur alternatif/continu (redresseur)

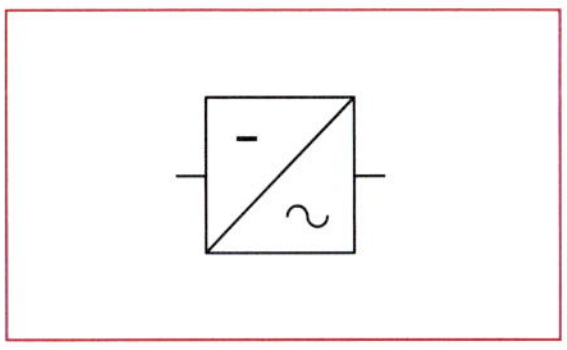

Figure F 6.8 Convertisseur continu/alternatif (onduleur)

4 Symboles logiques

4.1 Cadres et symboles distinctifs

Au-dessus de l'empilage représentant les cadres opérateurs, un cadre est réservé aux entrées communes à plusieurs opérateurs. La figure F 6.9 donne la représentation normalisée du circuit intégré 4052 double multiplexeur/démultiplexeur analogique à 4 voies.

Cette symbolisation traduit uniquement l'aspect fonctionnel et ne renseigne pas sur l'alimentation indispensable au fonctionnement du circuit.

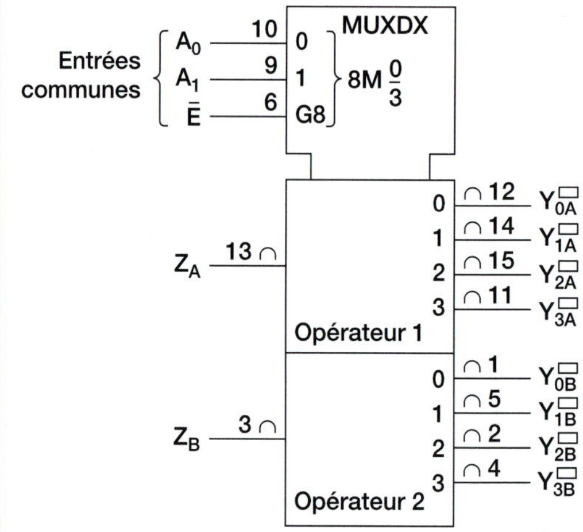

Entrées			Voies en fonction
$\bar{E}$	A_1	A_0	
L	L	L	$Y_{0A} - Z_A$; $Y_{0B} - Z_B$
L	L	H	$Y_{1A} - Z_A$; $Y_{1B} - Z_B$
L	H	L	$Y_{2A} - Z_A$; $Y_{2B} - Z_B$
L	H	H	$Y_{3A} - Z_A$; $Y_{3B} - Z_B$
H	X	X	aucun

Figure F 6.9 Symbole du CI 4052 et sa table de vérité

4.2 Symboles distinctifs associés aux entrées/sorties

Dans le tableau de la figure F 6.10 sont données les distinctions les plus courantes :
- le cercle pour l'inversion logique ;
- le triangle rectangle pour l'activation à l'état bas ;
- le triangle isocèle pour les entrées dynamiques.

Des lettres R, S, EN pour respectivement la mise à zéro (Reset), la mise à un (Set) et la validation (ENable) complètent utilement ces symboles.

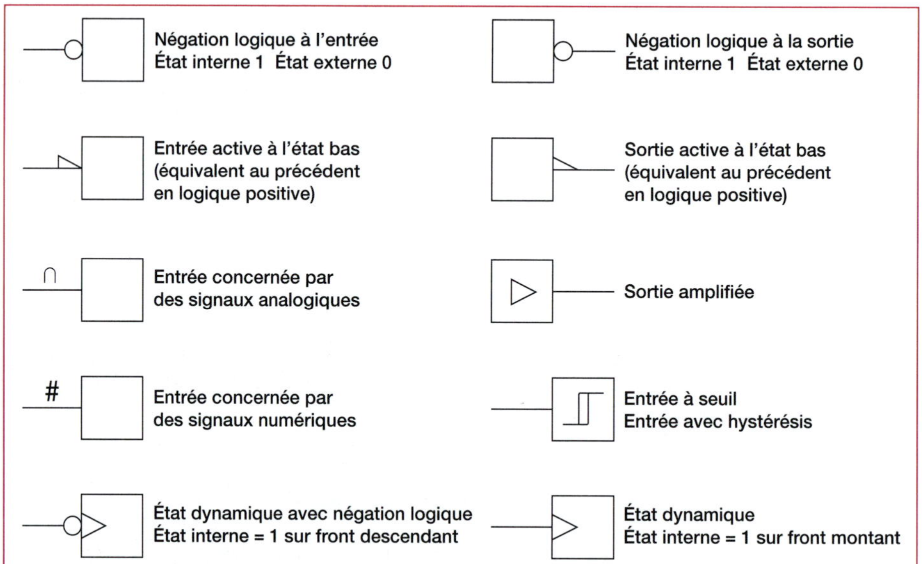

Figure F 6.10 Symboles distinctifs associés aux entrées/sorties

Fiche 7

Algorithmique

Symboles utilisés dans un organigramme

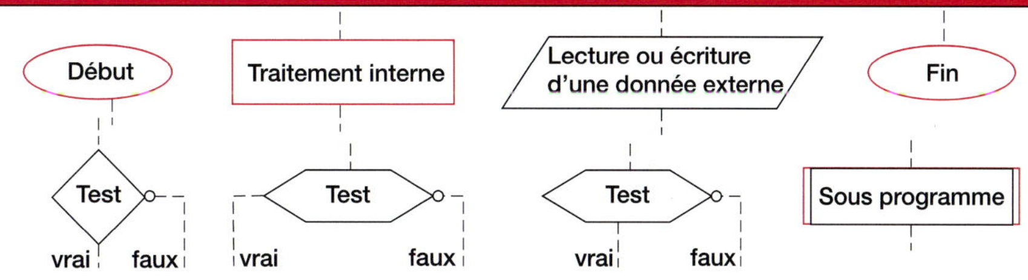

Structure conditionnelle avec saut à une étiquette *Aller à (Go to)*

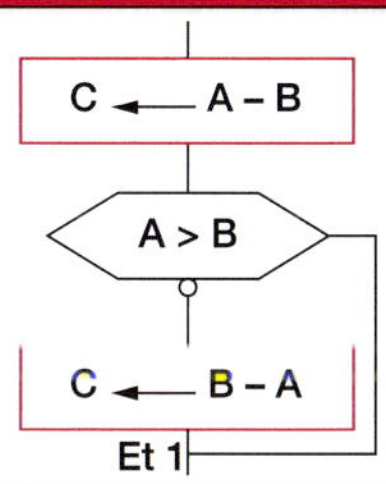


```
            ................
            C ← A – B
            Si A > B Aller à Étiquette 1
            C ← B – A
Étiquette 1 ................
```

```
        ................
        C ← A – B
        Si A > B GOTO Label 1
        C ← B – A
Label 1 ................
```

Structure conditionnelle alternative *Si Alors Sinon (If Then Else)*

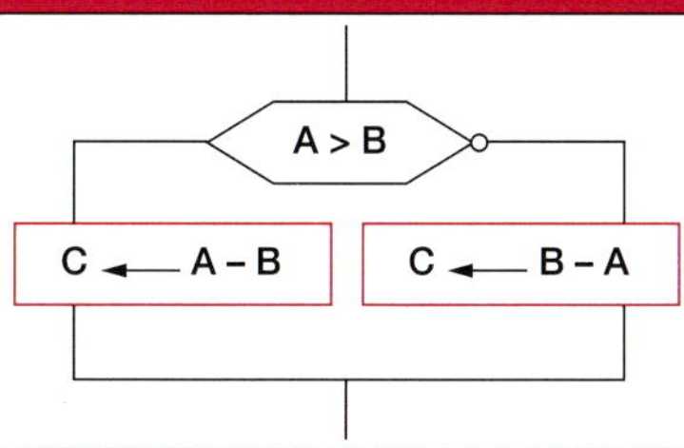


```
................
Si A > B
  Alors
  C ← A – B
  Sinon
  C ← B – A
Fin_Si
................
```

```
................
If A > B
  Then
  C ← A – B
  Else
  C ← B – A
End_if
................
```

Structure itérative *Répéter Jusqu'à (Repeat until)*

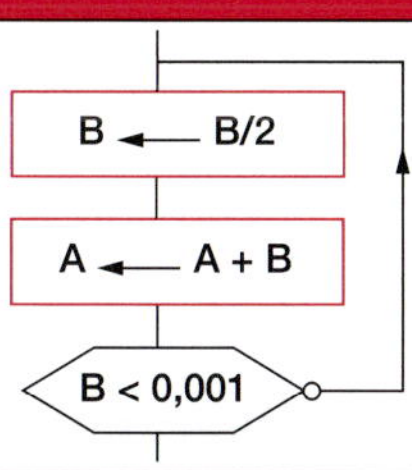


```
................
Répéter
  B ← B/2
  A ← A + B
  Jusqu'à B < 0.001
Fin_répéter
................
```

```
................
Repeat
  B ← B/2
  A ← A + B
  Until B < 0.001
End_repeat
................
```

Structure itérative *Tant que (While)*

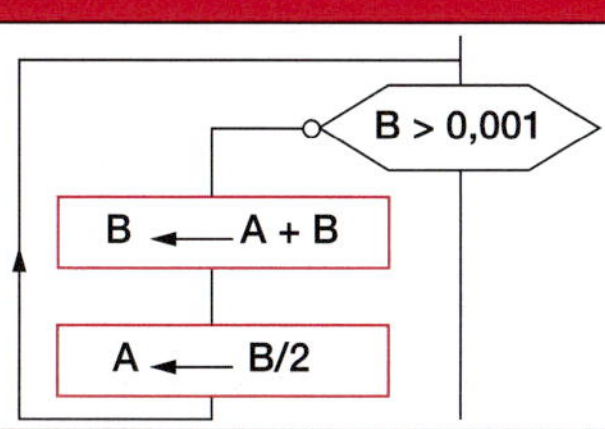


```
................
Tant que B > 0.001
  Faire
  A ← A + B
  B ← B/2
Fin_tant_que
................
```

```
................
While B > 0.001
  Do
  A ← A + B
  B ← B/2
End_While
................
```

Structure répétitive avec test d'indice *Depuis (For)*

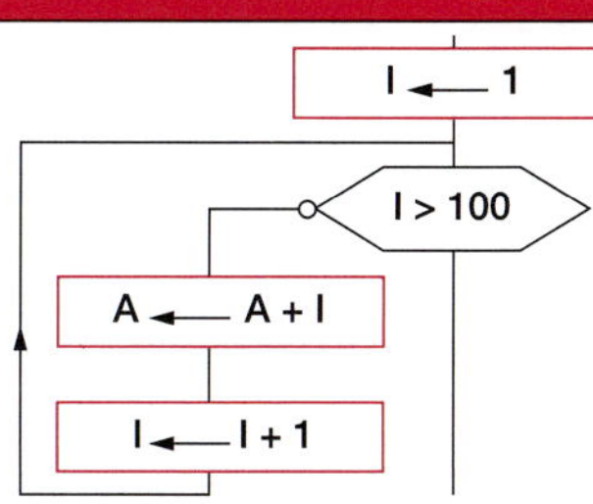


```
................
Depuis I = 1 à I = 100
  Faire A ← A + 1
Fin_depuis
................
```

```
................
For I = 1 To I = 100
  Do A ← A + 1
End_For
................
```

Fiche 8

Grafcet

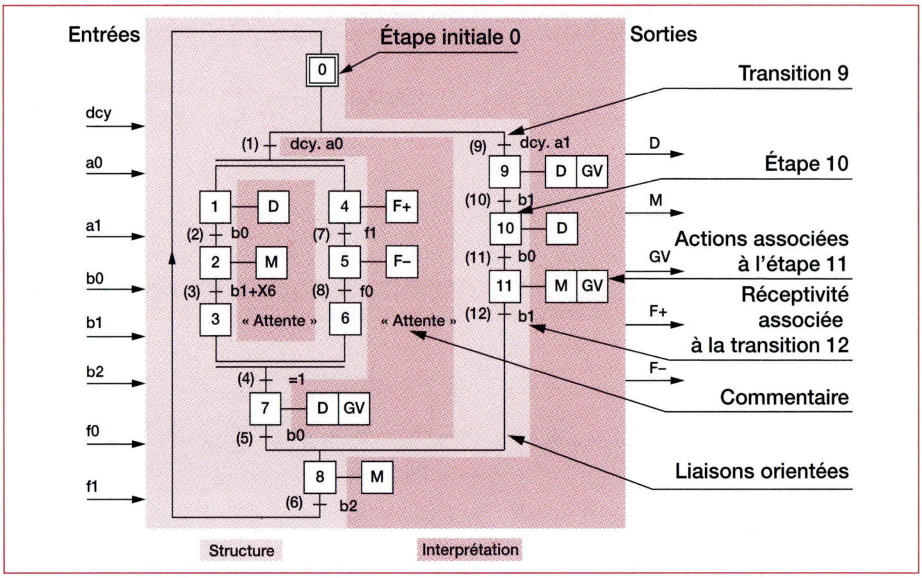

Figure F 8.1 Présentation d'un grafcet

1 Règles de syntaxe

L'alternance étape-transition et transition-étape doit toujours être respectée quelle que soit la séquence parcourue.

Deux étapes ou deux transitions ne doivent jamais être reliées par une liaison orientée.

La liaison orientée relie obligatoirement une étape à une transition ou une transition à une étape.

2 Les trois premières règles d'évolution

• **Règle 1 : Situation initiale.** La situation initiale d'un grafcet caractérise le comportement initial de la partie commande vis-à-vis de la partie opérative, de l'opérateur et/ou des éléments extérieurs. Elle correspond aux étapes actives au début du fonctionnement.

Elle traduit généralement un comportement de repos.

• **Règle 2 : Franchissement d'une transition.** Une transition est dite validée lorsque toutes les étapes immédiatement précédentes reliées à cette transition sont actives. Le franchissement d'une transition se produit :
– lorsque la transition est *validée* ;
– *et que* la réceptivité associée à cette transition est *vraie*.

Lorsque ces *deux* conditions sont réunies, la transition devient *franchissable* et est alors *obligatoirement franchie*.

• **Règle 3 : Évolution des étapes actives.** Le franchissement d'une transition entraîne simultanément l'activation de toutes les étapes immédiatement suivantes et la désactivation de toutes les étapes immédiatement précédentes.

Index

COMPOSITEUR - STDI
ÉDITIONS FOUCHER - PARIS - N° 20033 - AOÛT 2002 - 01 - FM-AS/SM

Imprimé par Mame Imprimeurs à Tours
N° 01072143 - Dépôt légal : Août 2002